线性代数
（经济类应用数学）

南东　主编

北京工業大學出版社

内 容 简 介

本书根据高等院校经管类本科专业“线性代数”课程的教学大纲和考研大纲编写而成。全书共六章，内容包括线性方程组、矩阵、行列式、线性空间(向量空间)、矩阵的特征值及相似标准形、二次型，每章均配有适量的习题。

本书以线性方程组和矩阵为主要线索,其贯穿全书始末，同时本书注意联系应用，内容深入浅出、简明易懂，有利于读者掌握知识、发展思维、提高学习能力。本书可作为高等院校经管类本科生的教材。

图书在版编目(CIP)数据

线性代数 ：经济类应用数学 / 南东主编. -- 北京 ：北京工业大学出版社，2024. 10. -- ISBN 978-7-5639-8697-2

Ⅰ. O151. 2

中国版本图书馆 CIP 数据核字第 2024R2G088 号

线性代数(经济类应用数学)

XIANXING DAISHU (JINGJILEI YINGYONG SHUXUE)

主　　编:南　东
责任编辑:李周辉
封面设计:红杉林文化
出版发行:北京工业大学出版社
(北京市朝阳区平乐园 100 号　邮编:100124)
010-67391722(传真)bgdcbs@ sina. com
经销单位:全国各地新华书店
承印单位:北京虎彩文化传播有限公司
开　　本:787 毫米×1092 毫米　1/16
印　　张:10
字　　数:228 千字
版　　次:2024 年 10 月第 1 版
印　　次:2024 年 10 月第 1 次印刷
标准书号:ISBN 978-7-5639-8697-2
定　　价:40. 00 元

前　　言

线性代数是一门在经济管理领域具有广泛应用的工具性、基础性学科，在多个经济管理模型中发挥着非常重要的作用。随着现代智能计算的发展和计算机的普及，线性代数这一数学分支显得越来越重要。本书旨在为读者提供一个坚实的数学知识基础，提高其抽象思维能力、逻辑推理能力、计算能力，以及基本的知识应用能力。

基于为大一新生讲授线性代数课程的经验，我们思考该如何教好这门课程。我们的方法是基于学生的理解方式。例如：第一章非常明确地介绍线性方程组和向量之间的关联，讨论线性相关和线性无关的话题，这种方法能够有效地帮助学生顺利地实现从求解线性方程组到使用基等概念的巨大跳跃；第二章也很明确地介绍矩阵和向量之间的乘法，也就是 $\boldsymbol{AB}=\boldsymbol{A}[\boldsymbol{b}_1,\boldsymbol{b}_2,\cdots,\boldsymbol{b}_s]=[\boldsymbol{Ab}_1,\boldsymbol{Ab}_2,\cdots,\boldsymbol{Ab}_s]$，在有效地帮助学生掌握矩阵乘法的本质意义的同时，也能帮助学生对秩的性质 $\mathrm{R}(\boldsymbol{AB})\leqslant\min\{\mathrm{R}(\boldsymbol{A}),\mathrm{R}(\boldsymbol{B})\}$ 进行更深入的理解，实现从具体的矩阵计算到抽象的秩之间的跨越，这些思维上的跨越对学习线性代数非常有帮助。

对于许多学生来说，线性代数是他们所接触到的最严格且最抽象的数学课程。学好线性代数的关键就是要理解和掌握它的基本理论，在理论指导下，通过分析去做习题或解决实际问题。为了达到这个目的，本书在内容安排上，从学生熟悉的例子引入概念，从具体易算的内容自然而然地过渡到更加抽象的内容。以线性代数内在联系作为主线，深入浅出地阐述基本理论。另外，本书为了突出经济管理类的特点，还加入了网络流量模型、投入产出模型、人口迁移模型，有效地帮助学生分析具体问题。

要学好线性代数，必须做适量的习题。本书每一章都配备了精心挑选的习题，包括常规练习题和理论性质习题，其中，计算性习题采用了易于计算的数。这样，重点就不会被大量烦琐的计算所掩盖。这些习题有助于学生加深理解和掌握线性代数的基本理论，有益于培养学生分析问题和解决问题的能力。

各章的参考教学学时安排如下：第一章 6 学时，第二章 10 学时，第三章 8 学时，第四章 12 学时，第五章 6 学时，第六章 6 学时。

由于水平有限，书中难免会出现一些不妥的地方，恳请广大读者批评指正。

目　录

第一章　线性方程组

第一节　线性方程组的几何意义

例 1.1　假定一个成年人每天需要从食物中获取 150 g 碳水化合物、60 g 蛋白质、20 g 脂肪、800 mg 钙，如果只有四种食物可供选择，它们每千克所含的营养成分见表 1.1，如何搭配四种食物才能恰好满足一个成年人一天的需求？

表 1.1　四种食物所含营养成分

指标	A_1	A_2	A_3	A_4
碳水化合物/($g \cdot kg^{-1}$)	70	80	90	20
蛋白质/($g \cdot kg^{-1}$)	30	40	20	10
脂肪/($g \cdot kg^{-1}$)	10	6	8	4
钙/($mg \cdot kg^{-1}$)	400	200	300	500

解：设所需食物 A_1,A_2,A_3,A_4 的质量分别为 x_1,x_2,x_3,x_4（单位：kg），根据题意可得

$$\begin{cases} 70x_1+80x_2+90x_3+20x_4=150, \\ 30x_1+40x_2+20x_3+10x_4=60, \\ 10x_1+6x_2+8x_3+4x_4=20, \\ 400x_1+200x_2+300x_3+500x_4=800. \end{cases}$$

如果这个方程组有解，并且所有的 x_1,x_2,x_3,x_4 都取正数，那么就可以恰好满足一个成年人一天的需求量．

在这个方程组中，左端都是 x_1,x_2,x_3,x_4 的一次式，右端是不全为零的常数，这样的方程组就称为非齐次线性方程组，未知量前面的数称为该未知量的系数，右端的常数称为常数项．

含有 n 个未知量 m 个方程所组成的非齐次线性方程组，可以表示为以下形式：

$$\begin{cases} a_{11}x_1+a_{12}x_2+\cdots+a_{1n}x_n=b_1, \\ a_{21}x_1+a_{22}x_2+\cdots+a_{2n}x_n=b_2, \\ \cdots\cdots \\ a_{m1}x_1+a_{m2}x_2+\cdots+a_{mn}x_n=b_m. \end{cases} \tag{1.1}$$

式中，$a_{11},a_{12},\cdots,a_{mn}$ 是系数，$b_1,b_2,\cdots,b_m$ 是不全为零的常数，常数项一般写在等号的右

端．方程的个数 m 和未知量的个数 n 可以相等,也可以 $m>n$ 或 $m<n$.

如果方程组(1.1)里未知数 $x_1,x_2,\cdots,x_n$ 分别用数 $s_1,s_2,\cdots,s_n$ 代入后,每个方程都成立,那么就称 n 元有序数组 $(s_1,s_2,\cdots,s_n)$ 为方程组(1.1)的一个解．方程组(1.1)所有的解构成的集合称为这个线性方程组的解集．

解集的几何解释如下:

考虑一个 2×2 线性方程组

$$\begin{cases}a_{11}x_1+a_{12}x_2=b_1,\\a_{21}x_1+a_{22}x_2=b_2.\end{cases}$$

式中,a_{11},a_{12} 不同时为零且 a_{21},a_{22} 也不同时为零．

从几何上看,每个方程的解都可以用平面上的一条直线来表示,所以方程组的解集就是这两条直线的交点 (x_1,x_2)．如图 1.1 所示,根据几何解释,两条直线的交点会有三种可能:

①两条直线平行(永不相交),所以没有交点．

②两条直线重合(同一条直线),所以有无穷多解．

③两条直线交于一点,所以有唯一解．

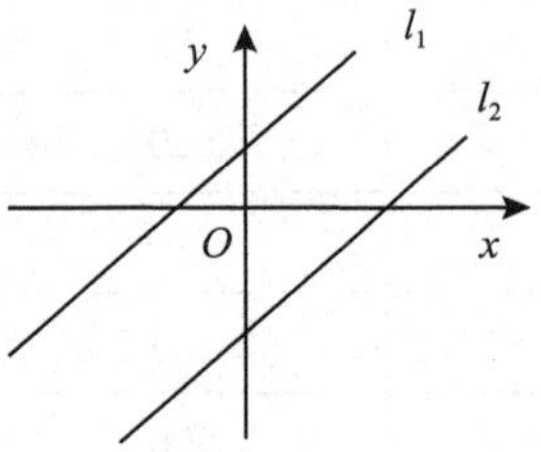

(a)两条直线平行

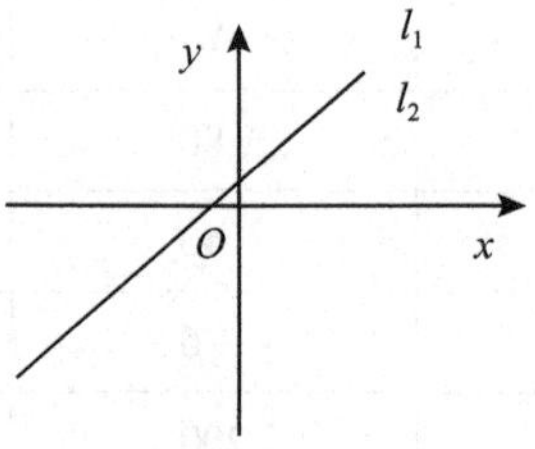

(b)两条直线重合

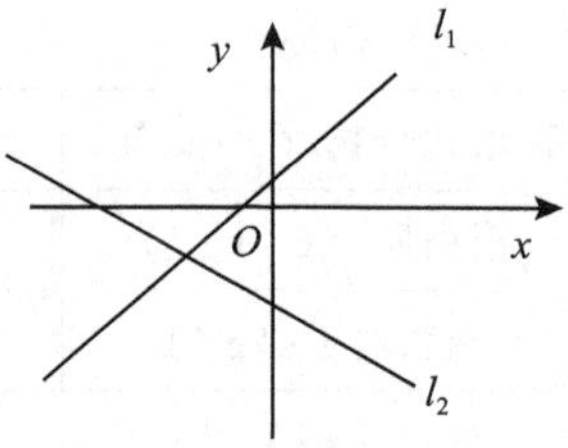

(c)两条直线交于一点

图 1.1　两条直线的交点的三种可能

如果一个线性方程组有解,则该方程组称为相容的;如果该方程组无解,则称为不相容的．

第二节　求解线性方程组的算法

例 1.2　求解线性方程组

$$\begin{cases}3x_1+5x_2-5x_3=1,\\ \quad x_1+x_2-3x_3=-1,\\ x_1+3x_2+3x_3=7,\\2x_1+4x_2-2x_3=2.\end{cases}\tag{1.2}$$

解:如果能使第一个方程中 x_1 的系数为 1,然后消去其余方程中的 x_1;在变换后的方程组里,使第二个方程中 x_2 的系数为 1,然后消去第二个方程以下方程中的 x_2,得到只有 x_3 的方程,就可以求出 x_3 的值;进而可以依次求出 x_2,x_1 的值．所谓消去 x_1,就是使 x_1 的系数变为 0. 用符号"①+②·3"表示第二个方程的 3 倍加到第一个方程上,用符号"④·2"表示第四个方程乘 2,用符号"(①,②)"表示第一个方程和第二个方程互换位置．

$$\begin{cases}3x_1+5x_2-5x_3=1,\\ x_1+x_2-3x_3=-1,\\ x_1+3x_2+3x_3=7,\\ 2x_1+4x_2-2x_3=2,\end{cases} \xrightarrow{(①,②),④\cdot\frac{1}{2}} \tag{1.3}$$

$$\begin{cases}x_1+x_2-3x_3=-1,\\ 3x_1+5x_2-5x_3=1,\\ x_1+3x_2+3x_3=7,\\ x_1+2x_2-x_3=1,\end{cases} \xrightarrow{②+①\cdot(-3),\ ③+①\cdot(-1),\ ④+①\cdot(-1)}$$

$$\begin{cases}x_1+x_2-3x_3=-1,\\ 2x_2+4x_3=4,\\ 2x_2+6x_3=8,\\ x_2+2x_3=2,\end{cases} \xrightarrow{②\cdot\frac{1}{2},③+②\cdot(-1),③\cdot\frac{1}{2},\ ④+②\cdot(-1)}$$

$$\begin{cases}x_1+x_2-3x_3=-1,\\ x_2+2x_3=2,\\ x_3=2,\\ 0=0,\end{cases} \xrightarrow{①+③\cdot 3,\ ②+③\cdot(-2)} \tag{1.4}$$

$$\begin{cases}x_1+x_2\quad=5,\\ x_2\quad=-2,\\ x_3=2,\\ 0=0,\end{cases} \xrightarrow{①+②\cdot(-1)}$$

$$\begin{cases}x_1\quad=7,\\ x_2\quad=-2,\\ x_3=2,\\ 0=0.\end{cases} \tag{1.5}$$

根据方程组(1.5),可得(7,-2,2)就是非齐次线性方程组(1.1)唯一解.

在例1.2的求解过程中,对非齐次线性方程组使用了三种变换方法:

①互换两个方程的位置.

②用一个非零的数乘某一个方程.

③将一个方程的倍数加到另一个方程上.

这三种变换称为线性方程组的初等变换.

不难看出,线性方程组经过初等变换所得到的方程组和原方程组的解集是相同的,称它们为同解方程组. 在进行初等变换的过程中,首先把方程组(1.3)变成方程组(1.4),类似(1.4)这样的方程组称为阶梯形方程组;然后继续进行初等变换得到方程组(1.5),(1.5)这样的方程组称为最简阶梯形方程组,从它可以得出原方程组的一个解.

在例1.2的求解过程中,只是对非齐次线性方程组的系数和常数项进行了运算. 为了计算简便,可以只写出一个非齐次线性方程组的系数和常数项,将它们按原来方程组里的先后次序排成一张数表,然后用符号“[ ]”或“( )”将它们括起来,这个括起来的数表称为非齐次线性方程组的增广矩阵,只列出系数的数表称为线性方程组的系数矩阵．例 1.2 中的增广矩阵和系数矩阵分别如下：

$$\left[\begin{array}{ccc:c}3&5&-5&1\\1&1&-3&-1\\1&3&3&7\\2&4&-2&2\end{array}\right],\quad\begin{bmatrix}3&5&-5\\1&1&-3\\1&3&3\\2&4&-2\end{bmatrix}.$$

增广矩阵里的虚线是为了更好地区分系数和常数项．

定义 1.1 由 mn 个数排成的 m 行 n 列的一张数表,称为一个 $m\times n$ 矩阵,其中,每一个数都称为这个矩阵的一个元素,位于矩阵的第 i 行与第 j 列交叉位置上的元素 a_{ij},称为矩阵 $\boldsymbol{A}$ 的(i,j)元．

矩阵通常用大写的英文字母 $\boldsymbol{A},\boldsymbol{B},\boldsymbol{C}$ 等表示,一个 $m\times n$ 的矩阵可以简记为 $\boldsymbol{A}_{m\times n}$,也可以用它的元素表示为$(a_{ij})_{m\times n}$.

元素全为 0 的矩阵称为零矩阵,$m\times n$ 的零矩阵可以记为 $\boldsymbol{O}_{m\times n}$,行数或列数不相同的零矩阵彼此不相等．如果一个矩阵 $\boldsymbol{A}$ 的行数与列数相等,则称为方阵;n 行 n 列的方阵也称为 n 阶矩阵,简记为 $\boldsymbol{A}_n$.

利用非齐次线性方程组的增广矩阵,可以将例 1.2 的求解过程用矩阵来表示,因为方程组(1.2)中的每一个方程都变成了增广矩阵中对应的行,所以要对增广矩阵的行进行初等变换．下面将方程组的变换写在左侧,右侧是对应的增广矩阵的行变换：

$$\begin{cases}3x_1+5x_2-5x_3=1,\\x_1+x_2-3x_3=-1,\\x_1+3x_2+3x_3=7,\\2x_1+4x_2-2x_3=2,\end{cases}\qquad\rightarrow\left[\begin{array}{ccc:c}3&5&-5&1\\1&1&-3&-1\\1&3&3&7\\2&4&-2&2\end{array}\right].$$

$$\Rightarrow\begin{cases}x_1+x_2-3x_3=-1,\\3x_1+5x_2-5x_3=1,\\x_1+3x_2+3x_3=7,\\x_1+2x_2-x_3=1,\end{cases}\qquad\rightarrow\left[\begin{array}{ccc:c}1&1&-3&-1\\3&5&-5&1\\1&3&3&7\\1&2&-1&1\end{array}\right].$$

$$\Rightarrow\begin{cases}x_1+x_2-3x_3=-1,\\2x_2+4x_3=4,\\2x_2+6x_3=8,\\x_2+2x_3=2,\end{cases}\qquad\rightarrow\left[\begin{array}{ccc:c}1&1&-3&-1\\0&2&4&4\\0&2&6&8\\0&1&2&2\end{array}\right].$$

$$\Rightarrow\begin{cases}x_1+x_2-3x_3=-1,\\x_2+2x_3=2,\\x_3=2,\\0=0,\end{cases}\qquad\rightarrow\left[\begin{array}{ccc:c}1&1&-3&-1\\0&1&2&2\\0&0&1&2\\0&0&0&0\end{array}\right].\tag{1.6}$$

$$\Rightarrow\begin{cases}x_1+x_2=5,\\x_2=-2,\\x_3=2,\\0=0,\end{cases}\qquad\rightarrow\left[\begin{array}{ccc:c}1&1&0&5\\0&1&0&-2\\0&0&1&2\\0&0&0&0\end{array}\right].$$

$$\Rightarrow\begin{cases}x_1 & & & =7,\\ & x_2 & & =-2,\\ & & x_3 & =2,\\ & & & 0=0,\end{cases}\qquad \rightarrow\left[\begin{array}{ccc:c}1 & 0 & 0 & 7\\ 0 & 1 & 0 & -2\\ 0 & 0 & 1 & 2\\ 0 & 0 & 0 & 0\end{array}\right]. \tag{1.7}$$

从上面的矩阵求解过程中可以看出,对增广矩阵实施了三种行变换：

①互换两行的位置．

②用一个非零的数乘某一行．

③将一个行元素的倍数加到另一行的对应元素上．

这三种变换称为矩阵的初等行变换．类似于阶梯形方程组(1.4),它对应的矩阵(1.6)可以从左上角第一个非零元素(主元)开始画一条折线,如下所示：

$$\left[\begin{array}{ccc:c}1 & 1 & -3 & -1\\ 0 & 1 & 2 & 2\\ 0 & 0 & 1 & 2\\ 0 & 0 & 0 & 0\end{array}\right].$$

这条折线具有以下特点：

①元素全为 0 的行(零行)都在折线的下方．

②元素不全为 0 的行(非零行),从左数第一个非零元素(主元),它的列指标随着行数的增加而严格增大．也就是下一行的主元(如果有)一定在上一行主元的右下方．通俗地讲,如果一个矩阵 $\boldsymbol{A}$ 的非零元素呈现出一种类似台阶的样式,那么就称矩阵 $\boldsymbol{A}$ 为阶梯形的．

因此,矩阵(1.6)也称为阶梯形矩阵．继续对阶梯形矩阵(1.6)进行初等行变换,就可以得到矩阵(1.7)：

$$\left[\begin{array}{ccc:c}1 & 0 & 0 & 7\\ 0 & 1 & 0 & -2\\ 0 & 0 & 1 & 2\\ 0 & 0 & 0 & 0\end{array}\right].$$

它的特点是：

①它是一个阶梯形矩阵．

②每一个非零行的主元都是 1.

③每个主元所在列,其余元素全为 0.

具有这种特点的矩阵称为最简行阶梯形矩阵．

如果其中一个矩阵 $\boldsymbol{A}_{m\times n}$ 可以通过一系列的初等行变换得到另一个矩阵 $\boldsymbol{B}_{m\times n}$,就称 $\boldsymbol{A}_{m\times n}$ 和 $\boldsymbol{B}_{m\times n}$ 是行等价的．

因此在求解非齐次线性方程组的时候,可以采用以下步骤：

①写出线性方程组对应的增广矩阵．

②用初等行变换将增广矩阵变成一个行等价的矩阵,并且这个行等价的矩阵是最简行阶梯形矩阵．

③求解这个最简行阶梯形矩阵所对应的线性方程组．

例 1.3 求解非齐次线性方程组

$$\begin{cases} x_1+x_2+x_3=1, \\ 2x_1+3x_2+x_3=2, \\ 3x_1+2x_2+5x_3=4. \end{cases}$$

解:先写出非齐次线性方程组对应的增广矩阵 $\begin{bmatrix} 1 & 1 & 1 & 1 \\ 2 & 3 & 1 & 2 \\ 3 & 2 & 5 & 4 \end{bmatrix}$,然后对增广矩阵进行初等行变换。由于行变换后的矩阵和原矩阵不相同,因此不能用等号

$$\left[\begin{array}{ccc:c} 1 & 1 & 1 & 1 \\ 2 & 3 & 1 & 2 \\ 3 & 2 & 5 & 4 \end{array}\right] \begin{matrix} \\ \times(-2) \\ \times(-3) \end{matrix} \longrightarrow \left[\begin{array}{ccc:c} 1 & 1 & 1 & 1 \\ 0 & 1 & -1 & 0 \\ 0 & -1 & 2 & 1 \end{array}\right] \begin{matrix} \\ \\ \times 1 \end{matrix}$$

$$\longrightarrow \left[\begin{array}{ccc:c} 1 & 1 & 1 & 1 \\ 0 & 1 & -1 & 0 \\ 0 & 0 & 1 & 1 \end{array}\right] \begin{matrix} \times(-1) \\ \times 1 \\ \\ \end{matrix}$$

$$\longrightarrow \left[\begin{array}{ccc:c} 1 & 1 & 0 & 0 \\ 0 & 1 & 0 & 1 \\ 0 & 0 & 1 & 1 \end{array}\right] \begin{matrix} \times(-1) \\ \\ \\ \end{matrix}$$

$$\longrightarrow \left[\begin{array}{ccc:c} 1 & 0 & 0 & -1 \\ 0 & 1 & 0 & 1 \\ 0 & 0 & 1 & 1 \end{array}\right].$$

通过最后的最简行阶梯形矩阵,可以得到线性方程组的唯一解:

$$\begin{cases} x_1=-1, \\ x_2=1, \\ x_3=1. \end{cases}$$

例 1.3 中所使用的化简过程称为高斯-若尔当消元法,后续仍会继续详细讲述该方法,这里很容易看到矩阵记号带来的优势,熟练后可以将行之间的运算记号也省略掉.

下面来看线性方程组的解的其他情况.

例 1.4 求解非齐次线性方程组

$$\begin{cases} x_1+x_2+x_3=1, \\ 2x_1+3x_2+x_3=2, \\ 3x_1+x_2+5x_3=4. \end{cases}$$

同例 1.3,先写出线性方程组对应的增广矩阵 $\begin{bmatrix} 1 & 1 & 1 & 1 \\ 2 & 3 & 1 & 2 \\ 3 & 1 & 5 & 4 \end{bmatrix}$,在熟练之后,系数矩阵和常数项之间的虚线也可以省略掉

$$\begin{bmatrix} 1 & 1 & 1 & 1 \\ 2 & 3 & 1 & 2 \\ 3 & 1 & 5 & 4 \end{bmatrix} \longrightarrow \begin{bmatrix} 1 & 1 & 1 & 1 \\ 0 & 1 & -1 & 0 \\ 0 & -2 & 2 & 1 \end{bmatrix}$$

$$\longrightarrow \begin{bmatrix} 1 & 1 & 1 & 1 \\ 0 & 1 & -1 & 0 \\ 0 & 0 & 0 & 1 \end{bmatrix}.$$

写出最后的这个行阶梯形矩阵所对应的线性方程组

$$\begin{cases} x_1+x_2+x_3=1, \\ x_2-x_3=0, \\ 0=1. \end{cases} \tag{1.8}$$

显然，x_1,x_2,x_3 无论取什么实数值都无法满足方程组(1.8)，因此原线性方程组无解．这样的方程组也称为不相容方程组．此时，可以观察到增广矩阵的主元的个数 3 大于系数矩阵的主元的个数 2.

例 1.5　求解非齐次线性方程组

$$\begin{cases} x_1+x_2+x_3=1, \\ 2x_1+3x_2+x_3=2, \\ 3x_1+x_2+5x_3=3. \end{cases}$$

解:先写出非齐次线性方程组对应的增广矩阵 $\begin{bmatrix} 1 & 1 & 1 & 1 \\ 2 & 3 & 1 & 2 \\ 3 & 1 & 5 & 3 \end{bmatrix}$，然后进行初等行变换可得

$$\begin{bmatrix} 1 & 1 & 1 & 1 \\ 2 & 3 & 1 & 2 \\ 3 & 1 & 5 & 3 \end{bmatrix} \to \begin{bmatrix} 1 & 1 & 1 & 1 \\ 0 & 1 & -1 & 0 \\ 0 & -2 & 2 & 0 \end{bmatrix}$$

$$\to \begin{bmatrix} 1 & 1 & 1 & 1 \\ 0 & 1 & -1 & 0 \\ 0 & 0 & 0 & 0 \end{bmatrix}$$

$$\to \begin{bmatrix} 1 & 0 & 2 & 1 \\ 0 & 1 & -1 & 0 \\ 0 & 0 & 0 & 0 \end{bmatrix}.$$

写出最后的这个最简行阶梯形矩阵所对应的线性方程组

$$\begin{cases} x_1 \quad +2x_3=1, \\ x_2- \ x_3=0, \\ 0=0. \end{cases} \tag{1.9}$$

主元对应的变量分别是 x_1,x_2，它们被称为主变量，可以用其余变量表示出来

$$\begin{cases} x_1=1-2x_3, \\ x_2=x_3. \end{cases} \tag{1.10}$$

在方程组(1.10)中，等号右侧的变量 x_3 可以取任何实数，被称为自由变量．于是，(1.10)就称为原方程组的一般解，用含有自由变量的表达式表示主变量．由于自由变量 x_3 可以取任何实数，所以原方程组具有无穷多解．

总结:非齐次线性方程组的(最简)行阶梯形矩阵和它们的解之间的关系如表 1.2 所示.

表 1.2　非齐次线性方程组的(最简)行阶梯形矩阵和它们的解之间的关系

行阶梯形矩阵	解的形态	主元和未知量个数之间的关系
$\left[\begin{array}{ccc\|c} 1 & 0 & 0 & -1 \\ 0 & 1 & 0 & 1 \\ 0 & 0 & 1 & 1 \end{array}\right]$	原方程组具有唯一解	增广矩阵的主元个数=系数矩阵的主元个数=未知量的个数
$\begin{bmatrix} 1 & 0 & 2 & 1 \\ 0 & 1 & -1 & 0 \\ 0 & 0 & 0 & 0 \end{bmatrix}$	原方程组具有无穷多解	增广矩阵的主元个数=系数矩阵的主元个数<未知量的个数
$\begin{bmatrix} 1 & 1 & 1 & 1 \\ 0 & 1 & -1 & 0 \\ 0 & 0 & 0 & 1 \end{bmatrix}$	原方程组无解	增广矩阵的主元个数≠系数矩阵的主元个数

由此可以得到解非齐次线性方程组的方法,如图 1.2 所示.

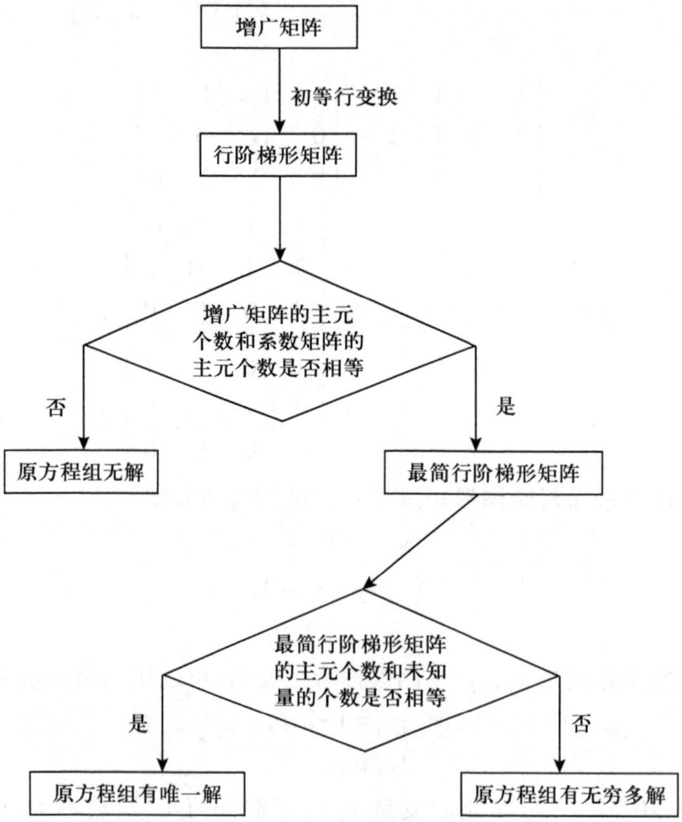

图 1.2　解非齐次线性方程组的方法

这种解非齐次线性方程组的方法称为高斯-若尔当消元法．由该算法可以得到下面的定理．

定理 1.1 n 元非齐次线性方程组的解的情况只有三种：有唯一解、有无穷多解、无解．将 n 元非齐次线性方程组的增广矩阵经过初等行变换化为行阶梯形矩阵，如果增广矩阵的主元个数多于系数矩阵的主元个数（出现 $0=c$ 这样的方程，其中 c 为非零的数），则原方程组无解；否则原方程组有解．在有解的情况下，继续进行初等行变换，化为最简行阶梯形矩阵．如果最简行阶梯形矩阵的主元个数等于未知量的个数，则原方程组有唯一解；如果最简行阶梯形矩阵的主元个数小于未知量的个数，则原方程组有无穷多解．

在定理 1.1 中提到了增广矩阵的主元个数和系数矩阵的主元个数．一般来说，这两个数是无法简单地从增广矩阵中观察出来的，只能通过初等行变换的方法化为行阶梯形矩阵后，才能看出来。

在非齐次线性方程组(1.1)中，如果右侧的常数项 $b_1,b_2,\cdots,b_m$ 全为零，则线性方程组可以写为

$$\begin{cases}a_{11}x_1+a_{12}x_2+\cdots+a_{1n}x_n=0,\\ a_{21}x_1+a_{22}x_2+\cdots+a_{2n}x_n=0,\\ \quad\cdots\cdots\\ a_{m1}x_1+a_{m2}x_2+\cdots+a_{mn}x_n=0.\end{cases} \tag{1.11}$$

这样的线性方程组称为齐次线性方程组．显然，所有的未知量 $x_1,x_2,\cdots,x_n$ 都取零必是方程组(1.11)的一个解，这个解是平凡的，称为零解．所以齐次线性方程组都有零解，也就是齐次线性方程组不存在无解的情况．如果一个齐次线性方程组除了零解以外还含有其他的解，就称其他的解为非零解（因为至少有一个变量不能取零，否则就是零解）．如果一个齐次线性方程组有非零解，那么根据图 1.2，最简行阶梯形矩阵的主元个数必然小于未知量个数（否则只有零解），所以具有非零解的齐次线性方程组具有无穷多解．

推论 1.1 n 元齐次线性方程组(1.11)一定有解．如果它的系数矩阵经过初等行变换，化成的最简行阶梯形矩阵的主元的个数等于未知量个数 n，则它只有零解；如果它的最简行阶梯形矩阵的主元的个数小于未知量个数 n，则它一定有非零解．

推论 1.2 n 元齐次线性方程组，如果方程的个数 m 小于未知量的个数 n，则它一定有非零解．

例 1.6 求解下列齐次线性方程组，若有非零解，则求出它的一般解．

(1) $\begin{cases}x_1+2x_2+x_3=0,\\ -x_1-x_2+2x_3=0,\\ 3x_1+2x_2+3x_3=0;\end{cases}$ (2) $\begin{cases}x_1+2x_2-x_3=0,\\ 2x_1+x_2+x_3=0,\\ 3x_1+5x_2-2x_3=0.\end{cases}$

解：由于齐次线性方程组的增广矩阵中常数项全为零，它们之间的初等行变换不会改变常数项的数值，所以只需要写出齐次线性方程组的系数矩阵，并对它进行初等行变换就可以了．

(1)将系数矩阵进行初等行变换，可得

$$\begin{bmatrix}1&2&1\\-1&-1&2\\3&2&3\end{bmatrix}\to\begin{bmatrix}1&2&1\\0&1&3\\0&-4&0\end{bmatrix}\to\begin{bmatrix}1&2&1\\0&-4&0\\0&1&3\end{bmatrix}\to\begin{bmatrix}1&2&1\\0&-1&0\\0&0&3\end{bmatrix}\to\begin{bmatrix}1&0&0\\0&-1&0\\0&0&3\end{bmatrix}\to\begin{bmatrix}1&0&0\\0&1&0\\0&0&1\end{bmatrix}. \tag{1.12}$$

由最简行阶梯形矩阵(1.12)的主元个数等于3(等于未知量的个数)可知,原齐次线性方程组只有零解,即$\begin{cases}x_1=0,\\x_2=0,\\x_3=0.\end{cases}$

(2)将系数矩阵进行初等行变换,可得

$$\begin{bmatrix}1&2&-1\\2&1&1\\3&5&-2\end{bmatrix}\to\begin{bmatrix}1&2&-1\\0&-3&3\\0&-1&1\end{bmatrix}\to\begin{bmatrix}1&2&-1\\0&-1&1\\0&0&0\end{bmatrix}\to\begin{bmatrix}1&0&1\\0&-1&1\\0&0&0\end{bmatrix}\to\begin{bmatrix}1&0&1\\0&1&-1\\0&0&0\end{bmatrix}. \tag{1.13}$$

由最简行阶梯形矩阵(1.13)的主元个数等于2(小于未知量的个数)可知,原齐次线性方程组有非零解,将最简行阶梯形矩阵对应的齐次线性方程组改写为主变量在等号的左侧、自由变量在等号的右侧,可得$\begin{cases}x_1=-x_3,\\x_2=x_3,\end{cases}$其中,$x_3$为自由变量,即$x_3$可以取任意实数.

第三节　线性方程组的矩阵表达式

线性方程组的重要性质不仅可以用增广矩阵或系数矩阵来表示,还可以用向量概念与符号来表示.本节将线性方程组和向量方程联系起来.

1. $\mathbb{R}^n$ 中的向量

$\mathbb{R}^2$ 中的向量:仅含有一列的矩阵称为列向量,或简称为向量,包含两个元素的向量如下所示:

$$\boldsymbol{\alpha}=\begin{bmatrix}1\\2\end{bmatrix},\ \boldsymbol{\beta}=\begin{bmatrix}-2\\0\end{bmatrix},\ \boldsymbol{x}=\begin{bmatrix}x_1\\x_2\end{bmatrix}.$$

式中,x_1,x_2 为任意的实数.所有的实数上的两个元素构成的向量的集合记为$\mathbb{R}^2$,这里的 $\mathbb{R}$ 表示向量中的元素为实数,指数 2 表示每个向量包含两个元素.一般用 $\boldsymbol{\alpha},\boldsymbol{\beta},\boldsymbol{\gamma}$ 来表示向量.

$\mathbb{R}^2$ 中的两个向量相等,是指它们对应的元素要相等,例如$\begin{bmatrix}1\\2\end{bmatrix}$和$\begin{bmatrix}2\\1\end{bmatrix}$是不相等的.

如果$\mathbb{R}^2$ 中的一个向量的两个元素都是 0,就称为零向量,用 $\mathbf{0}$ 来表示.

若$\mathbb{R}^2$ 中的两个向量 $\boldsymbol{\alpha}=\begin{bmatrix}a_1\\a_2\end{bmatrix},\boldsymbol{\beta}=\begin{bmatrix}b_1\\b_2\end{bmatrix}$,那么它们的和 $\boldsymbol{\alpha}+\boldsymbol{\beta}$ 就是将对应的元素相加所得到的向量 $\boldsymbol{\alpha}+\boldsymbol{\beta}=\begin{bmatrix}a_1+b_1\\a_2+b_2\end{bmatrix}$;若 k 是一个实数,那么 $k\boldsymbol{\alpha}$ 是将 $\boldsymbol{\alpha}$ 的每个元素都乘 k 所得到的向量 $k\boldsymbol{\alpha}=\begin{bmatrix}ka_1\\ka_2\end{bmatrix}$,这种乘法也称为向量的数量乘法,简称数乘.

例 1.7 若 $\boldsymbol{\alpha}=\begin{bmatrix}1\\-3\end{bmatrix},\ \boldsymbol{\beta}=\begin{bmatrix}2\\1\end{bmatrix}$,求 $4\boldsymbol{\alpha},-2\boldsymbol{\beta},4\boldsymbol{\alpha}-2\boldsymbol{\beta}$.

解:$4\boldsymbol{\alpha}=4\begin{bmatrix}1\\-3\end{bmatrix}=\begin{bmatrix}4\\-12\end{bmatrix}$;

$$-2\boldsymbol{\beta}=-2\begin{bmatrix}2\\1\end{bmatrix}=\begin{bmatrix}-4\\-2\end{bmatrix};$$

$$4\boldsymbol{\alpha}-2\boldsymbol{\beta}=\begin{bmatrix}4\\-12\end{bmatrix}+\begin{bmatrix}-4\\-2\end{bmatrix}=\begin{bmatrix}0\\-14\end{bmatrix}.$$

$\mathbb{R}^3$ 中的向量:由$\mathbb{R}^2$ 中的向量可知,所有的实数上的三个元素构成的向量的集合记为$\mathbb{R}^3$,运算和$\mathbb{R}^2$ 中的向量运算类似.

$\mathbb{R}^n$ 中的向量:如果 n 是正整数,那么$\mathbb{R}^n$ 表示实数上所有 n 个元素构成的有序数列的集合,通常记为 $n\times 1$ 列矩阵的形式,例如 $\boldsymbol{\alpha}=\begin{bmatrix}a_1\\a_2\\\vdots\\a_n\end{bmatrix}$.

所有元素都是零的向量称为零向量,用 $\mathbf{0}$ 表示($\mathbf{0}$ 中元素的个数可由上下文确定),$\mathbb{R}^n$ 中向量的相等、向量之间的加法运算、数量乘法(数乘)运算类似于$\mathbb{R}^2$ 中的定义.$\mathbb{R}^n$ 中向量的加法运算和数乘运算还满足以下性质,它们都可由实数相应的性质来证明.

①$\boldsymbol{\alpha}+\boldsymbol{\beta}=\boldsymbol{\beta}+\boldsymbol{\alpha}$(交换律);

②$(\boldsymbol{\alpha}+\boldsymbol{\beta})+\boldsymbol{\gamma}=\boldsymbol{\alpha}+(\boldsymbol{\beta}+\boldsymbol{\gamma})=(\boldsymbol{\alpha}+\boldsymbol{\gamma})+\boldsymbol{\beta}$(结合律);

③$\boldsymbol{\alpha}-\boldsymbol{\alpha}=\boldsymbol{\alpha}+(-1)\boldsymbol{\alpha}=\boldsymbol{0}$;

④$\boldsymbol{\alpha}+\boldsymbol{0}=\boldsymbol{\alpha}$;

⑤如果 k 为实数,那么 $k(\boldsymbol{\alpha}+\boldsymbol{\beta})=k\boldsymbol{\alpha}+k\boldsymbol{\beta}$;

⑥如果 k,t 为实数,那么$(k+t)\boldsymbol{\alpha}=k\boldsymbol{\alpha}+t\boldsymbol{\alpha}$;

⑦如果 k,t 为实数,那么$(kt)\boldsymbol{\alpha}=k(t\boldsymbol{\alpha})=t(k\boldsymbol{\alpha})$;

⑧$1\boldsymbol{\alpha}=\boldsymbol{\alpha}$.

这八条运算法则统称为线性运算法则.

定义 1.2 设 $\boldsymbol{\alpha}_1,\boldsymbol{\alpha}_2,\cdots,\boldsymbol{\alpha}_m$ 为$\mathbb{R}^n$ 中的一组向量,对于任意一组实数 $k_1,k_2,\cdots,k_m$,称 $k_1\boldsymbol{\alpha}_1+k_2\boldsymbol{\alpha}_2+\cdots+k_m\boldsymbol{\alpha}_m$ 为向量组 $\boldsymbol{\alpha}_1,\boldsymbol{\alpha}_2,\cdots,\boldsymbol{\alpha}_m$ 的一个线性组合,其中的 $k_1,k_2,\cdots,k_m$ 称为一组组合系数.

定义 1.3 若存在一组数 $k_1,k_2,\cdots,k_m$,使得 $k_1\boldsymbol{\alpha}_1+k_2\boldsymbol{\alpha}_2+\cdots+k_m\boldsymbol{\alpha}_m=\boldsymbol{\beta}$,就称 $\boldsymbol{\beta}$ 可由向量组 $\boldsymbol{\alpha}_1,\boldsymbol{\alpha}_2,\cdots,\boldsymbol{\alpha}_m$ 线性表出,其中的 $k_1,k_2,\cdots,k_m$ 称为线性表出系数.

例 1.8 如果向量 $\boldsymbol{\alpha}_1=\begin{bmatrix}-1\\1\end{bmatrix},\boldsymbol{\alpha}_2=\begin{bmatrix}1\\2\end{bmatrix}$,估计由 $\boldsymbol{\alpha}_1,\boldsymbol{\alpha}_2$ 的线性组合生成的 $\boldsymbol{\beta}$.

解:先考虑 $\boldsymbol{\beta}=k\boldsymbol{\alpha}_1+0\boldsymbol{\alpha}_2$,再考虑 $\boldsymbol{\beta}=0\boldsymbol{\alpha}_1+k\boldsymbol{\alpha}_2$,其中的 k 是任意实数,可以知道这两条线是图 1.3 中的两条实直线.如果分别令 $\boldsymbol{\beta}=\boldsymbol{\alpha}_1+2\boldsymbol{\alpha}_2,\boldsymbol{\beta}=2\boldsymbol{\alpha}_1-2\boldsymbol{\alpha}_2$,由平行四边形法则可知图 1.3 中的交点都是系数为整数的线性组合形式;再进一步,可知图中任意的点都是 $\boldsymbol{\alpha}_1$ 与 $\boldsymbol{\alpha}_2$ 的线性组合,故$\mathbb{R}^2$ 中的任意一个向量都是 $\boldsymbol{\alpha}_1$ 与 $\boldsymbol{\alpha}_2$ 的某一个线性组合.

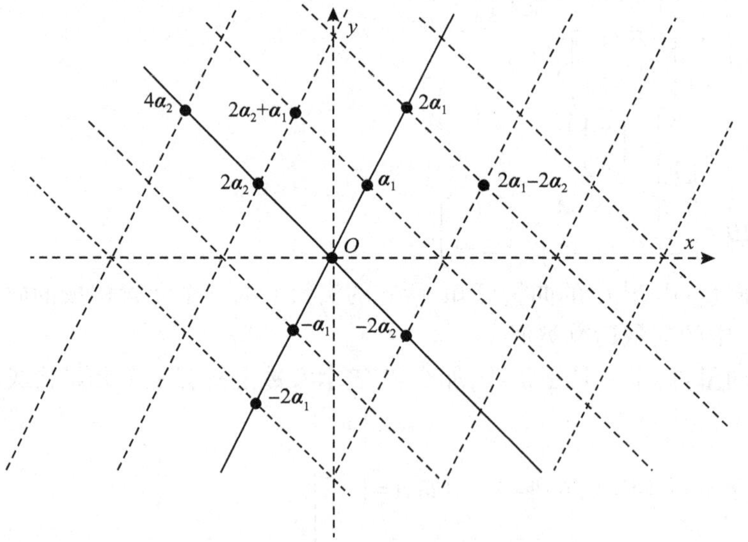

图 1.3 α_1 和 α_2 的所有线性组合

例 1.9 设 $\boldsymbol{\alpha}_1=\begin{bmatrix}1\\-1\\2\end{bmatrix},\boldsymbol{\alpha}_2=\begin{bmatrix}2\\4\\1\end{bmatrix},\boldsymbol{\beta}=\begin{bmatrix}8\\10\\7\end{bmatrix}$,试确定 $\boldsymbol{\beta}$ 是否能由 $\boldsymbol{\alpha}_1,\boldsymbol{\alpha}_2$ 线性表出.

解:根据线性表出的定义 1.3,即是否存在实数 x_1 与 x_2 满足 $\boldsymbol{\beta}=x_1\boldsymbol{\alpha}_1+x_2\boldsymbol{\alpha}_2$,如式(1.14)所示

$$x_1\begin{bmatrix}1\\-1\\2\end{bmatrix}+x_2\begin{bmatrix}2\\4\\1\end{bmatrix}=\begin{bmatrix}8\\10\\7\end{bmatrix}. \tag{1.14}$$

按照向量的数乘和加法运算,式(1.14)可以写成

$$\begin{bmatrix}x_1+2x_2\\-x_1+4x_2\\2x_1+x_2\end{bmatrix}=\begin{bmatrix}8\\10\\7\end{bmatrix}.$$

再根据向量相等的原则,可以写成

$$\begin{cases}x_1+2x_2=8,\\-x_1+4x_2=10,\\2x_1+x_2=7.\end{cases} \tag{1.15}$$

再利用解线性方程组的方法求解方程(1.15). 将增广矩阵进行初等行变换,化为最简行阶梯形矩阵

$$\begin{bmatrix}1&2&8\\-1&4&10\\2&1&7\end{bmatrix}\to\begin{bmatrix}1&2&8\\0&6&18\\0&-3&-9\end{bmatrix}\to\begin{bmatrix}1&2&8\\0&1&3\\0&0&0\end{bmatrix}\to\begin{bmatrix}1&0&2\\0&1&3\\0&0&0\end{bmatrix}.$$

可知方程组的解为$\begin{cases}x_1=2,\\x_2=3,\end{cases}$所以 $\boldsymbol{\beta}$ 能由 $\boldsymbol{\alpha}_1$ 与 $\boldsymbol{\alpha}_2$ 线性表出,即 $\boldsymbol{\beta}=2\boldsymbol{\alpha}_1+3\boldsymbol{\alpha}_2$.

在例 1.9 中,注意到增广矩阵的第一列就是 $\boldsymbol{\alpha}_1$,第二列就是 $\boldsymbol{\alpha}_2$,而常数项所对应的列就是 $\boldsymbol{\beta}$,由此可以得到如下结论:

向量方程 $x_1\boldsymbol{\alpha}_1+x_2\boldsymbol{\alpha}_2+\cdots+x_m\boldsymbol{\alpha}_m=\boldsymbol{\beta}$ 和增广矩阵 $[\boldsymbol{\alpha}_1,\boldsymbol{\alpha}_2,\cdots,\boldsymbol{\alpha}_m,\boldsymbol{\beta}]$ 所对应的线性方程组具有相同的解集. 若该线性方程组有解,那么 $\boldsymbol{\beta}$ 就可由向量组 $\boldsymbol{\alpha}_1,\boldsymbol{\alpha}_2,\cdots,\boldsymbol{\alpha}_m$ 线性表出,这个解就是线性表出系数;若该线性方程组无解,那么 $\boldsymbol{\beta}$ 不可由向量组 $\boldsymbol{\alpha}_1,\boldsymbol{\alpha}_2,\cdots,\boldsymbol{\alpha}_m$ 线性表出.

这个结论可以简单概括为:如果 $\boldsymbol{\beta}$ 可由向量组 $\boldsymbol{\alpha}_1,\boldsymbol{\alpha}_2,\cdots,\boldsymbol{\alpha}_m$ 线性表出,那么 $x_1\boldsymbol{\alpha}_1+x_2\boldsymbol{\alpha}_2+\cdots+x_m\boldsymbol{\alpha}_m=\boldsymbol{\beta}$ 一定有解.

2. 线性方程组的矩阵表达式

定义 1.4 如果 $\boldsymbol{A}$ 为 $m\times n$ 矩阵,它的各列分别为 $\boldsymbol{\alpha}_1,\boldsymbol{\alpha}_2,\cdots,\boldsymbol{\alpha}_n$,若 $\boldsymbol{x}$ 为$\mathbb{R}^n$ 中的向量,那么矩阵 $\boldsymbol{A}$ 与向量 $\boldsymbol{x}$ 的乘积就是 $\boldsymbol{A}$ 的各列分别乘 $\boldsymbol{x}$ 中对应的元素的线性组合,记为 $\boldsymbol{Ax}$. 即

$$\boldsymbol{Ax}=[\boldsymbol{\alpha}_1,\boldsymbol{\alpha}_2,\cdots,\boldsymbol{\alpha}_n]\begin{bmatrix}x_1\\x_2\\\vdots\\x_n\end{bmatrix}=x_1\boldsymbol{\alpha}_1+x_2\boldsymbol{\alpha}_2+\cdots+x_n\boldsymbol{\alpha}_n=\sum_{i=1}^{n}x_i\boldsymbol{\alpha}_i. \tag{1.16}$$

注意:只有当 $\boldsymbol{A}$ 的列数和 $\boldsymbol{x}$ 中元素的个数相等时,定义 1.4 才有意义.

例 1.10 试计算

(1) $\begin{bmatrix}1 & 2 & 0\\ -1 & 3 & 2\end{bmatrix}\begin{bmatrix}1\\4\\3\end{bmatrix}$;　　(2) $\begin{bmatrix}1 & 2\\ -1 & 1\\ 3 & 4\end{bmatrix}\begin{bmatrix}1\\3\end{bmatrix}$.

解:(1) $\begin{bmatrix}1 & 2 & 0\\ -1 & 3 & 2\end{bmatrix}\begin{bmatrix}1\\4\\3\end{bmatrix}=1\begin{bmatrix}1\\-1\end{bmatrix}+4\begin{bmatrix}2\\3\end{bmatrix}+3\begin{bmatrix}0\\2\end{bmatrix}=\begin{bmatrix}9\\17\end{bmatrix}$;

(2) $\begin{bmatrix}1 & 2\\ -1 & 1\\ 3 & 4\end{bmatrix}\begin{bmatrix}1\\3\end{bmatrix}=1\begin{bmatrix}1\\-1\\3\end{bmatrix}+3\begin{bmatrix}2\\1\\4\end{bmatrix}=\begin{bmatrix}7\\2\\15\end{bmatrix}$.

特别地,引入向量形式和矩阵形式后,非齐次线性方程组

$$\begin{cases}a_{11}x_1+a_{12}x_2+\cdots+a_{1n}x_n=b_1,\\ a_{21}x_1+a_{22}x_2+\cdots+a_{2n}x_n=b_2,\\ \qquad\cdots\cdots\\ a_{m1}x_1+a_{m2}x_2+\cdots+a_{mn}x_n=b_m.\end{cases}$$

可以先写成向量形式

$$x_1\begin{bmatrix}a_{11}\\a_{21}\\\vdots\\a_{m1}\end{bmatrix}+x_2\begin{bmatrix}a_{12}\\a_{22}\\\vdots\\a_{m2}\end{bmatrix}+\cdots+x_n\begin{bmatrix}a_{1n}\\a_{2n}\\\vdots\\a_{mn}\end{bmatrix}=\begin{bmatrix}b_1\\b_2\\\vdots\\b_m\end{bmatrix}. \tag{1.17}$$

再根据定义 1.4 可以将式(1.17)写成矩阵乘向量的形式

$$\begin{bmatrix}a_{11} & a_{12} & \cdots & a_{1n}\\ a_{21} & a_{22} & \cdots & a_{2n}\\ \vdots & \vdots & & \vdots\\ a_{m1} & a_{m2} & \cdots & a_{mn}\end{bmatrix}\begin{bmatrix}x_1\\x_2\\\vdots\\x_n\end{bmatrix}=\begin{bmatrix}b_1\\b_2\\\vdots\\b_m\end{bmatrix}. \tag{1.18}$$

如果将矩阵$\begin{bmatrix}a_{11} & a_{12} & \cdots & a_{1n}\\ a_{21} & a_{22} & \cdots & a_{2n}\\ \vdots & \vdots & & \vdots\\ a_{m1} & a_{m2} & \cdots & a_{mn}\end{bmatrix}$记为 $\boldsymbol{A}_{m\times n}$,$\begin{bmatrix}x_1\\x_2\\\vdots\\x_n\end{bmatrix}$记为 $\boldsymbol{x}$,$\begin{bmatrix}b_1\\b_2\\\vdots\\b_m\end{bmatrix}$记为 $\boldsymbol{b}$,那么就得到了非齐次线性方程组的矩阵形式

$$\boldsymbol{A}_{m\times n}\boldsymbol{x}=\boldsymbol{b}. \tag{1.19}$$

它称为非齐次线性方程组的矩阵方程.

因此,非齐次线性方程组 $\boldsymbol{A}_{m\times n}\boldsymbol{x}=\boldsymbol{b}$ 有解当且仅当 $\boldsymbol{b}$ 是 $\boldsymbol{A}_{m\times n}$ 的各列的线性组合.

同理,齐次线性方程组的矩阵方程为

$$\boldsymbol{A}_{m\times n}\boldsymbol{x}=\boldsymbol{0}. \tag{1.20}$$

显然,齐次线性方程组一定有解,只要 $\boldsymbol{A}_{m\times n}$ 的各列的线性组合系数都取 0,就可以线性表出零向量.

第四节 线性方程组的应用

1. 确定空间中的直线或者二次曲线

在解析几何课程中,可能会通过先计算直线斜率的方式来求直线方程. 在下面的例子中,希望发展出一类算法,用于求解更复杂的曲线方程.

在平面上,一般的直线方程为

$$ax+by+c=0, \tag{1.21}$$

式中,a,b,c 为实数;x,y 为变量. 假设已知两点(1,2)和(2,5)都位于给定的直线上,那么 x,y 变成了已知量,而 a,b,c 为需要确定的未知量. 如果确定了 a,b,c,则可求出直线.

因此可以考虑将两点(1,2)和(2,5)分别代入直线方程(1.21),可得齐次线性方程组

$$\begin{cases} a+2b+c=0, \\ 2a+5b+c=0. \end{cases} \tag{1.22}$$

它的矩阵表达式为$\begin{bmatrix} 1 & 2 & 1 \\ 2 & 5 & 1 \end{bmatrix}\begin{bmatrix} a \\ b \\ c \end{bmatrix}=\mathbf{0}$,右侧的 $\mathbf{0}$ 表示零向量.

对它的系数矩阵进行初等行变换,可得

$$\begin{bmatrix} 1 & 2 & 1 \\ 2 & 5 & 1 \end{bmatrix} \to \begin{bmatrix} 1 & 2 & 1 \\ 0 & 1 & -1 \end{bmatrix} \to \begin{bmatrix} 1 & 0 & 3 \\ 0 & 1 & -1 \end{bmatrix}.$$

所对应的齐次线性方程组为

$$\begin{cases} a=-3c, \\ b=c. \end{cases}$$

将解代入原直线方程可得

$$-3cx+cy+c=0. \tag{1.23}$$

若 $c=0$,则为原点;若 $c\neq 0$,则一般直线方程为

$$-3x+y+1=0. \tag{1.24}$$

通过这个例子,还可以考虑一般的两个变量的二次方程,即二次曲线

$$ax^2+bxy+cy^2+dx+ey+f=0. \tag{1.25}$$

假设该二次曲线经过以下 5 个点:(2,0),(0,3),(0,−1),(−3,0),(−3,1),那么将这 5 个点分别代入二次曲线方程,可得齐次线性方程组

$$\begin{cases} 4a \qquad +2d+ \quad f=0, \\ \qquad 9c \qquad +3e+f=0, \\ \qquad c \qquad -e+f=0, \\ 9a \qquad -3d \qquad +f=0, \\ 9a-3b+c-3d+e+f=0. \end{cases} \tag{1.26}$$

对应的矩阵表达式为$\begin{bmatrix}4&0&0&2&0&1\\0&0&9&0&3&1\\0&0&1&0&-1&1\\9&0&0&-3&0&1\\9&-3&1&-3&1&1\end{bmatrix}\begin{bmatrix}a\\b\\c\\d\\e\\f\end{bmatrix}=\mathbf{0}$.

对它的系数矩阵进行初等行变换可得

$$\begin{bmatrix}4&0&0&2&0&1\\0&0&9&0&3&1\\0&0&1&0&-1&1\\9&0&0&-3&0&1\\9&-3&1&-3&1&1\end{bmatrix}\to\begin{bmatrix}4&0&0&2&0&1\\0&0&9&0&3&1\\0&0&1&0&-1&1\\1&0&0&-7&0&-1\\9&-3&1&-3&1&1\end{bmatrix}$$

$$\to\begin{bmatrix}1&0&0&-7&0&-1\\0&0&9&0&3&1\\0&0&1&0&-1&1\\4&0&0&2&0&1\\9&-3&1&-3&1&1\end{bmatrix}\to\begin{bmatrix}1&0&0&-7&0&-1\\0&0&9&0&3&1\\0&0&1&0&-1&1\\0&0&0&30&0&5\\0&-3&1&60&1&10\end{bmatrix}$$

$$\to\begin{bmatrix}1&0&0&-7&0&-1\\0&-3&1&60&1&10\\0&0&1&0&-1&1\\0&0&0&30&0&5\\0&0&9&0&3&1\end{bmatrix}\to\begin{bmatrix}1&0&0&-7&0&-1\\0&-3&1&60&1&10\\0&0&1&0&-1&1\\0&0&0&6&0&1\\0&0&9&0&3&1\end{bmatrix}$$

$$\to\begin{bmatrix}1&0&0&-1&0&0\\0&-3&1&0&1&0\\0&0&1&0&-1&1\\0&0&0&6&0&1\\0&0&9&0&3&1\end{bmatrix}\to\begin{bmatrix}1&0&0&-1&0&0\\0&-3&0&0&2&-1\\0&0&1&0&-1&1\\0&0&0&6&0&1\\0&0&0&0&12&-8\end{bmatrix}$$

$$\to\begin{bmatrix}1&0&0&0&0&\frac{1}{6}\\0&1&0&0&0&-\frac{1}{9}\\0&0&1&0&0&\frac{1}{3}\\0&0&0&1&0&\frac{1}{6}\\0&0&0&0&1&\frac{-2}{3}\end{bmatrix}. \tag{1.27}$$

由最简行阶梯形矩阵(1.27)写出等价的齐次线性方程组,将主变量放在等号左侧,自由变量放在等号右侧,可得

$$\begin{cases} a=-\frac{1}{6}f, \\ b=\frac{1}{9}f, \\ c=-\frac{1}{3}f, \\ d=-\frac{1}{6}f, \\ e=\frac{2}{3}f. \end{cases} \tag{1.28}$$

因为 f 可以取任何实数,故令 $f=-18$,可得原二次曲线的一种表达式

$$3x^2-2xy+6y^2+3x-12y-18=0. \tag{1.29}$$

还可以考虑三个变量的二次方程

$$ax^2+by^2+cz^2+dxy+exz+fyz+gx+hy+kz+t=0. \tag{1.30}$$

利用上面的方法,只需要知道该方程通过的空间中 8 个不同的点,就可以确定这个方程的表达式.

2. 网络中的流量问题

一个网络是由节点和分支组成的,其中,分支是连接节点的线或弧线,流的方向在每个分支上都有标识,流量一般用数字或变量来表示. 如图 1.4 所示,它表示一个分支流入一个节点,x_1 与 x_2 表示该节点经过其他分支的流出.

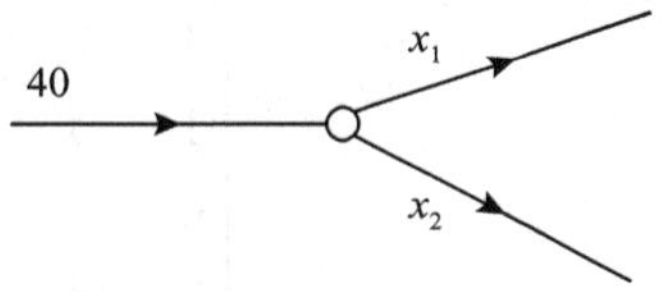

图 1.4　节点和分支示意图

假定对于一个网络,进入一个节点的总流量等于离开该节点的总流量,那么有 $x_1+x_2=40$. 类似地,每一个节点的流量都可以用一个方程来描述,因此可以根据网络的局部信息(如网络当前时刻的总输入流量)来确定当前时刻的每一个分支的流量.

例 1.11　假设图 1.5 是某地单行道系统的交通流量,计算该网络的流量.

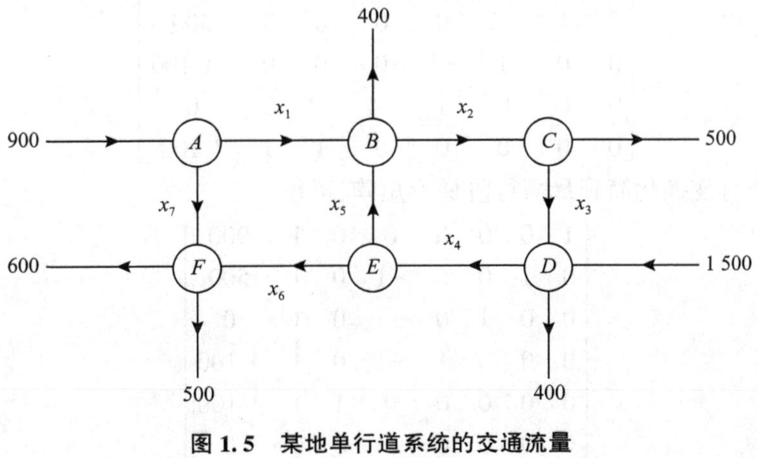

图 1.5　某地单行道系统的交通流量

解:因为进入一个节点的流量等于离开的流量,所以可得以下等式:

$$x_1+x_7=900, \qquad (\text{节点 } A)$$
$$x_1+x_5=x_2+400, \qquad (\text{节点 } B)$$
$$x_2=x_3+500, \qquad (\text{节点 } C)$$
$$x_3+1\,500=x_4+400, \qquad (\text{节点 } D)$$
$$x_4=x_5+x_6, \qquad (\text{节点 } E)$$
$$x_6+x_7=600+500. \qquad (\text{节点 } F)$$

将上面等式组成非齐次线性方程组可得

$$\begin{cases} x_1 & & & & & & +x_7=900, \\ x_1-x_2 & & & +x_5 & & & =400, \\ & x_2-x_3 & & & & & =500, \\ & & x_3-x_4 & & & & =-1\,100, \\ & & & x_4-x_5-x_6 & & & =0, \\ & & & & & x_6+x_7 & =1\,100. \end{cases} \tag{1.31}$$

它的矩阵表达式为

$$\begin{bmatrix} 1 & 0 & 0 & 0 & 0 & 0 & 1 \\ 1 & -1 & 0 & 0 & 1 & 0 & 0 \\ 0 & 1 & -1 & 0 & 0 & 0 & 0 \\ 0 & 0 & 1 & -1 & 0 & 0 & 0 \\ 0 & 0 & 0 & 1 & -1 & -1 & 0 \\ 0 & 0 & 0 & 0 & 0 & 1 & 1 \end{bmatrix} \begin{bmatrix} x_1 \\ x_2 \\ x_3 \\ x_4 \\ x_5 \\ x_6 \\ x_7 \end{bmatrix} = \begin{bmatrix} 900 \\ 400 \\ 500 \\ -1\,100 \\ 0 \\ 1\,100 \end{bmatrix}. \tag{1.32}$$

对应的增广矩阵为

$$\begin{bmatrix} 1 & 0 & 0 & 0 & 0 & 0 & 1 & 900 \\ 1 & -1 & 0 & 0 & 1 & 0 & 0 & 400 \\ 0 & 1 & -1 & 0 & 0 & 0 & 0 & 500 \\ 0 & 0 & 1 & -1 & 0 & 0 & 0 & -1\,100 \\ 0 & 0 & 0 & 1 & -1 & -1 & 0 & 0 \\ 0 & 0 & 0 & 0 & 0 & 1 & 1 & 1\,100 \end{bmatrix}. \tag{1.33}$$

经过初等行变换化简到最简行阶梯形矩阵,可得

$$\begin{bmatrix} 1 & 0 & 0 & 0 & 0 & 0 & 1 & 900 \\ 0 & 1 & 0 & 0 & -1 & 0 & 1 & 500 \\ 0 & 0 & 1 & 0 & -1 & 0 & 1 & 0 \\ 0 & 0 & 0 & 1 & -1 & 0 & 1 & 1\,100 \\ 0 & 0 & 0 & 0 & 0 & 1 & 1 & 1\,100 \\ 0 & 0 & 0 & 0 & 0 & 0 & 0 & 0 \end{bmatrix}. \tag{1.34}$$

该网络的流量为

$$\begin{cases}x_1=900-x_7,\\x_2=500-x_7+x_5,\\x_3=\quad\quad -x_7+x_5,\\x_4=1\ 100-x_7+x_5,\\x_6=1\ 100-x_7.\end{cases}\tag{1.35}$$

式中,x_5 与 x_7 为自由变量,可以取任何实数,但是考虑到本问题为单行道,不允许出现负数,所以 $x_7\leqslant 900,x_5\geqslant x_7$.

如果 $x_7=400,x_5=600$,那么可得一组流量

$$\begin{cases}x_1=500,\\x_2=700,\\x_3=200,\\x_4=1\ 300,\\x_6=700.\end{cases}\tag{1.36}$$

如果在本例中,将 A 到 B 和 E 到 B 的路段关闭,交通会发生何种变化? A 到 B 关闭相当于 $x_1=0$,E 到 B 关闭相当于 $x_5=0$,于是流量(1.35)变为

$$\begin{cases}0=900-x_7,\\x_2=500-x_7+0,\\x_3=\quad\quad -x_7+0,\\x_4=1\ 100-x_7+0,\\x_6=1\ 100-x_7.\end{cases}$$

解得

$$\begin{cases}x_2=-400,\\x_3=-900,\\x_4=200,\\x_6=200,\\x_7=900.\end{cases}\tag{1.37}$$

为了使流量为非负,需要将 B 到 C 和 C 到 D 的单行路的方向反过来,于是该网络的流量如图 1.6 所示.

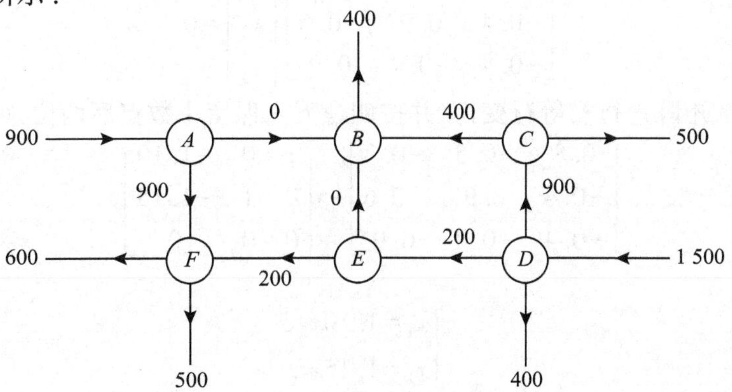

图 1.6　网络流量图

3. 经济学中的齐次线性方程组

假设一个经济体系可以划分为很多部门，比如制造、服务、农业等部门．假设知道了每一个部门年度的总产出，并且精确知道该总产出是如何在其他经济部门进行分配的，一个部门产出的总货币价值就称为该部门产出的价格．美国经济学家里昂惕夫证明了存在能够指派给各个部门总产出的平衡价格，使得每个部门的总收入恰好等于它的总支出．

下面用简单的例子来说明这个平衡价格的求法．

例 1.12 假设一个经济体系由矿业、煤炭、电力三个部门构成，各部门之间的产出分配如表 1.3 所示，其中，每一列的数表示该部门总产出的分配比例，由于产出必须分配，所以每一列的和为 1.

表 1.3 矿业、煤炭、电力部门之间的产出分配

产出分配			采购部门
矿业	煤炭	电力	
0.2	0.5	0.3	矿业部门
0.4	0.1	0.6	煤炭部门
0.4	0.4	0.1	电力部门

用 x_1, x_2, x_3 分别表示矿业部门、煤炭部门、电力部门的年度总产出价格，求出平衡价格，使各部门的收支平衡．

解：表 1.3 中，每一行表示这个部门从哪些部门获得了投入，比如第一行表示矿业部门接受了 0.2 的矿业总产出、0.5 的煤炭总产出、0.3 的电力总产出．所以有以下方程组

$$\begin{cases} x_1 = 0.2x_1 + 0.5x_2 + 0.3x_3, \\ x_2 = 0.4x_1 + 0.1x_2 + 0.6x_3, \\ x_3 = 0.4x_1 + 0.4x_2 + 0.1x_3. \end{cases} \tag{1.38}$$

即

$$\begin{cases} 0.8x_1 - 0.5x_2 - 0.3x_3 = 0, \\ -0.4x_1 + 0.9x_2 - 0.6x_3 = 0, \\ -0.4x_1 - 0.4x_2 + 0.9x_3 = 0. \end{cases}$$

它的矩阵表达式为

$$\begin{bmatrix} 0.8 & -0.5 & -0.3 \\ -0.4 & 0.9 & -0.6 \\ -0.4 & -0.4 & 0.9 \end{bmatrix} \begin{bmatrix} x_1 \\ x_2 \\ x_3 \end{bmatrix} = 0. \tag{1.39}$$

将它的系数矩阵进行初等行变换，并按四舍五入保留小数点后两位，可得

$$\begin{bmatrix} 0.8 & -0.5 & -0.3 \\ -0.4 & 0.9 & -0.6 \\ -0.4 & -0.4 & 0.9 \end{bmatrix} \to \begin{bmatrix} 1 & 0 & -1.10 \\ 0 & 1 & -1.15 \\ 0 & 0 & 0 \end{bmatrix}.$$

即

$$\begin{cases} x_1 = 1.10x_3, \\ x_2 = 1.15x_3. \end{cases} \tag{1.40}$$

所以,方程组(1.40)为原方程组的解,任取非负的 x_3 就可以计算出平衡价格的一种取值. 比如 x_3 为 1 000 元人民币,那么 $x_2=1\ 100, x_3=1\ 150$,这样每个部门的总收入和总支出就会相等.

习题一

1. 解下列线性方程组.

(1) $\begin{cases} x_1-x_2=-1, \\ x_1+x_2=2; \end{cases}$　　(2) $\begin{cases} x_1+x_2-x_3=2, \\ 2x_1-x_2-x_3=1; \end{cases}$

(3) $\begin{cases} x_1+3x_2-x_3=1, \\ 2x_1+5x_2+x_3=5, \\ x_1+x_2+x_3=3; \end{cases}$　　(4) $\begin{cases} x_1+x_2+2x_3=6, \\ 3x_1+4x_2-x_3=5, \\ -x_1+x_2+x_3=2. \end{cases}$

2. 用初等行变换方法将下列矩阵化为阶梯形矩阵.

(1) $\begin{bmatrix} 2 & 3 & 1 \\ 4 & 2 & 0 \end{bmatrix}$;　　(2) $\begin{bmatrix} 2 & 0 & 3 & -2 \\ 1 & 1 & 2 & 1 \end{bmatrix}$;

(3) $\begin{bmatrix} 1 & 2 & -1 & 0 \\ 2 & 5 & 3 & 7 \\ 2 & 4 & 2 & 8 \end{bmatrix}$;　　(4) $\begin{bmatrix} 2 & 9 & 3 & 5 \\ 1 & 5 & -1 & 3 \\ 0 & 2 & 4 & 6 \end{bmatrix}$.

3. 将题 2 中的矩阵用初等行变换方法化为最简行阶梯形矩阵.

4. 写出下列线性方程组的增广矩阵,并用矩阵消去法求解.

(1) $\begin{cases} x_1+2x_2+3x_3=1, \\ 2x_1+2x_2+5x_3=2, \\ 5x_1+7x_2+6x_3=5; \end{cases}$　　(2) $\begin{cases} x_2+x_3+x_4=3, \\ x_1+x_3+x_4=2, \\ x_1+x_2+x_4=5, \\ x_1+x_2+x_3=2; \end{cases}$

(3) $\begin{cases} x_1+2x_2+3x_3+2x_4=3, \\ x_1+3x_2+2x_3+x_4=2, \\ 2x_1+4x_2+2x_3+x_4=1, \\ 3x_1-5x_2-6x_3+2x_4=1; \end{cases}$　　(4) $\begin{cases} 2x_1+x_2-5x_3+x_4=8, \\ x_1-3x_2+6x_4=9, \\ x_1-x_2-x_3-4x_4=4, \\ x_1+4x_2-7x_3+6x_4=0. \end{cases}$

5. 解下列线性方程组,并观察解和方程组的关系.

(1) $\begin{cases} 2x_1-3x_2+x_3+5x_4=6, \\ x_1-5x_2+4x_3+6x_4=4, \\ -3x_1+x_2+2x_3-4x_4=5 \end{cases}$ 与 $\begin{cases} 2x_1-3x_2+x_3+5x_4=6, \\ x_1-5x_2+4x_3+6x_4=4, \\ 3x_1-8x_2+5x_3+11x_4=10; \end{cases}$

(2) $\begin{cases} x_1+2x_2-3x_4=4, \\ 2x_1+5x_2-4x_3=10, \\ -x_1-x_2+7x_3=5, \\ x_1+7x_2+5x_3=7 \end{cases}$ 与 $\begin{cases} x_1+2x_2-3x_4=4, \\ 2x_1+5x_2-4x_3=10, \\ -x_1-x_2+7x_3=5, \\ x_1+7x_2+5x_3=-7. \end{cases}$

6. 实数 a 取何值时,下列线性方程组有解?当有解时,求出所有的解.

(1) $\begin{cases} x_1 \quad +3x_3+x_4=2, \\ -x_1+3x_2 \quad -x_4=1, \\ 2x_1+x_2+7x_3+2x_4=a; \end{cases}$ (2) $\begin{cases} x_1-x_2+2x_3-x_4=-1, \\ 3x_1+2x_2+3x_3 \quad =2, \\ x_1-6x_2+5x_3-4x_4=a; \end{cases}$

(3) $\begin{cases} x_1-x_2-2x_3-x_4=-2, \\ 2x_1+x_2-x_3-5x_4=5, \\ x_1-4x_2-5x_3+2x_4=a; \end{cases}$ (4) $\begin{cases} x_1-x_2+2x_3-6x_4=3, \\ 3x_1+x_2-2x_3+x_4=a, \\ x_1-5x_2+10x_3-25x_4=11. \end{cases}$

7. 实数 a 取何值时,下列线性方程组无解?实数 a 取何值时,下列线性方程组有唯一解?并写出这个解.

(1) $\begin{cases} x_1+x_2+2x_3=5, \\ x_1+2x_2-ax_3=3, \\ 2x_1-x_2-x_3=1; \end{cases}$ (2) $\begin{cases} -x_1+2x_2-x_3=7, \\ 3x_1+ax_2+2x_3=3, \\ 2x_1-x_2+x_3=-4. \end{cases}$

8. 实数 a 与 b 取何值时,下列线性方程组有解?在有解时,求出所有的解.

$$\begin{cases} x_1+x_2+x_3+x_4+x_5=1, \\ 3x_1+2x_2 \quad +x_4+2x_5=a, \\ x_2+3x_3+2x_4+x_5=2, \\ 5x_1+4x_2+2x_3+3x_4+4x_5=b. \end{cases}$$

9. 判断下列矩阵 $\boldsymbol{A}$ 和 $\boldsymbol{B}$ 是否为行等价.

(1) $\boldsymbol{A}=\begin{bmatrix} 1 & 0 & 1 & 0 \\ 2 & 1 & 2 & 1 \\ 5 & 2 & 5 & 2 \end{bmatrix}, \boldsymbol{B}=\begin{bmatrix} 1 & 0 & 1 & 0 \\ 0 & 1 & 0 & 1 \\ 0 & 0 & 0 & 0 \end{bmatrix}$;

(2) $\boldsymbol{A}=\begin{bmatrix} 1 & 2 & -1 & 3 \\ 2 & 4 & 5 & -1 \\ 3 & 2 & 1 & 7 \end{bmatrix}, \boldsymbol{B}=\begin{bmatrix} -1 & -2 & -6 & 4 \\ 1 & -2 & -4 & 8 \\ 0 & 4 & 3 & -5 \end{bmatrix}$.

10. 解下列齐次线性方程组.

(1) $\begin{cases} 2x_1-5x_2+8x_3=0, \\ -2x_1-7x_2+x_3=0, \\ 4x_1+2x_2+7x_3=0; \end{cases}$ (2) $\begin{cases} x_1-2x_2+7x_3=0, \\ -2x_1+x_2-4x_3=0, \\ x_1+2x_2+9x_3=0; \end{cases}$

(3) $\begin{cases} x_1+3x_2+x_3=0, \\ -4x_1-9x_2+2x_3=0, \\ 3x_2+6x_3=0; \end{cases}$ (4) $\begin{cases} x_1+3x_2-5x_3=0, \\ x_1+4x_2-8x_3=0, \\ x_1+5x_2-11x_3=0. \end{cases}$

11. 讨论实数 a 取何值时,下列方程组有非零解,并写出它们的解.

(1) $\begin{cases} ax_1+x_2+x_3=0, \\ x_1+ax_2+x_3=0, \\ x_1+x_2+ax_3=0; \end{cases}$

(2) $\begin{cases} x_1+x_2+x_3+x_4=0, \\ x_1+ax_2+x_3-x_4=0, \\ 2x_1+x_2+2x_3-ax_4=0, \\ 2x_1+3x_2+x_3-x_4=0. \end{cases}$

12. 计算 $2\boldsymbol{\alpha}+3\boldsymbol{\beta}$ 及 $\boldsymbol{\alpha}-2\boldsymbol{\beta}$.

(1) $\boldsymbol{\alpha}=\begin{bmatrix}-1\\2\\3\end{bmatrix}, \boldsymbol{\beta}=\begin{bmatrix}3\\-1\\1\end{bmatrix}$;

(2) $\boldsymbol{\alpha}=\begin{bmatrix}1\\4\\0\\-2\end{bmatrix}, \boldsymbol{\beta}=\begin{bmatrix}2\\-1\\1\\3\end{bmatrix}$.

13. 判断向量 $\boldsymbol{\beta}$ 能否由向量 $\boldsymbol{\alpha}_1,\boldsymbol{\alpha}_2,\boldsymbol{\alpha}_3$ 线性表出．若能，则写出线性表出形式；不能，则说明理由．

(1) $\boldsymbol{\beta}=(-2,-8,6,16,12)$,

$\boldsymbol{\alpha}_1=(-1,-1,1,1,2), \boldsymbol{\alpha}_2=(1,0,-1,5,-1), \boldsymbol{\alpha}_3=(1,-1,1,0,1)$;

(2) $\boldsymbol{\beta}=(12,-3,12,-6,3)$,

$\boldsymbol{\alpha}_1=(1,0,-1,2,1), \boldsymbol{\alpha}_2=(0,2,-1,-1,3), \boldsymbol{\alpha}_3=(1,-1,2,-1,-1)$.

14. 试确定实数 a 的值，使得 $\boldsymbol{\beta}$ 可由 $\boldsymbol{\alpha}_1,\boldsymbol{\alpha}_2$ 线性表出，并写出线性表出形式．

$\boldsymbol{\beta}=(4,a,1,7), \boldsymbol{\alpha}_1=(2,0,1,3), \boldsymbol{\alpha}_2=(3,1,1,5)$.

15. 试确定实数 a 和 b 的值，使得 $\boldsymbol{\beta}$ 可由 $\boldsymbol{\alpha}_1,\boldsymbol{\alpha}_2,\boldsymbol{\alpha}_3$ 线性表出，并写出线性表出形式．

$\boldsymbol{\beta}=(2,4,0,b), \boldsymbol{\alpha}_1=(2,3,1,0), \boldsymbol{\alpha}_2=(3,5,1,1), \boldsymbol{\alpha}_3=(a,1,1,-1)$.

16. 试计算下列 $\boldsymbol{A}\boldsymbol{x}$ 的乘积，若没有定义，请加以说明．

(1) $\boldsymbol{A}=\begin{bmatrix}-4&3\\2&2\\0&1\end{bmatrix}, \boldsymbol{x}=\begin{bmatrix}5\\-1\\6\end{bmatrix}$;　　(2) $\boldsymbol{A}=\begin{bmatrix}6&2\\3&5\\-1&3\end{bmatrix}, \boldsymbol{x}=\begin{bmatrix}2\\-1\end{bmatrix}$;

(3) $\boldsymbol{A}=\begin{bmatrix}2\\5\\-1\end{bmatrix}, \boldsymbol{x}=\begin{bmatrix}1\\2\end{bmatrix}$;　　(4) $\boldsymbol{A}=\begin{bmatrix}1&-1&4\\2&3&1\end{bmatrix}, \boldsymbol{x}=\begin{bmatrix}1\\-1\\2\end{bmatrix}$.

17. 如果两个变量 x 与 y 之间具有某种函数关系 $y=f(x)$，并且有如下对应值

x	1	2	3	4
y	4	9	18	31

问 y 能否为 x 的二次函数？若能，请写出其表达式．

18. 试求出过下述 5 个点的三次曲线 $y=ax^3+bx^2+cx+d$.

x	−2	−1	1	2	3
y	−27	−7	3	17	54

19. 求下图的网络流量的通解．如果流量全为非负的,则 x_3 至少应为多少?

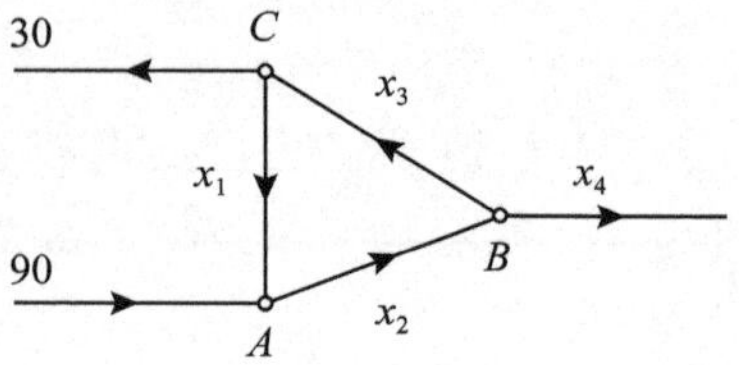

20. 若某地的交通流量网络如下图所示,流量以车辆数/min 计算,则

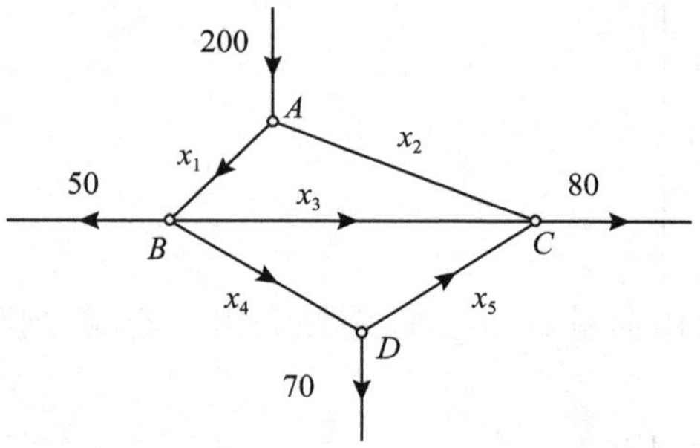

(1)求该网络交通流量的通解．

(2)当 $x_4=0$ 时,x_2 最大为多少?

21. 假设一个由化工、能源、制造三个部门构成的经济体系,化工部门销售 30%的产出给能源部门,50%的产出给制造部门,保留余下的产出;能源部门 80%的产出给化工部门,10%的产出给制造部门,保留余下的产出;制造部门 40%的产出给化工部门,40%的产出给制造部门,保留余下的产出．

(1)写出该经济体系的交易表．

(2)建立方程组来表示各个部门收支平衡的条件．

(3)当制造产出 100 个单位时,计算该经济体系的平衡价格．

22. 假设一个经济体系由煤炭、电力、钢铁三个部门构成,煤炭部门销售 60%的产出给电力部门,40%的产出给钢铁部门;电力部门 40%的产出给煤炭部门,50%的产出给钢铁部门,保留余下的产出;钢铁部门 60%的产出给煤炭部门,20%的产出给电力部门,保留余下的产出．

(1)写出该经济体系的交易表．

(2)建立方程组来表示各个部门收支平衡的条件．

(3)当钢铁部门产出 100 个单位时,计算该经济体系的平衡价格．

第二章 矩阵

第一节 矩阵的运算

1. 矩阵的加法和数量乘法

由第一章的内容可知，若 $\boldsymbol{A}$ 是 $m\times n$ 矩阵，即 m 行 n 列的矩阵，可以记为 $\boldsymbol{A}_{m\times n}$，它的第 i 行第 j 列的元素用 a_{ij} 表示，称为矩阵 $\boldsymbol{A}$ 的 (i,j) 元素，也可以记为 $\boldsymbol{A}_{m\times n}=(a_{ij})_{m\times n}$.

$\boldsymbol{A}$ 的各列是 $\mathbb{R}^m$ 的向量，用 $\boldsymbol{\alpha}_1,\boldsymbol{\alpha}_2,\cdots,\boldsymbol{\alpha}_n$ 来表示．在强调 $\boldsymbol{A}$ 的各列时，用 $\boldsymbol{A}=[\boldsymbol{\alpha}_1,\boldsymbol{\alpha}_2,\cdots,\boldsymbol{\alpha}_n]$ 来表示．

元素全是零的 $m\times n$ 矩阵称为零矩阵，用 $\boldsymbol{0}_{m\times n}$ 来表示，一般 $\boldsymbol{0}$ 的行数和列数可以通过上下文来确定．矩阵一般用大写字母 $\boldsymbol{A},\boldsymbol{B},\boldsymbol{C}$ 等表示．

如果矩阵 $\boldsymbol{A}$ 的行数和列数相同，就称 $\boldsymbol{A}$ 为方阵．例如，n 行 n 列的矩阵，可以记为 $\boldsymbol{A}_{n\times n}$，也可以简记为 $\boldsymbol{A}_n$，简称为 n 阶方阵，它的对角线元素 $a_{11},a_{22},\cdots,a_{nn}$ 组成了 $\boldsymbol{A}_n$ 的主对角线．如果 $\boldsymbol{A}$ 为 n 阶方阵，且除主对角线上的元素外，其余元素都是零，就称这样的矩阵为对角矩阵．主对角线上的元素全是 1 的 n 阶对角矩阵，就称为单位矩阵，记为 $\boldsymbol{I}_n$.

如果 $\boldsymbol{A}$ 为 n 阶方阵，且主对角线以下的元素全为零，就称为上三角矩阵；同理，如果主对角线以上的元素全为零，就称为下三角矩阵．

如果矩阵 $\boldsymbol{A},\boldsymbol{B}$ 的行数相同、列数也相同（具有相同的维数），并且对应的元素相等，就称这两个矩阵相等．

定义 2.1（矩阵的加法） 如果矩阵 $\boldsymbol{A},\boldsymbol{B}$ 都是 $m\times n$ 矩阵，则它们的和 $\boldsymbol{A}+\boldsymbol{B}$ 也是 $m\times n$ 矩阵，且矩阵 $\boldsymbol{A}+\boldsymbol{B}$ 的每个元素都是矩阵 $\boldsymbol{A}$ 和 $\boldsymbol{B}$ 的对应元素相加，即 $\boldsymbol{A}=(a_{ij})_{m\times n}$，$\boldsymbol{B}=(b_{ij})_{m\times n}$，那么

$$\boldsymbol{A}+\boldsymbol{B}=(a_{ij}+b_{ij})_{m\times n}. \tag{2.1}$$

定义 2.2（矩阵的数量乘法） 若 k 为任意的实数，那么 $k\boldsymbol{A}_{m\times n}$ 表示矩阵 $\boldsymbol{A}$ 的每一个元素都乘 k，即

$$k\boldsymbol{A}_{m\times n}=(ka_{ij})_{m\times n}. \tag{2.2}$$

定理 2.1 设 $\boldsymbol{A},\boldsymbol{B},\boldsymbol{C},\boldsymbol{0}$ 是具有相同行数和列数的矩阵，k,t 为两个实数，则有

①$\boldsymbol{A}+\boldsymbol{B}=\boldsymbol{B}+\boldsymbol{A}$.

②$(\boldsymbol{A}+\boldsymbol{B})+\boldsymbol{C}=\boldsymbol{A}+(\boldsymbol{B}+\boldsymbol{C})$.

③$\boldsymbol{A}+\boldsymbol{0}=\boldsymbol{0}+\boldsymbol{A}=\boldsymbol{A}$.

④$\boldsymbol{A}-\boldsymbol{A}=\boldsymbol{A}+(-\boldsymbol{A})=\boldsymbol{0}$.

⑤$1\boldsymbol{A}=\boldsymbol{A}$.

⑥$(k+t)\boldsymbol{A}=k\boldsymbol{A}+t\boldsymbol{A}$.

⑦$k(\boldsymbol{A}+\boldsymbol{B})=k\boldsymbol{A}+k\boldsymbol{B}$.

⑧$(kt)\boldsymbol{A}=k(t\boldsymbol{A})=t(k\boldsymbol{A})$.

定理 2.1 的证明,只需证明左端矩阵和右端矩阵具有相同的行数和列数,并且对应元素相等即可,证明过程略.

2. 矩阵的乘法

矩阵乘法的几何意义:当矩阵 $\boldsymbol{B}$ 乘向量 $\boldsymbol{x}$,它将向量 $\boldsymbol{x}$ 变为 $\boldsymbol{Bx}$;若这个向量 $\boldsymbol{Bx}$ 再乘矩阵 $\boldsymbol{A}$,结果得到的是 $\boldsymbol{A}(\boldsymbol{Bx})$,如图 2.1 所示.

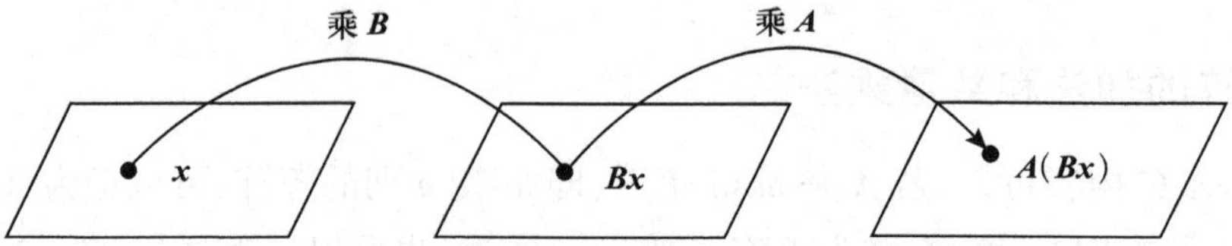

图 2.1　矩阵乘法的几何意义

由此可知 $\boldsymbol{A}(\boldsymbol{Bx})$是向量 $\boldsymbol{x}$ 经过复合映射得到的,将这个复合的映射表示为乘一个矩阵的形式,则此矩阵记为 $\boldsymbol{AB}$,即 $\boldsymbol{A}(\boldsymbol{Bx})=(\boldsymbol{AB})\boldsymbol{x}$,如图 2.2 所示.

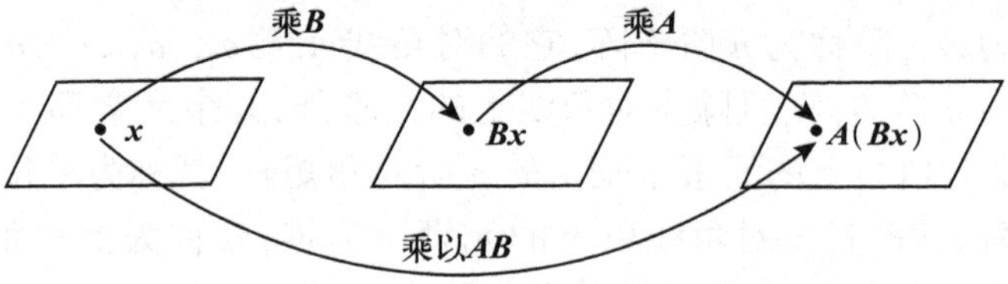

图 2.2　矩阵 $\boldsymbol{AB}$ 左乘向量 $\boldsymbol{x}$ 的几何意义

若 $\boldsymbol{A}$ 是 $m\times n$ 矩阵,$\boldsymbol{B}$ 是 $n\times s$ 矩阵,$\boldsymbol{x}$ 是$\mathbb{R}^s$ 中的向量,那么 $\boldsymbol{Bx}=x_1\boldsymbol{b}_1+x_2\boldsymbol{b}_2+\cdots+x_s\boldsymbol{b}_s$. 其中,$\boldsymbol{b}_1,\boldsymbol{b}_2,\cdots,\boldsymbol{b}_s$ 是矩阵 $\boldsymbol{B}$ 的各列,且每个 $\boldsymbol{b}_i$ 是$\mathbb{R}^n$ 中的向量. 于是

$$\begin{aligned}\boldsymbol{A}(\boldsymbol{Bx})&=\boldsymbol{A}(x_1\boldsymbol{b}_1+x_2\boldsymbol{b}_2+\cdots+x_s\boldsymbol{b}_s)\\&=x_1(\boldsymbol{Ab}_1)+x_2(\boldsymbol{Ab}_2)+\cdots+x_s(\boldsymbol{Ab}_s).\end{aligned}\tag{2.3}$$

其中,$\boldsymbol{Ab}_i$ 按矩阵和向量的乘法,可知为$\mathbb{R}^m$ 中的向量. 因此式(2.3)还可以写成

$$\begin{aligned}\boldsymbol{A}(\boldsymbol{Bx})&=x_1(\boldsymbol{Ab}_1)+x_2(\boldsymbol{Ab}_2)+\cdots+x_s(\boldsymbol{Ab}_s)\\&=[\boldsymbol{Ab}_1,\boldsymbol{Ab}_2,\cdots,\boldsymbol{Ab}_s]\begin{bmatrix}x_1\\x_2\\\vdots\\x_s\end{bmatrix}.\end{aligned}\tag{2.4}$$

所以,$\boldsymbol{x}$ 左乘矩阵 $\boldsymbol{AB}$ 的结果就是将向量 $\boldsymbol{x}$ 变为 $\boldsymbol{A}(\boldsymbol{Bx})$.

定义 2.3(矩阵乘法 1) 若 $\boldsymbol{A}$ 是 $m\times n$ 矩阵,$\boldsymbol{B}$ 是 $n\times s$ 矩阵,那么乘积 $\boldsymbol{A}_{m\times n}\boldsymbol{B}_{n\times s}$ 是 $m\times s$ 矩阵,它的各列分别是 $\boldsymbol{Ab}_1,\boldsymbol{Ab}_2,\cdots,\boldsymbol{Ab}_s$,即

$$\boldsymbol{AB}=\boldsymbol{A}[\boldsymbol{b}_1,\boldsymbol{b}_2,\cdots,\boldsymbol{b}_s]=[\boldsymbol{Ab}_1,\boldsymbol{Ab}_2,\cdots,\boldsymbol{Ab}_s]. \tag{2.5}$$

也就是说,$\boldsymbol{AB}$ 的每一列都是矩阵 $\boldsymbol{A}$ 的各列的线性组合,$\boldsymbol{B}$ 矩阵对应的列的元素为相应的组合系数.

根据上面的分析可知,矩阵 $\boldsymbol{A}$ 的列数必须等于矩阵 $\boldsymbol{B}$ 的行数,这样 $\boldsymbol{Ab}_1,\boldsymbol{Ab}_2,\cdots,\boldsymbol{Ab}_s$ 才有意义. 因此,矩阵 $\boldsymbol{A}$ 和 $\boldsymbol{B}$ 能相乘的前提为矩阵 $\boldsymbol{A}$ 的列数等于矩阵 $\boldsymbol{B}$ 的行数,得到的矩阵 $\boldsymbol{AB}$ 的行数等于矩阵 $\boldsymbol{A}$ 的行数,矩阵 $\boldsymbol{AB}$ 的列数等于矩阵 $\boldsymbol{B}$ 的列数.

例 2.1 设 $\boldsymbol{A}=\begin{bmatrix}1&2\\0&1\\-1&3\end{bmatrix}$,$\boldsymbol{B}=\begin{bmatrix}1&-1\\2&3\end{bmatrix}$,求 $\boldsymbol{AB}$.

解:$\boldsymbol{Ab}_1=\begin{bmatrix}1&2\\0&1\\-1&3\end{bmatrix}\begin{bmatrix}1\\2\end{bmatrix}=1\begin{bmatrix}1\\0\\-1\end{bmatrix}+2\begin{bmatrix}2\\1\\3\end{bmatrix}=\begin{bmatrix}5\\2\\5\end{bmatrix}$,

$$\boldsymbol{Ab}_2=\begin{bmatrix}1&2\\0&1\\-1&3\end{bmatrix}\begin{bmatrix}-1\\3\end{bmatrix}=(-1)\begin{bmatrix}1\\0\\-1\end{bmatrix}+3\begin{bmatrix}2\\1\\3\end{bmatrix}=\begin{bmatrix}5\\3\\10\end{bmatrix},$$

所以 $\boldsymbol{AB}=[\boldsymbol{Ab}_1,\boldsymbol{Ab}_2]=\begin{bmatrix}5&5\\2&3\\5&10\end{bmatrix}$.

例 2.2 设 $\boldsymbol{A}=\begin{bmatrix}a_{11}&a_{12}&a_{13}\\a_{21}&a_{22}&a_{23}\\a_{31}&a_{32}&a_{33}\end{bmatrix}$,$\boldsymbol{B}=\begin{bmatrix}b_{11}&b_{12}\\b_{21}&b_{22}\\b_{31}&b_{32}\end{bmatrix}$,试计算 $\boldsymbol{AB}$.

解:$\boldsymbol{Ab}_1=\begin{bmatrix}a_{11}&a_{12}&a_{13}\\a_{21}&a_{22}&a_{23}\\a_{31}&a_{32}&a_{33}\end{bmatrix}\begin{bmatrix}b_{11}\\b_{21}\\b_{31}\end{bmatrix}=b_{11}\begin{bmatrix}a_{11}\\a_{21}\\a_{31}\end{bmatrix}+b_{21}\begin{bmatrix}a_{12}\\a_{22}\\a_{32}\end{bmatrix}+b_{31}\begin{bmatrix}a_{13}\\a_{23}\\a_{33}\end{bmatrix}=\begin{bmatrix}a_{11}b_{11}+a_{12}b_{21}+a_{13}b_{31}\\a_{21}b_{11}+a_{22}b_{21}+a_{23}b_{31}\\a_{31}b_{11}+a_{32}b_{21}+a_{33}b_{31}\end{bmatrix}$,

$$\boldsymbol{Ab}_2=\begin{bmatrix}a_{11}&a_{12}&a_{13}\\a_{21}&a_{22}&a_{23}\\a_{31}&a_{32}&a_{33}\end{bmatrix}\begin{bmatrix}b_{12}\\b_{22}\\b_{32}\end{bmatrix}=b_{12}\begin{bmatrix}a_{11}\\a_{21}\\a_{31}\end{bmatrix}+b_{22}\begin{bmatrix}a_{12}\\a_{22}\\a_{32}\end{bmatrix}+b_{32}\begin{bmatrix}a_{13}\\a_{23}\\a_{33}\end{bmatrix}=\begin{bmatrix}a_{11}b_{12}+a_{12}b_{22}+a_{13}b_{32}\\a_{21}b_{12}+a_{22}b_{22}+a_{23}b_{32}\\a_{31}b_{12}+a_{32}b_{22}+a_{33}b_{32}\end{bmatrix},$$

$$\boldsymbol{AB}=[\boldsymbol{Ab}_1\ \boldsymbol{Ab}_2]=\begin{bmatrix}a_{11}b_{11}+a_{12}b_{21}+a_{13}b_{31}&a_{11}b_{12}+a_{12}b_{22}+a_{13}b_{32}\\a_{21}b_{11}+a_{22}b_{21}+a_{23}b_{31}&a_{21}b_{12}+a_{22}b_{22}+a_{23}b_{32}\\a_{31}b_{11}+a_{32}b_{21}+a_{33}b_{31}&a_{31}b_{12}+a_{32}b_{22}+a_{33}b_{32}\end{bmatrix}.$$

注意:$\boldsymbol{AB}$ 的第 1 行第 2 列的元素 $a_{11}b_{12}+a_{12}b_{22}+a_{13}b_{32}$,恰好等于 $\boldsymbol{A}$ 的第 1 行元素 a_{11},a_{12},a_{13} 分别乘 $\boldsymbol{B}$ 的第 2 列元素 b_{12},b_{22},b_{32} 后再求和.

由此可以得到以下矩阵乘法定义.

定义 2.4(矩阵乘法 2) 若 $\boldsymbol{A}$ 是 $m\times n$ 矩阵,$\boldsymbol{B}$ 是 $n\times s$ 矩阵,那么乘积 $\boldsymbol{A}_{m\times n}\boldsymbol{B}_{n\times s}$ 是 $m\times s$ 矩阵,且 $\boldsymbol{A}_{m\times n}\boldsymbol{B}_{n\times s}$ 的第 i 行第 j 列的元素是 $\boldsymbol{A}$ 的第 i 行元素与 $\boldsymbol{B}$ 的第 j 列的元素乘积之和,即

$$(\boldsymbol{AB})_{ij}=a_{i1}b_{1j}+a_{i2}b_{2j}+\cdots+a_{in}b_{nj}=\sum_{k=1}^{n}a_{ik}b_{kj}. \tag{2.6}$$

式(2.6)的证明也很容易,由矩阵乘法$\boldsymbol{AB}=\boldsymbol{A}[\boldsymbol{b}_1,\boldsymbol{b}_2,\cdots,\boldsymbol{b}_s]=[\boldsymbol{Ab}_1,\boldsymbol{Ab}_2,\cdots,\boldsymbol{Ab}_s]$,那么$\boldsymbol{Ab}_j$就是$\boldsymbol{AB}$的第$j$列,$\boldsymbol{Ab}_j$的第$i$行元素,恰好就是$\boldsymbol{A}$的第$i$行元素与$\boldsymbol{b}_j$的对应元素乘积后再求和.

例 2.3 若$\boldsymbol{A}=\begin{bmatrix}1&2\\0&1\\-1&3\end{bmatrix}$,$\boldsymbol{B}=\begin{bmatrix}1&-1\\2&3\end{bmatrix}$,$\boldsymbol{C}=\begin{bmatrix}1&0\\2&1\end{bmatrix}$,计算$\boldsymbol{BC}$,$\boldsymbol{CB}$,$(\boldsymbol{AB})\boldsymbol{C}$,$\boldsymbol{A}(\boldsymbol{BC})$.

解:$\boldsymbol{BC}=\begin{bmatrix}1&-1\\2&3\end{bmatrix}\begin{bmatrix}1&0\\2&1\end{bmatrix}=\begin{bmatrix}-1&-1\\8&3\end{bmatrix}$,

$\boldsymbol{CB}=\begin{bmatrix}1&0\\2&1\end{bmatrix}\begin{bmatrix}1&-1\\2&3\end{bmatrix}=\begin{bmatrix}1&-1\\4&1\end{bmatrix}$,

由此可得一般情况下$\boldsymbol{BC}\neq\boldsymbol{CB}$.

$$(\boldsymbol{AB})\boldsymbol{C}=\left(\begin{bmatrix}1&2\\0&1\\-1&3\end{bmatrix}\begin{bmatrix}1&-1\\2&3\end{bmatrix}\right)\begin{bmatrix}1&0\\2&1\end{bmatrix}=\begin{bmatrix}5&5\\2&3\\5&10\end{bmatrix}\begin{bmatrix}1&0\\2&1\end{bmatrix}=\begin{bmatrix}15&5\\8&3\\25&10\end{bmatrix},$$

$$\boldsymbol{A}(\boldsymbol{BC})=\begin{bmatrix}1&2\\0&1\\-1&3\end{bmatrix}\left(\begin{bmatrix}1&-1\\2&3\end{bmatrix}\begin{bmatrix}1&0\\2&1\end{bmatrix}\right)=\begin{bmatrix}1&2\\0&1\\-1&3\end{bmatrix}\begin{bmatrix}-1&-1\\8&3\end{bmatrix}=\begin{bmatrix}15&5\\8&3\\25&10\end{bmatrix},$$

由此可知$(\boldsymbol{AB})\boldsymbol{C}=\boldsymbol{A}(\boldsymbol{BC})$.

3. 矩阵乘法的性质

定理 2.2 设$\boldsymbol{A}$是$m\times n$矩阵,矩阵$\boldsymbol{B}$,$\boldsymbol{C}$的维数使下列各式的运算有意义,k为实数:

①$(\boldsymbol{AB})\boldsymbol{C}=\boldsymbol{A}(\boldsymbol{BC})$(乘法的结合律).

②$\boldsymbol{A}(\boldsymbol{B}+\boldsymbol{C})=\boldsymbol{AB}+\boldsymbol{AC}$(乘法的左分配律).

③$(\boldsymbol{B}+\boldsymbol{C})\boldsymbol{A}=\boldsymbol{BA}+\boldsymbol{CA}$(乘法的右分配律).

④$k(\boldsymbol{AB})=(k\boldsymbol{A})\boldsymbol{B}=\boldsymbol{A}(k\boldsymbol{B})$.

⑤$\boldsymbol{I}_m\boldsymbol{A}_{m\times n}=\boldsymbol{A}_{m\times n}\boldsymbol{I}_n=\boldsymbol{A}_{m\times n}$(乘法的恒等式).

证明:定理2.2中,式①假设$\boldsymbol{A}$是$m\times n$矩阵,$\boldsymbol{B}$是$n\times s$矩阵,$\boldsymbol{C}$是$s\times p$矩阵,那么$(\boldsymbol{AB})\boldsymbol{C}$和$\boldsymbol{A}(\boldsymbol{BC})$都是$m\times p$矩阵.用$((\boldsymbol{AB})\boldsymbol{C})_{ij}$表示矩阵$(\boldsymbol{AB})\boldsymbol{C}$的第$i$行第$j$列的元素,于是有

$$((\boldsymbol{AB})\boldsymbol{C})_{ij}=\sum_{k=1}^{n}(\boldsymbol{AB})_{ik}c_{kj}.$$

式中,$(\boldsymbol{AB})_{ik}$表示矩阵$\boldsymbol{AB}$第i行第k列的元素.

$$((\boldsymbol{AB})\boldsymbol{C})_{ij}=\sum_{k=1}^{s}(\boldsymbol{AB})_{ik}c_{kj}=\sum_{k=1}^{s}\left(\sum_{t=1}^{n}a_{it}b_{tk}\right)c_{kj}=\sum_{k=1}^{s}\left(\sum_{t=1}^{n}a_{it}b_{tk}c_{kj}\right),$$

而

$$(\boldsymbol{A}(\boldsymbol{BC}))_{ij}=\sum_{t=1}^{n}a_{it}(\boldsymbol{BC})_{tj}=\sum_{t=1}^{n}a_{it}\left(\sum_{k=1}^{s}b_{tk}c_{kj}\right)=\sum_{t=1}^{n}\left(\sum_{k=1}^{s}a_{it}b_{tk}c_{kj}\right)=\sum_{k=1}^{s}\left(\sum_{t=1}^{n}a_{it}b_{tk}c_{kj}\right),$$

因此有

$$(\boldsymbol{AB})\boldsymbol{C}=\boldsymbol{A}(\boldsymbol{BC}).$$

同理,定理 2.2 中式②③的证明方法和式①类似.

定理 2.2 中,式④假设 $\boldsymbol{A}$ 是 $m\times n$ 矩阵,$\boldsymbol{B}$ 是 $n\times s$ 矩阵,k 为实数,那么 $k(\boldsymbol{AB})$,$(k\boldsymbol{A})\boldsymbol{B}$ 和 $\boldsymbol{A}(k\boldsymbol{B})$ 都是 $m\times s$ 矩阵.

$$(k(\boldsymbol{AB}))_{ij}=k(\boldsymbol{AB})_{ij}=k\sum_{t=1}^{n}a_{it}b_{tj}=\sum_{t=1}^{n}ka_{it}b_{tj},$$

$$((k\boldsymbol{A})\boldsymbol{B})_{ij}=\sum_{t=1}^{n}(ka_{it})b_{tj}=\sum_{t=1}^{n}ka_{it}b_{tj},$$

$$(\boldsymbol{A}(k\boldsymbol{B}))_{ij}=\sum_{t=1}^{n}a_{it}(kb_{tj})=\sum_{t=1}^{n}ka_{it}b_{tj}.$$

所以, $k(\boldsymbol{AB})=(k\boldsymbol{A})\boldsymbol{B}=\boldsymbol{A}(k\boldsymbol{B})$.

定理 2.2 中,式⑤中显然 $\boldsymbol{I}_m\boldsymbol{A}_{m\times n}$,$\boldsymbol{A}_{m\times n}\boldsymbol{I}_n$ 和 $\boldsymbol{A}_{m\times n}$ 都是 $m\times n$ 矩阵,$(\boldsymbol{I}_m\boldsymbol{A}_{m\times n})_{ij}$ 表示 $\boldsymbol{I}_m$ 的第 i 行元素与矩阵 $\boldsymbol{A}$ 的第 j 列的元素乘积之和,而 $\boldsymbol{I}_m$ 的第 i 行元素中只有 (i,i) 元素为 1,其余元素全为零,因此有

$$(\boldsymbol{I}_m\boldsymbol{A}_{m\times n})_{ij}=(\boldsymbol{A})_{ij},$$

所以 $\boldsymbol{I}_m\boldsymbol{A}_{m\times n}=\boldsymbol{A}_{m\times n}$,同理也可以得到 $\boldsymbol{A}_{m\times n}\boldsymbol{I}_n=\boldsymbol{A}_{m\times n}$.

定理 2.2 说明,乘积 $\boldsymbol{ABC}$ 不管按照 $(\boldsymbol{AB})\boldsymbol{C}$ 还是 $\boldsymbol{A}(\boldsymbol{BC})$ 计算,结果都相同. 类似的 4 个矩阵相乘 $\boldsymbol{ABCD}$ 也可以按照 $(\boldsymbol{ABC})\boldsymbol{D}$ 与 $\boldsymbol{A}(\boldsymbol{BCD})$ 等方式进行计算,但应注意左右顺序必须保持不变.

例 2.4 设 $\boldsymbol{A}=[1,1,1]$,$\boldsymbol{B}=\begin{bmatrix}1\\2\\3\end{bmatrix}$,试计算 $\boldsymbol{AB}$ 和 $\boldsymbol{BA}$.

解:$\boldsymbol{AB}=[1,1,1]\begin{bmatrix}1\\2\\3\end{bmatrix}=[1\times1+1\times2+1\times3]_{1\times1}=[6]_{1\times1}$.

如果运算的最后结果得到了一个 1 阶方阵,那么一般把这个 1 阶方阵写作一个数. 所以也可以写作 $\boldsymbol{AB}=6$.

$$\boldsymbol{BA}=\begin{bmatrix}1\\2\\3\end{bmatrix}[1,1,1]=\begin{bmatrix}1&1&1\\2&2&2\\3&3&3\end{bmatrix}.$$

注意:$\boldsymbol{BA}$ 所得矩阵的列向量都是 $\boldsymbol{B}$ 的列向量的线性组合.

例 2.5 设 $\boldsymbol{A}=\begin{bmatrix}1&-2\\-2&4\end{bmatrix}$,$\boldsymbol{B}=\begin{bmatrix}2&-4\\1&-2\end{bmatrix}$,$\boldsymbol{C}=\begin{bmatrix}-2&10\\-1&5\end{bmatrix}$,试计算 $\boldsymbol{AB}$,$\boldsymbol{AC}$,$\boldsymbol{BA}$.

解:$\boldsymbol{AB}=\begin{bmatrix}1&-2\\-2&4\end{bmatrix}\begin{bmatrix}2&-4\\1&-2\end{bmatrix}=\begin{bmatrix}0&0\\0&0\end{bmatrix}$,

$\boldsymbol{AC}=\begin{bmatrix}1&-2\\-2&4\end{bmatrix}\begin{bmatrix}-2&10\\-1&5\end{bmatrix}=\begin{bmatrix}0&0\\0&0\end{bmatrix}$,

$\boldsymbol{BA}=\begin{bmatrix}2&-4\\1&-2\end{bmatrix}\begin{bmatrix}1&-2\\-2&4\end{bmatrix}=\begin{bmatrix}10&-20\\5&-10\end{bmatrix}$.

从上面两个例子可以发现以下问题：

①将 $\boldsymbol{AB}$ 称为矩阵 $\boldsymbol{A}$ 左乘 $\boldsymbol{B}$ 或矩阵 $\boldsymbol{B}$ 右乘 $\boldsymbol{A}$，一般来说 $\boldsymbol{AB}\neq\boldsymbol{BA}$. 这是因为矩阵 $\boldsymbol{AB}$ 的列向量都是矩阵 $\boldsymbol{A}$ 的列向量的线性组合，而 $\boldsymbol{BA}$ 的列向量是矩阵 $\boldsymbol{B}$ 的列向量的线性组合.

②消去律对矩阵乘法也不再成立，即如果有 $\boldsymbol{AB}=\boldsymbol{AC}$，一般情况下并不能得到 $\boldsymbol{B}=\boldsymbol{C}$.

③零律也不再成立，即如果有 $\boldsymbol{AB}=\boldsymbol{0}$，并不能断定 $\boldsymbol{A}=\boldsymbol{0}$ 或 $\boldsymbol{B}=\boldsymbol{0}$.

4. 矩阵的幂

如果 $\boldsymbol{A}$ 是 n 阶方阵，k 是正整数，那么 $\boldsymbol{A}^k$ 就表示 k 个 $\boldsymbol{A}$ 的乘积，即

$$\boldsymbol{A}^k=\underbrace{\boldsymbol{A}\cdot\boldsymbol{A}\cdot\cdots\cdot\boldsymbol{A}}_{k\text{个}\boldsymbol{A}}. \tag{2.7}$$

同时规定 $\boldsymbol{A}^0=\boldsymbol{I}$，即 $\boldsymbol{A}^0$ 是和 $\boldsymbol{A}$ 同阶的单位矩阵. 所以当 k 和 t 都是非负的整数时，有

$$\boldsymbol{A}^k\boldsymbol{A}^t=\boldsymbol{A}^{k+t}, \tag{2.8}$$

$$(\boldsymbol{A}^k)^t=\boldsymbol{A}^{kt}. \tag{2.9}$$

由于矩阵乘法一般不满足交换律，因此当 $\boldsymbol{A},\boldsymbol{B}$ 为任意的 n 阶方阵时，一般情况下

$$(\boldsymbol{AB})^k\neq\boldsymbol{A}^k\boldsymbol{B}^k,$$

$$(\boldsymbol{A}+\boldsymbol{B})^2\neq\boldsymbol{A}^2+2\boldsymbol{AB}+\boldsymbol{B}^2,$$

$$(\boldsymbol{A}+\boldsymbol{B})(\boldsymbol{A}-\boldsymbol{B})\neq\boldsymbol{A}^2-\boldsymbol{B}^2.$$

但是注意到 $\boldsymbol{IA}=\boldsymbol{AI}=\boldsymbol{A}$，所以仍然有以下二项式

$$(\boldsymbol{A}+\boldsymbol{I})^2=\boldsymbol{A}^2+2\boldsymbol{A}+\boldsymbol{I}^2,$$

$$(\boldsymbol{A}+\boldsymbol{I})(\boldsymbol{A}-\boldsymbol{I})=\boldsymbol{A}^2-\boldsymbol{I}^2.$$

由于 $\boldsymbol{A}$ 是 n 阶方阵，设多项式 $p(x)$ 具有如下形式

$$p(x)=a_mx^m+a_{m-1}x^{m-1}+\cdots+a_1x+a_0, \tag{2.10}$$

式中，m 为正整数. 那么称

$$p(\boldsymbol{A})=a_m\boldsymbol{A}^m+a_{m-1}\boldsymbol{A}^{m-1}+\cdots+a_1\boldsymbol{A}+a_0\boldsymbol{I} \tag{2.11}$$

为矩阵 $\boldsymbol{A}$ 的多项式.

例 2.6 $\boldsymbol{A}=\begin{bmatrix}1&-1\\2&3\end{bmatrix}$，$p(x)=x^2-3x+2$，则计算 $p(\boldsymbol{A})$.

解：
$$\begin{aligned}p(\boldsymbol{A})=\boldsymbol{A}^2-3\boldsymbol{A}+2\boldsymbol{I}&=\begin{bmatrix}1&-1\\2&3\end{bmatrix}^2-3\begin{bmatrix}1&-1\\2&3\end{bmatrix}+2\begin{bmatrix}1&0\\0&1\end{bmatrix}\\&=\begin{bmatrix}-1&-4\\8&7\end{bmatrix}-\begin{bmatrix}3&-3\\6&9\end{bmatrix}+\begin{bmatrix}2&0\\0&2\end{bmatrix}\\&=\begin{bmatrix}-2&-1\\2&0\end{bmatrix}.\end{aligned}$$

而注意到 $p(x)=x^2-3x+2=(x-2)(x-1)$，还可以这样解这道例题：

$$\begin{aligned}p(\boldsymbol{A})&=(\boldsymbol{A}-2\boldsymbol{I})(\boldsymbol{A}-\boldsymbol{I})\\&=\left(\begin{bmatrix}1&-1\\2&3\end{bmatrix}-2\begin{bmatrix}1&0\\0&1\end{bmatrix}\right)\left(\begin{bmatrix}1&-1\\2&3\end{bmatrix}-\begin{bmatrix}1&0\\0&1\end{bmatrix}\right)\\&=\begin{bmatrix}-1&-1\\2&1\end{bmatrix}\begin{bmatrix}0&-1\\2&2\end{bmatrix}\\&=\begin{bmatrix}-2&-1\\2&0\end{bmatrix}.\end{aligned}$$

第二节 矩阵的转置

1. 矩阵的转置定义

定义 2.5 如果 $\boldsymbol{A}$ 是 $m\times n$ 矩阵，则 $\boldsymbol{A}$ 的转置是一个 $n\times m$ 的矩阵，记为 $\boldsymbol{A}^{\mathrm{T}}$，它的列是由 $\boldsymbol{A}$ 对应的行构成的 .

例 2.7 设 $\boldsymbol{A}=\begin{bmatrix}-5 & 3\\ 2 & -1\\ 1 & 4\end{bmatrix}$，$\boldsymbol{B}=\begin{bmatrix}2 & 0\\ 0 & 4\end{bmatrix}$，$\boldsymbol{C}=\begin{bmatrix}1 & -1 & 2 & 4\\ 2 & 3 & -1 & 2\end{bmatrix}$，则

$$\boldsymbol{A}^{\mathrm{T}}=\begin{bmatrix}-5 & 2 & 1\\ 3 & -1 & 4\end{bmatrix},\boldsymbol{B}^{\mathrm{T}}=\begin{bmatrix}2 & 0\\ 0 & 4\end{bmatrix},\boldsymbol{C}^{\mathrm{T}}=\begin{bmatrix}1 & 2\\ -1 & 3\\ 2 & -1\\ 4 & 2\end{bmatrix}.$$

2. 转置的运算规律

$\boldsymbol{A}$，$\boldsymbol{B}$ 表示的矩阵满足下列运算：

①$(\boldsymbol{A}^{\mathrm{T}})^{\mathrm{T}}=\boldsymbol{A}$.

②$(\boldsymbol{A}+\boldsymbol{B})^{\mathrm{T}}=\boldsymbol{A}^{\mathrm{T}}+\boldsymbol{B}^{\mathrm{T}}$.

③$(k\boldsymbol{A})^{\mathrm{T}}=k\boldsymbol{A}^{\mathrm{T}}$，$k$ 为任意实数 .

④$(\boldsymbol{AB})^{\mathrm{T}}=\boldsymbol{B}^{\mathrm{T}}\boldsymbol{A}^{\mathrm{T}}$.

证明：式①②的证明都很直观，很容易得到结果，这里省略 .

式④，假设 $\boldsymbol{A}$ 是 $m\times n$ 矩阵，$\boldsymbol{B}$ 是 $n\times s$ 矩阵，那么 $(\boldsymbol{AB})^{\mathrm{T}}$ 和 $\boldsymbol{B}^{\mathrm{T}}\boldsymbol{A}^{\mathrm{T}}$ 都是 $s\times m$ 矩阵 . $\boldsymbol{AB}$ 的第 i 行第 j 列的元素 $(\boldsymbol{AB})_{ij}=\sum\limits_{k=1}^{n}a_{ik}b_{kj}$，所以 $(\boldsymbol{AB})^{\mathrm{T}}$ 的第 j 行第 i 列的元素为

$$(\boldsymbol{AB})^{\mathrm{T}}_{ji}=(\boldsymbol{AB})_{ij}=\sum_{k=1}^{n}a_{ik}b_{kj}.$$

同时，矩阵 $\boldsymbol{B}^{\mathrm{T}}$ 的第 j 行元素为矩阵 $\boldsymbol{B}$ 的第 j 列元素，矩阵 $\boldsymbol{A}^{\mathrm{T}}$ 的第 i 列元素为矩阵 $\boldsymbol{A}$ 的第 i 行元素，那么 $\boldsymbol{B}^{\mathrm{T}}\boldsymbol{A}^{\mathrm{T}}$ 的第 j 行第 i 列的元素 $(\boldsymbol{B}^{\mathrm{T}}\boldsymbol{A}^{\mathrm{T}})_{ji}=\sum\limits_{k=1}^{n}b_{kj}a_{ik}=\sum\limits_{k=1}^{n}a_{ik}b_{kj}$，所以 $(\boldsymbol{AB})^{\mathrm{T}}=\boldsymbol{B}^{\mathrm{T}}\boldsymbol{A}^{\mathrm{T}}$. 该条性质还可以推广到对于若干个矩阵的乘积，也就是说，若干个矩阵的乘积的转置等于它们转置的乘积，但相乘的顺序相反 .

定义 2.6 设 $\boldsymbol{A}$ 为 n 阶方阵，如果满足 $\boldsymbol{A}^{\mathrm{T}}=\boldsymbol{A}$，则称 $\boldsymbol{A}$ 为对称矩阵 .

例如 $\boldsymbol{A}=\begin{bmatrix}5 & 1 & -2\\ 1 & 3 & 4\\ -2 & 4 & 6\end{bmatrix}$ 就是一个 3 阶对称矩阵 . 因此对称矩阵一定有 $a_{ij}=a_{ji}$.

定义 2.7 设 $\boldsymbol{A}$ 为 n 阶方阵，如果满足 $\boldsymbol{A}^{\mathrm{T}}=-\boldsymbol{A}$，则称 $\boldsymbol{A}$ 为反对称矩阵 .

例如 $\boldsymbol{A}=\begin{bmatrix}0 & -1 & -2\\ 1 & 0 & 4\\ 2 & -4 & 0\end{bmatrix}$ 就是一个 3 阶反对称矩阵，因此反对称矩阵有 $a_{ij}=-a_{ji}$，且对

角线元素都是0.

例 2.8 若 $\boldsymbol{A}$ 为 n 阶实对称矩阵,且满足 $\boldsymbol{A}^2=\boldsymbol{0}$,试证明 $\boldsymbol{A}=\boldsymbol{0}$.

证明: 由于 $\boldsymbol{A}$ 为 n 阶实对称矩阵,所以 $\boldsymbol{A}^{\mathrm{T}}=\boldsymbol{A}$,而 $\boldsymbol{A}^2=\boldsymbol{0}\Rightarrow\boldsymbol{AA}=\boldsymbol{0}\Rightarrow\boldsymbol{AA}^{\mathrm{T}}=\boldsymbol{0}$.

不妨假设 $\boldsymbol{A}=\begin{bmatrix}a_{11}&a_{12}&\cdots&a_{1n}\\a_{12}&a_{22}&\cdots&a_{2n}\\\vdots&\vdots&&\vdots\\a_{1n}&a_{2n}&\cdots&a_{nn}\end{bmatrix}$,那么

$$\boldsymbol{AA}^{\mathrm{T}}=\begin{bmatrix}a_{11}&a_{12}&\cdots&a_{1n}\\a_{12}&a_{22}&\cdots&a_{2n}\\\vdots&\vdots&&\vdots\\a_{1n}&a_{2n}&\cdots&a_{nn}\end{bmatrix}\begin{bmatrix}a_{11}&a_{12}&\cdots&a_{1n}\\a_{12}&a_{22}&\cdots&a_{2n}\\\vdots&\vdots&&\vdots\\a_{1n}&a_{2n}&\cdots&a_{nn}\end{bmatrix}. \tag{2.12}$$

由式(2.12)可知,$\boldsymbol{AA}^{\mathrm{T}}$ 的对角线元素分别是 $a_{11}^2+a_{12}^2+\cdots+a_{1n}^2,\cdots,a_{n1}^2+a_{n2}^2+\cdots+a_{nn}^2$,根据 $\boldsymbol{AA}^{\mathrm{T}}=\boldsymbol{0}$,所以对角线元素也必须为零,可得

$$\begin{cases}a_{11}^2+a_{12}^2+\cdots+a_{1n}^2=0,\\ \qquad\cdots\cdots\\ a_{n1}^2+a_{n2}^2+\cdots+a_{nn}^2=0,\end{cases} \tag{2.13}$$

而 $\boldsymbol{A}$ 的元素全为实数,由式(2.13)可得 $a_{ij}=0$,即 $\boldsymbol{A}=\boldsymbol{0}$.

第三节 逆矩阵

本节研究矩阵中与实数的倒数类似的问题. 考虑一元一次方程 $ax=b$,如果 $a\neq 0$,将方程两边乘 a^{-1},则可以得到 $x=a^{-1}b$,并且 a^{-1} 满足性质 $a^{-1}a=aa^{-1}=1$. 如果 $\boldsymbol{A}$ 是已知的方阵,$\boldsymbol{b}$ 是已知的向量,$\boldsymbol{x}$ 是未知量向量,那么求解非线性方程组 $\boldsymbol{Ax}=\boldsymbol{b}$ 时,能不能像求解一元一次方程那样两边乘"$\boldsymbol{A}^{-1}$"? 都需要什么条件? 本节主要探讨这个问题.

1. 逆矩阵的定义

定义 2.8 若 $\boldsymbol{A}$ 为 n 阶方阵,如果存在 n 阶方阵 $\boldsymbol{B}$,满足 $\boldsymbol{AB}=\boldsymbol{BA}=\boldsymbol{I}$,则称 $\boldsymbol{A}$ 是可逆矩阵,$\boldsymbol{B}$ 为 $\boldsymbol{A}$ 的一个逆矩阵,记为 $\boldsymbol{A}^{-1}$.

实际上,如果 $\boldsymbol{A}$ 是可逆矩阵,那么它的逆矩阵是唯一的. 这是因为若 $\boldsymbol{B}$ 和 $\boldsymbol{C}$ 都是 $\boldsymbol{A}$ 的逆矩阵,那么有 $\boldsymbol{B}=\boldsymbol{BI}=\boldsymbol{B}(\boldsymbol{AC})=(\boldsymbol{BA})\boldsymbol{C}=\boldsymbol{IC}=\boldsymbol{C}$. 所以有 $\boldsymbol{A}^{-1}\boldsymbol{A}=\boldsymbol{AA}^{-1}=\boldsymbol{I}$. 可逆矩阵有时也称为非奇异矩阵,不可逆矩阵有时也称为奇异矩阵.

例 2.9 $\boldsymbol{A}=\begin{bmatrix}1&-2\\-1&3\end{bmatrix}$,$\boldsymbol{B}=\begin{bmatrix}3&2\\1&1\end{bmatrix}$,计算 $\boldsymbol{AB}$,$\boldsymbol{BA}$.

解: $\boldsymbol{AB}=\begin{bmatrix}1&-2\\-1&3\end{bmatrix}\begin{bmatrix}3&2\\1&1\end{bmatrix}=\begin{bmatrix}1&0\\0&1\end{bmatrix}$;

$\boldsymbol{BA}=\begin{bmatrix}3&2\\1&1\end{bmatrix}\begin{bmatrix}1&-2\\-1&3\end{bmatrix}=\begin{bmatrix}1&0\\0&1\end{bmatrix}$;

所以 $AB=BA, B=A^{-1}$.

并不是所有的方阵都是可逆的．例如零阶方阵就是不可逆的，因为任何矩阵乘零矩阵，都是零矩阵．

2. 逆矩阵的性质

①n 阶单位矩阵 I 为可逆矩阵，且 $I^{-1}=I$.

②若 A 为 n 阶可逆方阵，则 A^{-1} 也是可逆矩阵，且 $(A^{-1})^{-1}=A$.

③若 A 和 B 均为 n 阶可逆方阵，则 AB 也可逆，且 $(AB)^{-1}=B^{-1}A^{-1}$.

④若 A 为 n 阶可逆方阵，k 是不为零的实数，则 kA 也可逆，且 $(kA)^{-1}=k^{-1}A^{-1}$.

⑤若 A 为 n 阶可逆方阵，则 A^{T} 也可逆，且 $(A^{T})^{-1}=(A^{-1})^{T}$.

证明：①由 $II=I$ 可得 $I^{-1}=I$.

②由 $A^{-1}A=AA^{-1}=I$ 和 $A^{-1}(A^{-1})^{-1}=(A^{-1})^{-1}A^{-1}=I$ 可知，A^{-1} 也是可逆矩阵，且 $(A^{-1})^{-1}=A$.

③利用矩阵乘法结合律可得 $AB(B^{-1}A^{-1})=A(BB^{-1})A^{-1}=AIA^{-1}=AA^{-1}=I$，类似的方法也可以证明 $(B^{-1}A^{-1})AB=I$，所以 AB 也可逆，且 $(AB)^{-1}=B^{-1}A^{-1}$．这条性质还可以推广到若干个矩阵相乘的情形，也就是说，若干个 n 阶可逆矩阵的积也是可逆的，它的逆等于这些矩阵的逆按相反顺序的乘积．

④利用矩阵乘法结合律可得 $(kA)(k^{-1}A^{-1})=(kk^{-1})(AA^{-1})=I$，类似地也可以得到 $(k^{-1}A^{-1})(kA)=I$，所以 kA 也可逆，且 $(kA)^{-1}=k^{-1}A^{-1}$.

⑤根据矩阵乘法的转置性质 $(A^{-1})^{T}A^{T}=(AA^{-1})^{T}=I^{T}=I$，类似地还可以得到 $A^{T}(A^{-1})^{T}=I$，所以 A^{T} 也可逆，且 $(A^{T})^{-1}=(A^{-1})^{T}$.

例 2.10 设 n 阶可逆方阵 A 满足方程 $A^2-2A-I=0$，试求 $A, A+I$ 的逆矩阵．

解：由方程 $A^2-2A-I=0$ 可得 $A^2-2A=I$，也就是 $A(A-2I)=I$，所以

$$A^{-1}=A-2I.$$

再由方程 $A^2-2A-I=0$ 可得 $(A+I)(A-3I)+3I-I=0$，也就是

$$(A+I)(A-3I)=-2I,$$

因此 $(A+I)\left[\frac{(A-3I)}{-2}\right]=I$，所以

$$(A+I)^{-1}=-\frac{(A-3I)}{2}.$$

定理 2.3 若 A 为 n 阶可逆方阵，则对于 $\mathbb{R}^n$ 中的任意向量 b，线性方程组 $Ax=b$ 都有唯一解

$$x=A^{-1}b. \tag{2.14}$$

证明：首先证明 $x=A^{-1}b$ 是线性方程组 $Ax=b$ 的一个解．取 $\mathbb{R}^n$ 中的任意向量 b，将式(2.14)代入方程中，有 $Ax=A(A^{-1}b)=(AA^{-1})b=Ib=b$，方程成立，所以式(2.14)是线性方程组 $Ax=b$ 的一个解．

其次证明解是唯一的，也就是说要证明 u 为方程的一个解，那么必然有 $u=A^{-1}b$.

设 u 为线性方程组 $Ax=b$ 的一个解，则有 $Au=b$，而 A 为 n 阶可逆方阵，两侧左乘 A^{-1} 可得

$$
\begin{aligned}
A^{-1}(Au)=A^{-1}b& \\
\Rightarrow(A^{-1}A)u=A^{-1}b& \\
\Rightarrow Iu=A^{-1}b& \\
\Rightarrow u=A^{-1}b.&
\end{aligned} \tag{2.15}
$$

因此,式(2.15)说明方程组的解必然为 $u=A^{-1}b$ 形式.

例 2.11 若 A,B 都为 n 阶方阵,且 AB 是可逆矩阵,试证明 A 是可逆矩阵.

证明:由 AB 是可逆矩阵可知,存在一个矩阵 C 使得 $ABC=I$,于是有 $A(BC)=I$,所以 A 是可逆矩阵. 同理,还可以得到 B 也是可逆矩阵. 它的逆否命题也成立,也就是说,A,B 都为 n 阶方阵,若 A 是不可逆矩阵,那么 AB 也是不可逆矩阵.

第四节 初等矩阵、可逆矩阵、分块矩阵

1. 初等矩阵

定义 2.9 将单位矩阵进行一次初等行变换,所得到的矩阵就称为初等矩阵.

下面举例说明三种初等矩阵.

如果 I 为3阶单位矩阵,互换 I 的第1行和第3行,得到的矩阵记为 $P(1,3)=\begin{bmatrix}0&0&1\\0&1&0\\1&0&0\end{bmatrix}$;将 I 的第3行乘5,得到的矩阵记为 $P(3(5))=\begin{bmatrix}1&0&0\\0&1&0\\0&0&5\end{bmatrix}$;将 I 的第1行元素乘3加到第2行,得到的矩阵记为 $P(2,1(3))=\begin{bmatrix}1&0&0\\3&1&0\\0&0&1\end{bmatrix}$. 这三种矩阵都称为初等矩阵.

例 2.12

如果 $P(1,3)=\begin{bmatrix}0&0&1\\0&1&0\\1&0&0\end{bmatrix}$, $P(3(5))=\begin{bmatrix}1&0&0\\0&1&0\\0&0&5\end{bmatrix}$,

$$P(2,1(3))=\begin{bmatrix}1&0&0\\3&1&0\\0&0&1\end{bmatrix},A=\begin{bmatrix}a_{11}&a_{12}&a_{13}\\a_{21}&a_{22}&a_{23}\\a_{31}&a_{32}&a_{33}\end{bmatrix},$$

试计算 $P(1,3)A,P(3(5))A,P(2,1(3))A$.

解:$P(1,3)A=\begin{bmatrix}0&0&1\\0&1&0\\1&0&0\end{bmatrix}\begin{bmatrix}a_{11}&a_{12}&a_{13}\\a_{21}&a_{22}&a_{23}\\a_{31}&a_{32}&a_{33}\end{bmatrix}=\begin{bmatrix}a_{31}&a_{32}&a_{33}\\a_{21}&a_{22}&a_{23}\\a_{11}&a_{12}&a_{13}\end{bmatrix}$.

$P(1,3)$ 是单位矩阵互换 I 的第1行和第3行得到的,它左乘 A 所得到的矩阵,相当于将 A 的第1行和第3行互换.

$$\boldsymbol{P}(3(5))\boldsymbol{A}=\begin{bmatrix}1&0&0\\0&1&0\\0&0&5\end{bmatrix}\begin{bmatrix}a_{11}&a_{12}&a_{13}\\a_{21}&a_{22}&a_{23}\\a_{31}&a_{32}&a_{33}\end{bmatrix}=\begin{bmatrix}a_{11}&a_{12}&a_{13}\\a_{21}&a_{22}&a_{23}\\5a_{31}&5a_{32}&5a_{33}\end{bmatrix}.$$

$\boldsymbol{P}(3(5))$是将单位矩阵$\boldsymbol{I}$的第3行乘5得到的,它左乘A所得到的矩阵相当于将$\boldsymbol{A}$的第3行乘5.

$$\boldsymbol{P}(2,1(3))\boldsymbol{A}=\begin{bmatrix}1&0&0\\3&1&0\\0&0&1\end{bmatrix}\begin{bmatrix}a_{11}&a_{12}&a_{13}\\a_{21}&a_{22}&a_{23}\\a_{31}&a_{32}&a_{33}\end{bmatrix}=\begin{bmatrix}a_{11}&a_{12}&a_{13}\\3a_{11}+a_{21}&3a_{12}+a_{22}&3a_{13}+a_{23}\\a_{31}&a_{32}&a_{33}\end{bmatrix}.$$

$\boldsymbol{P}(2,1(3))$是将$\boldsymbol{I}$的第1行元素乘3加到第2行得到的,而它左乘$\boldsymbol{A}$所得到的矩阵相当于将$\boldsymbol{A}$的第1行元素乘3加到第2行.

由例2.12可以得出,若对$m\times n$矩阵$\boldsymbol{A}$进行某种初等行变换,所得矩阵可以写成$\boldsymbol{PA}$,其中$\boldsymbol{P}$是$m\times m$初等矩阵,是由$\boldsymbol{I}_m$进行一次初等行变换得到的.也可以说初等矩阵$\boldsymbol{P}$左乘$\boldsymbol{A}$,相当于对$\boldsymbol{A}$进行了相应的初等行变换.

例2.13 $\boldsymbol{P}(1,3)=\begin{bmatrix}0&0&1\\0&1&0\\1&0&0\end{bmatrix}$,$\boldsymbol{P}(3(5))=\begin{bmatrix}1&0&0\\0&1&0\\0&0&5\end{bmatrix}$,$\boldsymbol{P}(2,1(3))=\begin{bmatrix}1&0&0\\3&1&0\\0&0&1\end{bmatrix}$,分别写出它们的逆矩阵.

解:对$\boldsymbol{P}(1,3)$左乘初等矩阵$\boldsymbol{P}$,使得$\boldsymbol{P}(\boldsymbol{P}(1,3))=\boldsymbol{I}$. 由于$\boldsymbol{P}(1,3)$是单位矩阵互换$\boldsymbol{I}$的第1行和第3行得到的,所以再交换相同的两行即可得到$\boldsymbol{I}$,所以$(\boldsymbol{P}(1,3))^{-1}=\boldsymbol{P}(1,3)$. 同理,$(\boldsymbol{P}(3(5)))^{-1}=\boldsymbol{P}(3(\frac{1}{5}))$,$(\boldsymbol{P}(2,1(3)))^{-1}=\boldsymbol{P}(2,1(-3))$.

由例2.13可知,每个初等矩阵$\boldsymbol{P}$都是可逆的,而且它的逆矩阵和$\boldsymbol{P}$是同类型的初等矩阵.

下面考虑如何利用初等行变换求方阵的逆矩阵,根据定理2.3,令$\boldsymbol{b}$依次取$\boldsymbol{\varepsilon}_1$,$\boldsymbol{\varepsilon}_2,\cdots,\boldsymbol{\varepsilon}_{n-1},\boldsymbol{\varepsilon}_n$,其中

$$\boldsymbol{\varepsilon}_1=\begin{bmatrix}1\\0\\\vdots\\0\\0\end{bmatrix},\boldsymbol{\varepsilon}_2=\begin{bmatrix}0\\1\\\vdots\\0\\0\end{bmatrix},\cdots,\boldsymbol{\varepsilon}_{n-1}=\begin{bmatrix}0\\0\\\vdots\\1\\0\end{bmatrix},\boldsymbol{\varepsilon}_n=\begin{bmatrix}0\\0\\\vdots\\0\\1\end{bmatrix}.$$

就会得到n个方程$\boldsymbol{Ax}_1=\boldsymbol{\varepsilon}_1,\cdots,\boldsymbol{Ax}_n=\boldsymbol{\varepsilon}_n$,其中,每个$\boldsymbol{x}_i$都是$\mathbb{R}^n$中的列向量. 将这些方程按列拼成矩阵可得$[\boldsymbol{Ax}_1,\cdots,\boldsymbol{Ax}_n]=[\boldsymbol{\varepsilon}_1,\cdots,\boldsymbol{\varepsilon}_n]$,再根据矩阵乘法可得

$$\boldsymbol{A}[\boldsymbol{x}_1,\boldsymbol{x}_2,\cdots,\boldsymbol{x}_n]=[\boldsymbol{\varepsilon}_1,\cdots,\boldsymbol{\varepsilon}_n]$$

也就是$\boldsymbol{AX}=\boldsymbol{I}$,这里$\boldsymbol{X}$的列向量分别是$\boldsymbol{x}_1,\boldsymbol{x}_2,\cdots,\boldsymbol{x}_n$. 再根据逆矩阵的定义2.8可知$\boldsymbol{X}=\boldsymbol{A}^{-1}$. 因此,定理2.3给出了一种求逆矩阵的方法,即用初等行变换的方法来求解非齐次线性方程组.

定理2.4 若n阶方阵$\boldsymbol{A}$是可逆的,当且仅当矩阵方程$\boldsymbol{AX}=\boldsymbol{I}$有唯一解时,将$\boldsymbol{A}$经过初等行变换化为$\boldsymbol{I}$的同时,右侧的$\boldsymbol{I}$也相应地化为$\boldsymbol{A}^{-1}$.

证明:设n阶方阵$\boldsymbol{A}$是可逆矩阵,那么对矩阵方程$\boldsymbol{AX}=\boldsymbol{I}$两端同时左乘$\boldsymbol{A}^{-1}$,有

$A^{-1}(AX)=A^{-1}I \Rightarrow (A^{-1}A)X=A^{-1} \Rightarrow X=A^{-1}$,所以方程组有唯一解.

如果矩阵方程组 $AX=I$ 有唯一解,考虑它的增广矩阵 $[A\ I]$,对增广矩阵进行初等行变换,化为最简行阶梯形矩阵. 由于 $AX=I$ 有唯一解,那么增广矩阵的主元的个数等于系数矩阵的主元的个数等于未知量的个数. 因此就可以知道系数矩阵 A 具有 n 个主元,而 A 是 n 阶方阵,于是这些主元位置必然在对角线上,也就是说 A 的最简行阶梯形矩阵是 I. 又每进行一次初等行变换相当于左乘一个初等矩阵,就是说存在有限个初等矩阵 P_1, $P_2,\cdots,P_k$ 满足 $P_kP_{k-1}\cdots P_2P_1A=I$. $P_kP_{k-1}\cdots P_2P_1$ 是可逆矩阵的乘积,也是可逆矩阵,因此有

$$(P_1^{-1}P_2^{-1}\cdots P_{k-1}^{-1}P_k^{-1})(P_kP_{k-1}\cdots P_2P_1)A=(P_1^{-1}P_2^{-1}\cdots P_{k-1}^{-1}P_k^{-1})I, \tag{2.16}$$

即

$$A=P_1^{-1}P_2^{-1}\cdots P_{k-1}^{-1}P_k^{-1}, \tag{2.17}$$

于是

$$A^{-1}=(P_1^{-1}P_2^{-1}\cdots P_{k-1}^{-1}P_k^{-1})^{-1}=P_kP_{k-1}\cdots P_2P_1. \tag{2.18}$$

这就是说初等行变换 $P_kP_{k-1}\cdots P_2P_1$ 作用到增广矩阵 $[A\ I]$ 时,将系数矩阵 A 化为单位矩阵 I 的同时,将增广矩阵中的 I 化为了 $A^{-1}=P_kP_{k-1}\cdots P_2P_1$.

由定理 2.4 的证明可以直接得到以下推论:

推论 2.1 可逆矩阵经过初等行变换,化为的最简行阶梯形矩阵一定是单位矩阵.

推论 2.2 n 阶方阵 A 是可逆矩阵 $\Leftrightarrow A$ 可以表示为有限个初等矩阵的乘积.

由定理 2.4 还可以得到求方阵 A^{-1} 的算法:

将 A 和它同阶的单位矩阵 I 并排在一起构成增广矩阵 $[A\ I]$,对此矩阵进行初等行变换. 此时,A 和 I 同时变换,要么有一系列的初等行变换将 A 变成 I,同时把 I 变成 A^{-1};要么 A 是不可逆的,即 A 无法变换为 I.

例 2.14 求矩阵 $A=\begin{bmatrix}1&2&-2\\-1&-1&-2\\2&2&3\end{bmatrix}$ 的逆矩阵.

解: $[A\ I]=\begin{bmatrix}1&2&-2&1&0&0\\-1&-1&-2&0&1&0\\2&2&3&0&0&1\end{bmatrix}\to\begin{bmatrix}1&2&-2&1&0&0\\0&1&-4&1&1&0\\0&-2&7&-2&0&1\end{bmatrix}\to$

$\begin{bmatrix}1&2&-2&1&0&0\\0&1&-4&1&1&0\\0&0&-1&0&2&1\end{bmatrix}\to\begin{bmatrix}1&2&0&1&-4&-2\\0&1&0&1&-7&-4\\0&0&-1&0&2&1\end{bmatrix}\to$

$\begin{bmatrix}1&0&0&-1&10&6\\0&1&0&1&-7&-4\\0&0&1&0&-2&-1\end{bmatrix}$,

所以,$A^{-1}=\begin{bmatrix}-1&10&6\\1&-7&-4\\0&-2&-1\end{bmatrix}$.

将答案进行验证,$AA^{-1}=\begin{bmatrix}1&2&-2\\-1&-1&-2\\2&2&3\end{bmatrix}\begin{bmatrix}-1&10&6\\1&-7&-4\\0&-2&-1\end{bmatrix}=\begin{bmatrix}1&0&0\\0&1&0\\0&0&1\end{bmatrix}$.

例 2.15 解矩阵方程组 $AX=B$,其中 $A=\begin{bmatrix}1&-1&-3\\0&1&2\\2&1&1\end{bmatrix}$,$B=\begin{bmatrix}0&-1\\2&3\\4&-2\end{bmatrix}$.

解: 当矩阵 A 可逆时,将方程组 $AX=B$ 两端同时左乘 A^{-1},可得 $A^{-1}(AX)=A^{-1}B$,这样

$$X=A^{-1}B.$$

由 $[A\ I]=\begin{bmatrix}1&-1&-3&1&0&0\\0&1&2&0&1&0\\2&1&1&0&0&1\end{bmatrix}\to\begin{bmatrix}1&-1&-3&1&0&0\\0&1&2&0&1&0\\0&3&7&-2&0&1\end{bmatrix}\to$

$$\begin{bmatrix}1&-1&-3&1&0&0\\0&1&2&0&1&0\\0&0&1&-2&-3&1\end{bmatrix}\to\begin{bmatrix}1&-1&0&-5&-9&3\\0&1&0&4&7&-2\\0&0&1&-2&-3&1\end{bmatrix}\to$$

$$\begin{bmatrix}1&0&0&-1&-2&1\\0&1&0&4&7&-2\\0&0&1&-2&-3&1\end{bmatrix},$$

所以,$A^{-1}=\begin{bmatrix}-1&-2&1\\4&7&-2\\-2&-3&1\end{bmatrix}$.

于是,$X=A^{-1}B=\begin{bmatrix}-1&-2&1\\4&7&-2\\-2&-3&1\end{bmatrix}\begin{bmatrix}0&-1\\2&3\\4&-2\end{bmatrix}=\begin{bmatrix}0&-7\\6&21\\-2&-9\end{bmatrix}$.

将答案进行验证,$AX=\begin{bmatrix}1&-1&-3\\0&1&2\\2&1&1\end{bmatrix}\begin{bmatrix}0&-7\\6&21\\-2&-9\end{bmatrix}=\begin{bmatrix}0&-1\\2&3\\4&-2\end{bmatrix}$.

实际上,还可以利用初等行变换直接求出 $A^{-1}B$,考虑到 $A^{-1}[A\ I]=[I\ A^{-1}]$,类似地可得 $A^{-1}[A\ B]=[I\ A^{-1}B]$,即对 $[A\ B]$ 进行初等行变换,当把矩阵 A 化为 I 时,B 就化为了 $A^{-1}B$.

于是,$[A\ B]=\begin{bmatrix}1&-1&-3&0&-1\\0&1&2&2&3\\2&1&1&4&-2\end{bmatrix}\to\begin{bmatrix}1&-1&-3&0&-1\\0&1&2&2&3\\0&3&7&4&0\end{bmatrix}\to$

$$\begin{bmatrix}1&-1&-3&0&-1\\0&1&2&2&3\\0&0&1&-2&-9\end{bmatrix}\to\begin{bmatrix}1&-1&0&-6&-28\\0&1&0&6&21\\0&0&1&-2&-9\end{bmatrix}\to$$

$$\begin{bmatrix}1&0&0&0&-7\\0&1&0&6&21\\0&0&1&-2&-9\end{bmatrix},$$

所以,$X=\begin{bmatrix}0&-7\\6&21\\-2&-9\end{bmatrix}$.

2. 可逆矩阵

定理 2.5 设 $\boldsymbol{A}$ 是 n 阶方阵,那么下列命题是等价的:

①$\boldsymbol{A}$ 是可逆矩阵.

②$\boldsymbol{A}$ 和 n 阶单位矩阵 $\boldsymbol{I}$ 是行等价的.

③$\boldsymbol{A}$ 有 n 个主元.

④$\boldsymbol{Ax}=\boldsymbol{0}$ 只有零解.

⑤对$\mathbb{R}^n$ 中的任意向量 $\boldsymbol{b}$,$\boldsymbol{Ax}=\boldsymbol{b}$ 有唯一解.

⑥$\boldsymbol{A}^{\mathrm{T}}$ 是可逆矩阵.

证明:由定理 2.3 和定理 2.4 的证明可知①⇔②,①⇔③,①⇔④,①⇔⑤,再由逆矩阵的运算可知①⇔⑥. 综上所述,以上命题相互等价.

可逆矩阵的几何意义:对于$\mathbb{R}^n$ 中的任意向量 $\boldsymbol{x}$ 左乘 $\boldsymbol{A}$,相当于将向量 $\boldsymbol{x}$ 变为$\mathbb{R}^n$ 中的向量 $\boldsymbol{Ax}$,然后再对 $\boldsymbol{Ax}$ 左乘 $\boldsymbol{A}^{-1}$,于是将 $\boldsymbol{Ax}$ 又变成了 $\boldsymbol{x}$,如图 2.3 所示.

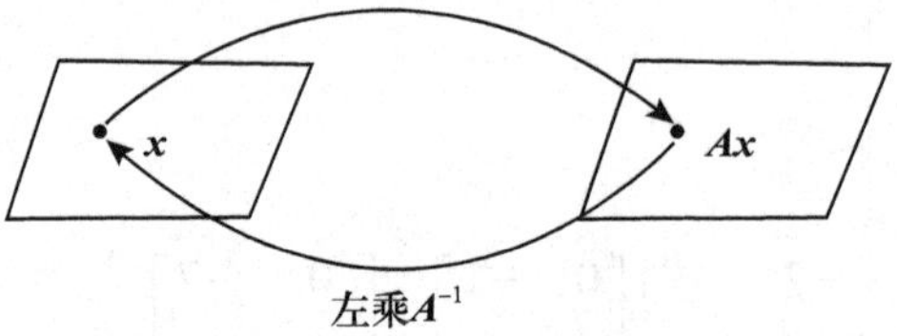

图 2.3 可逆矩阵的几何意义

3. 分块矩阵

在矩阵的乘法中,可以把矩阵当作一个数表来处理,也可以把它当作一组列向量来处理,这种将矩阵分成若干个向量的方法,使原矩阵显得结构比较简单并且运算更加清晰. 因而,可以考虑矩阵的其他分块情形,就是把它用若干水平线和竖直线分成几块,例如

$$\boldsymbol{A}=\left[\begin{array}{ccc:cc}1&2&0&-1&5\\-3&1&4&3&-2\\\hdashline 1&-4&2&0&7\end{array}\right],$$

如果令 $\boldsymbol{A}_{11}=\begin{bmatrix}1&2&0\\-3&1&4\end{bmatrix}$,$\boldsymbol{A}_{12}=\begin{bmatrix}-1&5\\3&-2\end{bmatrix}$,

$$\boldsymbol{A}_{21}=[1\quad -4\quad 2],\boldsymbol{A}_{22}=[0\quad 7],$$

则

$$\boldsymbol{A}=\left[\begin{array}{ccc:cc}1&2&0&-1&5\\-3&1&4&3&-2\\\hdashline 1&-4&2&0&7\end{array}\right]=\begin{bmatrix}\boldsymbol{A}_{11}&\boldsymbol{A}_{12}\\\boldsymbol{A}_{21}&\boldsymbol{A}_{22}\end{bmatrix}.$$

像这样将一个矩阵分成若干块(子块或子矩阵),并以所分的子块为元素的矩阵称为分块矩阵.

给定一个矩阵,可以根据需要把它写成不同的分块矩阵,如上例的 $\boldsymbol{A}$ 还可以按其他方法分块

$$\boldsymbol{A}=\left[\begin{array}{c|cc|cc} 1 & 2 & 0 & -1 & 5 \\ \hline -3 & 1 & 4 & 3 & -2 \\ 1 & -4 & 2 & 0 & 7 \end{array}\right].$$

此时,令 $\boldsymbol{A}_{11}=[1]$, $\boldsymbol{A}_{12}=[2\quad 0]$, $\boldsymbol{A}_{13}=[-1\quad 5]$,

$$\boldsymbol{A}_{21}=\begin{bmatrix} -3 \\ 1 \end{bmatrix},\boldsymbol{A}_{22}=\begin{bmatrix} 1 & 4 \\ -4 & 2 \end{bmatrix},\boldsymbol{A}_{23}=\begin{bmatrix} 3 & -2 \\ 0 & 7 \end{bmatrix},$$

那么

$$\boldsymbol{A}=\left[\begin{array}{c|cc|cc} 1 & 2 & 0 & -1 & 5 \\ \hline -3 & 1 & 4 & 3 & -2 \\ 1 & -4 & 2 & 0 & 7 \end{array}\right]=\begin{bmatrix} \boldsymbol{A}_{11} & \boldsymbol{A}_{12} & \boldsymbol{A}_{13} \\ \boldsymbol{A}_{21} & \boldsymbol{A}_{22} & \boldsymbol{A}_{23} \end{bmatrix}.$$

还可以将 $\boldsymbol{A}$ 按列分块 $\boldsymbol{A}=\left[\begin{array}{c|c|c|c|c} 1 & 2 & 0 & -1 & 5 \\ -3 & 1 & 4 & 3 & -2 \\ 1 & -4 & 2 & 0 & 7 \end{array}\right]$.

令 $\boldsymbol{\alpha}_1=\begin{bmatrix} 1 \\ -3 \\ 1 \end{bmatrix},\boldsymbol{\alpha}_2=\begin{bmatrix} 2 \\ 1 \\ -4 \end{bmatrix},\boldsymbol{\alpha}_3=\begin{bmatrix} 0 \\ 4 \\ 2 \end{bmatrix},\boldsymbol{\alpha}_4=\begin{bmatrix} -1 \\ 3 \\ 0 \end{bmatrix},\boldsymbol{\alpha}_5=\begin{bmatrix} 5 \\ -2 \\ 7 \end{bmatrix}$,

那么

$$\boldsymbol{A}=\left[\begin{array}{c|c|c|c|c} 1 & 2 & 0 & -1 & 5 \\ -3 & 1 & 4 & 3 & -2 \\ 1 & -4 & 2 & 0 & 7 \end{array}\right]=[\boldsymbol{\alpha}_1\quad \boldsymbol{\alpha}_2\quad \boldsymbol{\alpha}_3\quad \boldsymbol{\alpha}_4\quad \boldsymbol{\alpha}_5].$$

从矩阵的加法的定义 2.1 可知,两个具有相同分法的同维数的分块矩阵相加,只要把对应的子矩阵相加即可.

从矩阵的数量乘法的定义 2.2 可知,如果一个数 k 乘一个分块矩阵,只要将 k 乘每一个子矩阵即可.

分块矩阵的乘法如下:

例 2.16 设 $\boldsymbol{A}=\left[\begin{array}{ccc|cc} 1 & 2 & 0 & -1 & 5 \\ -3 & 1 & 4 & 3 & -2 \\ \hline 1 & -4 & 2 & 0 & 7 \end{array}\right]=\begin{bmatrix} \boldsymbol{A}_{11} & \boldsymbol{A}_{12} \\ \boldsymbol{A}_{21} & \boldsymbol{A}_{22} \end{bmatrix}$, $\boldsymbol{B}=\left[\begin{array}{cc} 0 & 1 \\ -2 & 0 \\ 1 & 5 \\ \hline 1 & 3 \\ 4 & -1 \end{array}\right]=\begin{bmatrix} \boldsymbol{B}_{11} \\ \boldsymbol{B}_{21} \end{bmatrix}$,计算 $\boldsymbol{AB}$.

解:先计算 $\boldsymbol{AB}=\begin{bmatrix} 1 & 2 & 0 & -1 & 5 \\ -3 & 1 & 4 & 3 & -2 \\ 1 & -4 & 2 & 0 & 7 \end{bmatrix}\begin{bmatrix} 0 & 1 \\ -2 & 0 \\ 1 & 5 \\ 1 & 3 \\ 4 & -1 \end{bmatrix}=\begin{bmatrix} 15 & -7 \\ -3 & 28 \\ 38 & 4 \end{bmatrix}$.

再将 $\boldsymbol{A}$, $\boldsymbol{B}$ 按分块矩阵进行乘法计算,得

$$\boldsymbol{AB}=\begin{bmatrix}\boldsymbol{A}_{11} & \boldsymbol{A}_{12}\\ \boldsymbol{A}_{21} & \boldsymbol{A}_{22}\end{bmatrix}\begin{bmatrix}\boldsymbol{B}_{11}\\ \boldsymbol{B}_{21}\end{bmatrix}=\begin{bmatrix}\boldsymbol{A}_{11}\boldsymbol{B}_{11}+\boldsymbol{A}_{12}\boldsymbol{B}_{21}\\ \boldsymbol{A}_{21}\boldsymbol{B}_{11}+\boldsymbol{A}_{22}\boldsymbol{B}_{21}\end{bmatrix},$$

$$\boldsymbol{A}_{11}\boldsymbol{B}_{11}+\boldsymbol{A}_{12}\boldsymbol{B}_{21}=\begin{bmatrix}1 & 2 & 0\\ -3 & 1 & 4\end{bmatrix}\begin{bmatrix}0 & 1\\ -2 & 0\\ 1 & 5\end{bmatrix}+\begin{bmatrix}-1 & 5\\ 3 & -2\end{bmatrix}\begin{bmatrix}1 & 3\\ 4 & -1\end{bmatrix}=\begin{bmatrix}15 & -7\\ -3 & 28\end{bmatrix}.$$

$$\boldsymbol{A}_{21}\boldsymbol{B}_{11}+\boldsymbol{A}_{22}\boldsymbol{B}_{21}=[1\quad -4\quad 2]\begin{bmatrix}0 & 1\\ -2 & 0\\ 1 & 5\end{bmatrix}+[0\quad 7]\begin{bmatrix}1 & 3\\ 4 & -1\end{bmatrix}=[38\quad 4].$$

$$\boldsymbol{AB}=\begin{bmatrix}\boldsymbol{A}_{11}\boldsymbol{B}_{11}+\boldsymbol{A}_{12}\boldsymbol{B}_{21}\\ \boldsymbol{A}_{21}\boldsymbol{B}_{11}+\boldsymbol{A}_{22}\boldsymbol{B}_{21}\end{bmatrix}=\begin{bmatrix}15 & -7\\ -3 & 28\\ 38 & 4\end{bmatrix}.$$

因此,两个分块矩阵 $\boldsymbol{A}$,$\boldsymbol{B}$ 相乘,可以按照通常的矩阵乘法来理解,不仅要满足 $\boldsymbol{A}$ 的列数等于 $\boldsymbol{B}$ 的行数,还要满足 $\boldsymbol{A}$ 的列的分法和 $\boldsymbol{B}$ 的行的分法相一致.

假设有矩阵 $\boldsymbol{A}_{m\times n}$,$\boldsymbol{B}_{n\times s}$,将 $\boldsymbol{A}_{m\times n}$ 按列向量分成 n 列,$\boldsymbol{B}_{n\times s}$ 按行向量分成 n 行,那么这两个矩阵的乘法还可以按照上面的方法做分块矩阵乘法,记

$$\boldsymbol{A}=[\boldsymbol{\alpha}_1,\boldsymbol{\alpha}_2,\cdots,\boldsymbol{\alpha}_n],\boldsymbol{B}=\begin{bmatrix}\boldsymbol{\beta}_1^{\mathrm{T}}\\ \boldsymbol{\beta}_2^{\mathrm{T}}\\ \vdots\\ \boldsymbol{\beta}_n^{\mathrm{T}}\end{bmatrix}$$

式中,$\boldsymbol{\alpha}_i$ 表示矩阵 $\boldsymbol{A}$ 的第 i 个列向量,$\boldsymbol{\beta}_j^{\mathrm{T}}$ 表示矩阵 $\boldsymbol{B}$ 的第 j 个行向量,所以

$$\boldsymbol{AB}=[\boldsymbol{\alpha}_1,\boldsymbol{\alpha}_2,\cdots,\boldsymbol{\alpha}_n]\begin{bmatrix}\boldsymbol{\beta}_1^{\mathrm{T}}\\ \boldsymbol{\beta}_2^{\mathrm{T}}\\ \vdots\\ \boldsymbol{\beta}_n^{\mathrm{T}}\end{bmatrix}=\boldsymbol{\alpha}_1\boldsymbol{\beta}_1^{\mathrm{T}}+\boldsymbol{\alpha}_2\boldsymbol{\beta}_2^{\mathrm{T}}+\cdots+\boldsymbol{\alpha}_n\boldsymbol{\beta}_n^{\mathrm{T}}=\sum_{k=1}^{n}\boldsymbol{\alpha}_k\boldsymbol{\beta}_k^{\mathrm{T}} \tag{2.19}$$

注意:$\boldsymbol{\alpha}_k\boldsymbol{\beta}_k^{\mathrm{T}}$ 之所以是一个 $m\times s$ 矩阵,是因为 $\boldsymbol{\alpha}_k$ 为 $m\times 1$ 矩阵,$\boldsymbol{\beta}_k^{\mathrm{T}}$ 为 $1\times s$ 矩阵. 根据式(2.19),$\boldsymbol{AB}$ 还可以写成 n 个 $m\times s$ 矩阵的和.

分块矩阵的转置不仅要把第 i 行的子矩阵写成第 i 列的子矩阵,还要把每个子矩阵进行转置,例如 $\boldsymbol{A}^{\mathrm{T}}=\begin{bmatrix}\boldsymbol{A}_{11} & \boldsymbol{A}_{12} & \boldsymbol{A}_{13}\\ \boldsymbol{A}_{21} & \boldsymbol{A}_{22} & \boldsymbol{A}_{23}\end{bmatrix}^{\mathrm{T}}=\begin{bmatrix}\boldsymbol{A}_{11}^{\mathrm{T}} & \boldsymbol{A}_{21}^{\mathrm{T}}\\ \boldsymbol{A}_{12}^{\mathrm{T}} & \boldsymbol{A}_{22}^{\mathrm{T}}\\ \boldsymbol{A}_{13}^{\mathrm{T}} & \boldsymbol{A}_{23}^{\mathrm{T}}\end{bmatrix}$.

主对角线上所有的子矩阵都是方阵,其余子矩阵全为零矩阵的分块矩阵称为分块对角矩阵,例如 $\begin{bmatrix}\boldsymbol{A}_1 & \boldsymbol{0} & \cdots & \boldsymbol{0}\\ \boldsymbol{0} & \boldsymbol{A}_2 & \cdots & \boldsymbol{0}\\ \vdots & \vdots & & \vdots\\ \boldsymbol{0} & \boldsymbol{0} & \cdots & \boldsymbol{A}_n\end{bmatrix}$,其中,$\boldsymbol{A}_1$,$\boldsymbol{A}_2$,$\cdots$,$\boldsymbol{A}_n$ 都是方阵. 主对角线以及其上方所

有的子矩阵都是方阵,位于主对角线下方的所有子矩阵都是零矩阵的分块矩阵称为分块上三角阵,例如$\begin{bmatrix} \boldsymbol{A}_{11} & \boldsymbol{A}_{12} & \cdots & \boldsymbol{A}_{1n} \\ \boldsymbol{0} & \boldsymbol{A}_{22} & \cdots & \boldsymbol{A}_{2n} \\ \vdots & \vdots & & \vdots \\ \boldsymbol{0} & \boldsymbol{0} & \cdots & \boldsymbol{A}_{nn} \end{bmatrix}$,其中,$\boldsymbol{A}_{11},\boldsymbol{A}_{12},\cdots,\boldsymbol{A}_{nn}$ 都是方阵.

例 2.17　若分块矩阵$\boldsymbol{A}=\begin{bmatrix} \boldsymbol{A}_{11} & \boldsymbol{A}_{12} \\ \boldsymbol{0} & \boldsymbol{A}_{22} \end{bmatrix}$,其中,$\boldsymbol{A}_{11}$ 为 $m\times m$ 可逆矩阵,$\boldsymbol{A}_{22}$ 为 $n\times n$ 可逆矩阵,试求 $\boldsymbol{A}^{-1}$ 的表达式.

解:设 $\boldsymbol{B}=\boldsymbol{A}^{-1}$ 并满足 $\boldsymbol{B}$ 的行的分法和 $\boldsymbol{A}$ 的列的分法相一致,即 $\boldsymbol{B}=\begin{bmatrix} \boldsymbol{B}_{11} & \boldsymbol{B}_{12} \\ \boldsymbol{B}_{21} & \boldsymbol{B}_{22} \end{bmatrix}$,有

$$\boldsymbol{AB}=\begin{bmatrix} \boldsymbol{A}_{11} & \boldsymbol{A}_{12} \\ \boldsymbol{0} & \boldsymbol{A}_{22} \end{bmatrix}\begin{bmatrix} \boldsymbol{B}_{11} & \boldsymbol{B}_{12} \\ \boldsymbol{B}_{21} & \boldsymbol{B}_{22} \end{bmatrix}=\begin{bmatrix} \boldsymbol{I}_m & \boldsymbol{0} \\ \boldsymbol{0} & \boldsymbol{I}_n \end{bmatrix}.$$

因此,$\boldsymbol{A}_{11}\boldsymbol{B}_{11}+\boldsymbol{A}_{12}\boldsymbol{B}_{21}=\boldsymbol{I}_m,\boldsymbol{A}_{11}\boldsymbol{B}_{12}+\boldsymbol{A}_{12}\boldsymbol{B}_{22}=\boldsymbol{0},\boldsymbol{A}_{22}\boldsymbol{B}_{21}=\boldsymbol{0},\boldsymbol{A}_{22}\boldsymbol{B}_{22}=\boldsymbol{I}_n$.

由 $\boldsymbol{A}_{22}$ 为 $n\times n$ 可逆矩阵,$A_{22}B_{21}=\boldsymbol{0}$ 和 $\boldsymbol{A}_{22}\boldsymbol{B}_{22}=\boldsymbol{I}_n$ 可知,$\boldsymbol{B}_{21}=\boldsymbol{0},\boldsymbol{B}_{22}=\boldsymbol{A}_{22}^{-1}$;再代入 $\boldsymbol{A}_{11}\boldsymbol{B}_{11}+\boldsymbol{A}_{12}\boldsymbol{B}_{21}=\boldsymbol{I}_m$,得 $\boldsymbol{B}_{11}=\boldsymbol{A}_{11}^{-1}$.

而 $\boldsymbol{A}_{11}\boldsymbol{B}_{12}+\boldsymbol{A}_{12}\boldsymbol{B}_{22}=\boldsymbol{0}\Rightarrow\boldsymbol{A}_{11}\boldsymbol{B}_{12}=-\boldsymbol{A}_{12}\boldsymbol{B}_{22}\Rightarrow\boldsymbol{B}_{12}=-\boldsymbol{A}_{11}^{-1}\boldsymbol{A}_{12}\boldsymbol{A}_{22}^{-1}$,

所以

$$\boldsymbol{B}=\begin{bmatrix} \boldsymbol{A}_{11}^{-1} & -\boldsymbol{A}_{11}^{-1}\boldsymbol{A}_{12}\boldsymbol{A}_{22}^{-1} \\ \boldsymbol{0} & \boldsymbol{A}_{22}^{-1} \end{bmatrix}.$$

由此还可以得出结论:分块矩阵是可逆的,当且仅当它的对角线上的各个子矩阵都是可逆矩阵.

习题二

1. 计算下列各题.

(1)$\begin{bmatrix} 1 & 4 & 2 \\ -2 & 6 & 3 \end{bmatrix}+\begin{bmatrix} 2 & 0 & 1 \\ -1 & 3 & 2 \end{bmatrix}$;

(2)$\begin{bmatrix} 1 & 2 \\ 0 & 2 \end{bmatrix}-\begin{bmatrix} -1 & 3 \\ 2 & -1 \end{bmatrix}$;

(3)$3\begin{bmatrix} 1 & 0 \\ 0 & 0 \end{bmatrix}+2\begin{bmatrix} 0 & 1 \\ 0 & 0 \end{bmatrix}+4\begin{bmatrix} 0 & 0 \\ 1 & 0 \end{bmatrix}+5\begin{bmatrix} 0 & 0 \\ 0 & 1 \end{bmatrix}$;

(4)$(-2)\begin{bmatrix} 1 & 3 \\ 2 & 2 \\ -1 & 0 \end{bmatrix}+3\begin{bmatrix} 0 & 2 \\ 2 & 5 \\ -1 & 1 \end{bmatrix}$.

2. 若矩阵 $\boldsymbol{A}=\begin{bmatrix} 2 & 0 & -1 \\ 4 & -5 & 2 \end{bmatrix},\boldsymbol{B}=\begin{bmatrix} 7 & -1 & 5 \\ -1 & 4 & 3 \end{bmatrix},\boldsymbol{C}=\begin{bmatrix} 1 & 2 \\ -2 & 1 \end{bmatrix},\boldsymbol{D}=\begin{bmatrix} 1 & 2 \\ -1 & 3 \end{bmatrix}$,

(1)求 $3\boldsymbol{A}+\boldsymbol{B}$ 和 $2\boldsymbol{A}-3\boldsymbol{B}$;

(2)求 $\boldsymbol{CA}-\boldsymbol{DB}$.

3. 已知 $\boldsymbol{A}=\begin{bmatrix}1 & 3\\ -1 & 0\\ 2 & 3\end{bmatrix}$,$\boldsymbol{B}=\begin{bmatrix}-1 & 2\\ 2 & 1\\ 1 & 3\end{bmatrix}$,

(1)若 $2\boldsymbol{A}-3\boldsymbol{X}+\boldsymbol{B}=\boldsymbol{0}$,试计算矩阵 $\boldsymbol{X}$;

(2)若$(2\boldsymbol{A}-\boldsymbol{Y})+2(\boldsymbol{B}-\boldsymbol{Y})=\boldsymbol{0}$,试计算矩阵 $\boldsymbol{Y}$.

4. 若 $\boldsymbol{A}=\begin{bmatrix}2 & 5\\ 3 & -1\end{bmatrix}$,$\boldsymbol{B}=\begin{bmatrix}4 & -5\\ -3 & k\end{bmatrix}$,问 k 取何值时有 $\boldsymbol{AB}=\boldsymbol{BA}$.

5. 计算下列各题.

(1)$\begin{bmatrix}3 & -1\\ 4 & -2\end{bmatrix}\begin{bmatrix}3 & 2\\ 1 & 4\end{bmatrix}$;　　(2)$\begin{bmatrix}1 & -1 & 2\\ 2 & 1 & 0\end{bmatrix}\begin{bmatrix}3 & 1 & 0\\ 2 & 0 & 1\\ -1 & 2 & -1\end{bmatrix}$;

(3)$\begin{bmatrix}1\\ -1\\ 2\end{bmatrix}\begin{bmatrix}2 & 1 & -3\end{bmatrix}$与$\begin{bmatrix}2 & 1 & -3\end{bmatrix}\begin{bmatrix}1\\ -1\\ 2\end{bmatrix}$;

(4)$\begin{bmatrix}0 & 1\\ 1 & 0\end{bmatrix}\begin{bmatrix}1 & 2\\ 3 & 4\end{bmatrix}$与$\begin{bmatrix}1 & 2\\ 3 & 4\end{bmatrix}\begin{bmatrix}0 & 1\\ 1 & 0\end{bmatrix}$;

(5)$\begin{bmatrix}1 & 3\\ -6 & 1\\ 2 & 5\end{bmatrix}\begin{bmatrix}1 & 0 & 1\\ 0 & 1 & 1\end{bmatrix}$与$\begin{bmatrix}1 & 0 & 1\\ 0 & 1 & 1\end{bmatrix}\begin{bmatrix}1 & 3\\ -6 & 1\\ 2 & 5\end{bmatrix}$;

(6)$\begin{bmatrix}1 & 2 & 3\\ 2 & 4 & 6\\ 3 & 6 & 9\end{bmatrix}\begin{bmatrix}1 & 2 & -1\\ -1 & -2 & 1\\ 2 & 4 & -2\end{bmatrix}$与$\begin{bmatrix}1 & 2 & -1\\ -1 & -2 & 1\\ 2 & 4 & -2\end{bmatrix}\begin{bmatrix}1 & 2 & 3\\ 2 & 4 & 6\\ 3 & 6 & 9\end{bmatrix}$.

6. 计算下列各题.

(1)$\begin{bmatrix}0 & 1\\ 1 & 0\end{bmatrix}^2$;　　(2)$\begin{bmatrix}1 & -1\\ 1 & -1\end{bmatrix}^2$;

(3)$\begin{bmatrix}\frac{1}{2} & -\frac{1}{2}\\ -\frac{1}{2} & \frac{1}{2}\end{bmatrix}^2$;　　(4)$\begin{bmatrix}1 & 1\\ 0 & 1\end{bmatrix}^n$;

(5)$\begin{bmatrix}\cos\theta & -\sin\theta\\ \sin\theta & \cos\theta\end{bmatrix}^n$;　　(6)$\begin{bmatrix}1 & -1 & -1 & -1\\ -1 & 1 & -1 & -1\\ -1 & -1 & 1 & -1\\ -1 & -1 & -1 & 1\end{bmatrix}^2$.

7. 若 $\boldsymbol{A}=\begin{bmatrix}1 & 3\\ 4 & -1\end{bmatrix}$,$\boldsymbol{B}=\begin{bmatrix}3 & 2\\ 1 & 0\end{bmatrix}$,试计算 $3\boldsymbol{A}-2\boldsymbol{B}$,$\boldsymbol{A}^2+\boldsymbol{B}^2$,$\boldsymbol{AB}-\boldsymbol{BA}$,$(\boldsymbol{AB})^2$,$\boldsymbol{A}^2\boldsymbol{B}^2$.

8. 若 $\boldsymbol{A}=\begin{bmatrix}4 & 1 & -2\\ 2 & -1 & 3\end{bmatrix}$,$\boldsymbol{B}=\begin{bmatrix}3 & -1 & 0\\ 2 & 0 & 1\end{bmatrix}$,求 $2\boldsymbol{A}-5\boldsymbol{B}$,$\boldsymbol{AB}^{\mathrm{T}}$,$\boldsymbol{B}^{\mathrm{T}}\boldsymbol{A}$.

9. 若 $\boldsymbol{A}=\begin{bmatrix}1 & -1 & 1\\ 2 & 3 & -2\\ 1 & 0 & 4\end{bmatrix}$,求 $\boldsymbol{A}^2-4\boldsymbol{A}+2\boldsymbol{I}$.

10. 若 $\boldsymbol{A}=\begin{bmatrix}1 & -1\\ 2 & 3\end{bmatrix}$, $f(x)=x^2-3x+3$,求 $f(\boldsymbol{A})$.

11. 若 $\boldsymbol{A}=\begin{bmatrix}2 & 1 & 1\\ 3 & -1 & 2\\ 1 & 1 & 0\end{bmatrix}$, $f(x)=x^2-3x+2$,求 $f(\boldsymbol{A})$.

12. 若 $\boldsymbol{\alpha}=(1,2)$, $\boldsymbol{B}=\begin{bmatrix}1 & 0 & 1\\ -2 & 1 & 1\end{bmatrix}$,求 $\boldsymbol{B\alpha}^{\mathrm{T}}$, $\boldsymbol{\alpha B}$, $\boldsymbol{B}^{\mathrm{T}}\boldsymbol{\alpha}^{\mathrm{T}}$, $\boldsymbol{\alpha\alpha}^{\mathrm{T}}$, $\boldsymbol{\alpha}^{\mathrm{T}}\boldsymbol{\alpha}$.

13. 若 $\boldsymbol{\alpha}=(1,0,1)$, $\boldsymbol{A}=\boldsymbol{I}-\boldsymbol{\alpha}^{\mathrm{T}}\boldsymbol{\alpha}$, $\boldsymbol{B}=\boldsymbol{I}+2\boldsymbol{\alpha}^{\mathrm{T}}\boldsymbol{\alpha}$,试计算 $\boldsymbol{AB}$.

14. 设 $\boldsymbol{A}=\begin{bmatrix}a_{11} & a_{12} & a_{13}\\ a_{21} & a_{22} & a_{23}\\ a_{31} & a_{32} & a_{33}\end{bmatrix}$, $\boldsymbol{P}_1=\begin{bmatrix}1 & 0 & 0\\ 0 & 0 & 1\\ 0 & 1 & 0\end{bmatrix}$, $\boldsymbol{P}_2=\begin{bmatrix}1 & 0 & 0\\ 0 & 2 & 0\\ 0 & 0 & 1\end{bmatrix}$, $\boldsymbol{P}_3=\begin{bmatrix}1 & 0 & 0\\ 0 & 1 & 0\\ 4 & 0 & 1\end{bmatrix}$,计算 $\boldsymbol{P}_i\boldsymbol{A}$ 和 $\boldsymbol{AP}_i$,其中 $i=1,2,3$.

15. 若 n 阶方阵 $\boldsymbol{A}$, $\boldsymbol{B}$, $\boldsymbol{C}$ 满足 $\boldsymbol{AB}=\boldsymbol{BA}$ 和 $\boldsymbol{AC}=\boldsymbol{CA}$,试证明:

(1) $\boldsymbol{A}(\boldsymbol{B}+\boldsymbol{C})=(\boldsymbol{B}+\boldsymbol{C})\boldsymbol{A}$;

(2) $\boldsymbol{ABC}=\boldsymbol{BCA}$.

16. 若 n 阶方阵 $\boldsymbol{A}$, $\boldsymbol{B}$ 满足 $\boldsymbol{A}^2=\boldsymbol{A}$, $\boldsymbol{B}^2=\boldsymbol{B}$ 以及 $(\boldsymbol{A}+\boldsymbol{B})^2=\boldsymbol{A}^2+\boldsymbol{B}^2$,试证明 $\boldsymbol{AB}=\boldsymbol{BA}$.

17. 设 $\boldsymbol{A}$ 为 n 阶方阵,若对任意的 n 维向量 $\boldsymbol{x}$ 有 $\boldsymbol{Ax}=\boldsymbol{0}$,试证明 $\boldsymbol{A}$ 为零矩阵.

18. 若 $\boldsymbol{A}$ 为 n 阶非零的实方阵,试证明 $\boldsymbol{A}+\boldsymbol{A}^{\mathrm{T}}$ 为对称矩阵,而 $\boldsymbol{A}-\boldsymbol{A}^{\mathrm{T}}$ 为反对称矩阵.

19. 试证明任何一个 n 阶实方阵都可以表示为一个对称矩阵与一个反对称矩阵的和.

20. 若 $\boldsymbol{A}$ 为 $m\times n$ 矩阵,试证明 $\boldsymbol{AA}^{\mathrm{T}}$ 和 $\boldsymbol{A}^{\mathrm{T}}\boldsymbol{A}$ 都为对称矩阵.

21. 若 $\boldsymbol{A}$ 为 3 阶实方阵,试证明:$\boldsymbol{A}$ 为反对称矩阵的充分必要条件是对任意的 $\boldsymbol{x}=\begin{bmatrix}x_1\\ x_2\\ x_3\end{bmatrix}$ $(x_i\in\mathbb{R},i=1,2,3)$ 有 $\boldsymbol{x}^{\mathrm{T}}\boldsymbol{Ax}=\boldsymbol{0}$.

22. 如果 $\boldsymbol{A}$ 为 n 阶方阵,试证明 $\boldsymbol{A}=\boldsymbol{0}$ 的充分必要条件是 $\boldsymbol{A}^{\mathrm{T}}\boldsymbol{A}=\boldsymbol{0}$.

23. 若 $\boldsymbol{A}$ 和 $\boldsymbol{B}$ 均为 n 阶非零的实方阵,且有 $\boldsymbol{AB}=\boldsymbol{A}+\boldsymbol{B}$,试证明 $\boldsymbol{AB}=\boldsymbol{BA}$.

24. 若 $\boldsymbol{A}$ 为 n 阶方阵且满足 $\boldsymbol{A}^2+2\boldsymbol{A}-3\boldsymbol{I}=0$,求 $\boldsymbol{A}^{-1}$, $(\boldsymbol{A}+2\boldsymbol{I})^{-1}$, $(\boldsymbol{A}+4\boldsymbol{I})^{-1}$.

25. 设 n 阶方阵 $\boldsymbol{A}$ 满足 $\boldsymbol{A}^2+\boldsymbol{A}-3\boldsymbol{I}=0$,求 $(\boldsymbol{A}-\boldsymbol{I})^{-1}$, $(\boldsymbol{A}-3\boldsymbol{I})^{-1}$.

26. 设 n 阶方阵 $\boldsymbol{A}+\boldsymbol{I}$ 为可逆矩阵,试证明 $(\boldsymbol{A}+\boldsymbol{I})^{-1}(\boldsymbol{A}-\boldsymbol{I})=(\boldsymbol{A}-\boldsymbol{I})(\boldsymbol{A}+\boldsymbol{I})^{-1}$.

27. 设 n 阶方阵 $\boldsymbol{B}$ 满足 $\boldsymbol{B}=\dfrac{1}{2}(\boldsymbol{I}-\boldsymbol{A})$,试证明 $\boldsymbol{B}^2=\boldsymbol{B}$ 的充分必要条件是 $\boldsymbol{A}^{-1}=\boldsymbol{A}$.

28. 设 $\boldsymbol{A}$ 为 n 阶方阵,$\boldsymbol{A}+\boldsymbol{I}$ 为可逆矩阵,已知 $f(\boldsymbol{A})=(\boldsymbol{I}-\boldsymbol{A})(\boldsymbol{A}+\boldsymbol{I})^{-1}$,试证明:

(1) $[\boldsymbol{I}+f(\boldsymbol{A})](\boldsymbol{I}+\boldsymbol{A})=2\boldsymbol{I}$;

(2) $f[f(\boldsymbol{A})]=\boldsymbol{A}$.

29. 试证:如果 $\boldsymbol{A}$ 是可逆的对称矩阵,则它的逆矩阵也是对称的.

30. 试证:如果 $\boldsymbol{A}$ 是可逆的反对称矩阵,则它的逆矩阵也是反对称的.

31. 利用初等行变换法求下列矩阵的逆矩阵.

(1) $\begin{bmatrix}1 & 1\\ -1 & 0\end{bmatrix}$;　　(2) $\begin{bmatrix}1 & 2\\ 3 & 5\end{bmatrix}$;

(3) $\begin{bmatrix} 2 & 0 & 2 \\ 0 & 3 & 0 \\ -2 & 0 & 1 \end{bmatrix}$;　(4) $\begin{bmatrix} 1 & 2 & 1 \\ -3 & 0 & 2 \\ -1 & 1 & 1 \end{bmatrix}$;

(5) $\begin{bmatrix} -1 & 2 & 3 \\ 0 & 1 & 2 \\ -2 & 1 & 2 \end{bmatrix}$;　(6) $\begin{bmatrix} 3 & 0 & 0 \\ 0 & 1 & -1 \\ 0 & 1 & 4 \end{bmatrix}$.

32. 计算$(\boldsymbol{AB})^{-1}$,其中$\boldsymbol{A}=\begin{bmatrix} 0 & 1 & 1 \\ 1 & 0 & 1 \\ 1 & 1 & 0 \end{bmatrix}$,$\boldsymbol{B}=\begin{bmatrix} 1 & 2 & 0 \\ 2 & -1 & 0 \\ 0 & 0 & 3 \end{bmatrix}$.

33. 求解下列矩阵方程.

(1) $\begin{bmatrix} 3 & -1 \\ -4 & 2 \end{bmatrix}\boldsymbol{X}=\begin{bmatrix} -1 & 5 \\ 2 & -6 \end{bmatrix}$;

(2) $\boldsymbol{X}\begin{bmatrix} 3 & -1 \\ -4 & 2 \end{bmatrix}=\begin{bmatrix} -1 & 5 \\ 2 & -6 \end{bmatrix}$;

(3) $\begin{bmatrix} 2 & 2 & 3 \\ 1 & -1 & 0 \\ -1 & 2 & 1 \end{bmatrix}\boldsymbol{X}=\begin{bmatrix} 4 & 2 & 3 \\ 1 & 1 & 0 \\ -1 & 2 & 3 \end{bmatrix}$;

(4) $\boldsymbol{X}\begin{bmatrix} 2 & 1 & -1 \\ 2 & -1 & 0 \\ 1 & 1 & 1 \end{bmatrix}=\begin{bmatrix} 1 & 1 & 3 \\ 4 & 2 & 3 \\ 1 & 2 & 5 \end{bmatrix}$.

34. 若矩阵$\boldsymbol{A}=\begin{bmatrix} 3 & 0 & 0 \\ 0 & 1 & -1 \\ 0 & -1 & 2 \end{bmatrix}$,$\boldsymbol{B}=\begin{bmatrix} 3 & 6 \\ 1 & 1 \\ 2 & -3 \end{bmatrix}$,满足$\boldsymbol{AX}=2\boldsymbol{X}+\boldsymbol{B}$,试计算矩阵$\boldsymbol{X}$.

35. 若矩阵$\boldsymbol{A}=\begin{bmatrix} 1 & -1 & 1 \\ -1 & 1 & -1 \\ 1 & -1 & 1 \end{bmatrix}$,$\boldsymbol{B}=\begin{bmatrix} 1 \\ -1 \\ 1 \end{bmatrix}$,满足$\boldsymbol{XA}=\boldsymbol{X}+\boldsymbol{BB}^{\mathrm{T}}$,求矩阵$\boldsymbol{X}$.

36. 若$\boldsymbol{A}$为n阶可逆方阵,且$\boldsymbol{A}$的每行元素之和为不为零的实数a,求$\boldsymbol{A}^{-1}$的每行元素之和.

37. 按指定的分块来计算.

(1) $\left[\begin{array}{cc:c} 1 & -2 & 0 \\ -1 & 1 & 1 \\ \hdashline 0 & 3 & 2 \end{array}\right]\left[\begin{array}{cc} 0 & 1 \\ 1 & 0 \\ \hdashline 0 & -1 \end{array}\right]$;

(2) $\left[\begin{array}{ccc} 3 & 1 & -1 \\ \hdashline 2 & 0 & -2 \\ \hdashline 1 & -1 & 1 \end{array}\right]\left[\begin{array}{c:c:c} 1 & -1 & 0 \\ 0 & 2 & 1 \\ 1 & 0 & 3 \end{array}\right]$;

(3) $\left[\begin{array}{cc:cc} a & 0 & 0 & 0 \\ 0 & a & 0 & 0 \\ \hdashline 1 & 0 & b & 0 \\ 0 & 1 & 0 & b \end{array}\right]\left[\begin{array}{cc:cc} 1 & 0 & c & 0 \\ 0 & 1 & 0 & c \\ \hdashline 0 & 0 & d & 0 \\ 0 & 0 & 0 & d \end{array}\right]$.

38. 利用分块矩阵求逆矩阵.

(1) $\begin{bmatrix} 1 & 3 & 0 & 0 & 0 \\ 2 & 8 & 0 & 0 & 0 \\ 0 & 0 & 1 & 0 & 1 \\ 0 & 0 & 2 & 3 & 2 \\ 0 & 0 & 3 & 1 & 1 \end{bmatrix}$; (2) $\begin{bmatrix} 1 & 1 & 0 & 0 & 0 \\ -1 & 3 & 0 & 0 & 0 \\ 0 & 0 & -2 & 0 & 0 \\ 0 & 0 & 0 & 1 & 2 \\ 0 & 0 & 0 & 0 & 1 \end{bmatrix}$;

(3) $\begin{bmatrix} 1 & 0 & 3 & -2 \\ 0 & 1 & 5 & 6 \\ 0 & 0 & 0 & 2 \\ 0 & 0 & 2 & 0 \end{bmatrix}$.

第三章 行列式

第一节 二阶、三阶行列式

本节先研究二元一次方程组,一般的二元方程组为

$$\begin{cases} a_{11}x_1+a_{12}x_2=b_1, \\ a_{21}x_1+a_{22}x_2=b_2. \end{cases} \tag{3.1}$$

式中,a_{11},a_{21} 不全为零,不妨设 $a_{11}\neq 0$,将它的增广矩阵经过初等行变换化为阶梯形矩阵,可得

$$\begin{bmatrix} a_{11} & a_{12} & b_1 \\ a_{21} & a_{22} & b_2 \end{bmatrix} \to \begin{bmatrix} a_{11} & a_{12} & b_1 \\ 0 & \dfrac{a_{11}a_{22}-a_{12}a_{21}}{a_{11}} & \dfrac{b_2a_{11}-b_1a_{21}}{a_{11}} \end{bmatrix}. \tag{3.2}$$

如果 $a_{11}a_{22}-a_{12}a_{21}=0$,则此方程组无解;如果 $a_{11}a_{22}-a_{12}a_{21}\neq 0$,则此方程组有唯一解

$$\begin{cases} x_1=\dfrac{b_1a_{22}-b_2a_{12}}{a_{11}a_{22}-a_{12}a_{21}}, \\ x_2=\dfrac{b_2a_{11}-b_1a_{21}}{a_{11}a_{22}-a_{12}a_{21}}. \end{cases} \tag{3.3}$$

为了便于记忆这些表达式,用记号 $\begin{vmatrix} a_{11} & a_{12} \\ a_{21} & a_{22} \end{vmatrix}$ 表示 $a_{11}a_{22}-a_{12}a_{21}$,称为二阶行列式. 如果令 $\boldsymbol{A}=\begin{bmatrix} a_{11} & a_{12} \\ a_{21} & a_{22} \end{bmatrix}$,则二阶行列式 $\begin{vmatrix} a_{11} & a_{12} \\ a_{21} & a_{22} \end{vmatrix}$ 也可以称为二阶矩阵 $\boldsymbol{A}$ 的行列式,简记为 $|\boldsymbol{A}|$ 或 $\det\boldsymbol{A}$.

利用二阶行列式的表达式,方程组的解的分子可以分别记为 $\begin{vmatrix} b_1 & a_{12} \\ b_2 & a_{22} \end{vmatrix}$,$\begin{vmatrix} a_{11} & b_1 \\ a_{21} & b_2 \end{vmatrix}$,所以方程组的解可以记为

$$x_1=\frac{\begin{vmatrix} b_1 & a_{12} \\ b_2 & a_{22} \end{vmatrix}}{\begin{vmatrix} a_{11} & a_{12} \\ a_{21} & a_{22} \end{vmatrix}},\quad x_2=\frac{\begin{vmatrix} a_{11} & b_1 \\ a_{21} & b_2 \end{vmatrix}}{\begin{vmatrix} a_{11} & a_{12} \\ a_{21} & a_{22} \end{vmatrix}}. \tag{3.4}$$

由以上可知,二元一次方程组有没有解可以利用它的系数行列式来判断. 有唯一解时,解可以用系数行列式和常数项替代相应的列所得到的行列式来表示.

同理,用记号$\begin{vmatrix} a_{11} & a_{12} & a_{13} \\ a_{21} & a_{22} & a_{23} \\ a_{31} & a_{32} & a_{33} \end{vmatrix}$表示下面的代数和,称为三阶行列式

$$a_{11}a_{22}a_{33}+a_{12}a_{23}a_{31}+a_{13}a_{21}a_{32}-a_{11}a_{23}a_{32}-a_{12}a_{21}a_{33}-a_{13}a_{22}a_{31},$$

也称为三阶方阵$\boldsymbol{A}=\begin{bmatrix} a_{11} & a_{12} & a_{13} \\ a_{21} & a_{22} & a_{23} \\ a_{31} & a_{32} & a_{33} \end{bmatrix}$的行列式. 三阶行列式的代数和可以用连线的方法来方便记忆,其中,各实线连接的三个元素的乘积为正项,各虚线连接的三个元素的乘积为负项,如图 3.1 所示.

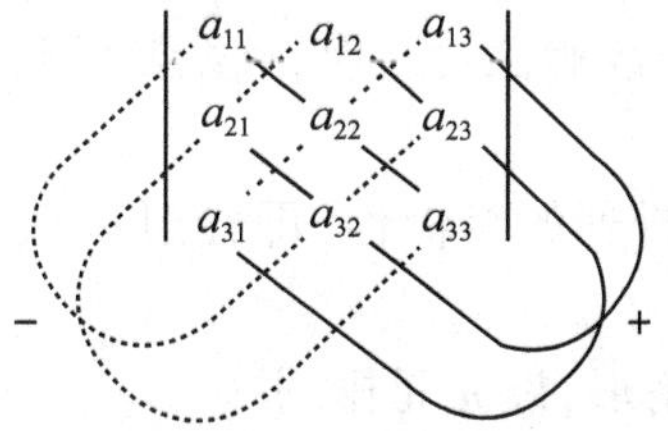

图 3.1　计算三阶行列式的主对角线法则

例 3.1

$$\begin{vmatrix} 4 & 3 & -1 \\ 2 & 5 & 6 \\ 1 & -2 & 3 \end{vmatrix}=4\times5\times3+3\times6\times1+(-1)\times2\times(-2)-$$
$$4\times6\times(-2)-3\times2\times3-(-1)\times5\times1$$
$$=60+18+4+48-18+5=117.$$

例 3.2　解下列方程

$$\begin{vmatrix} 2x & 1 & 0 \\ 1 & x & x \\ 3 & 2 & 1 \end{vmatrix}=0.$$

解:由三阶行列式的计算式可得

$$\begin{vmatrix} 2x & 1 & 0 \\ 1 & x & x \\ 3 & 2 & 1 \end{vmatrix}=2x^2+3x-1-4x^2=-2x^2+3x-1=(-2x+1)(x-1),$$

于是有$(-2x+1)(x-1)=0$,所以方程的解为$x=\dfrac{1}{2},x=1$.

第二节　n 元排列

定义 3.1　n 个不同的自然数 $1,2,\cdots,n$ 组成的有序数组 $i_1\,i_2\cdots i_n$,称为一个 n 元排列.

例如,2413 是一个 4 元排列,43125 是一个 5 元排列. 由 1,2,3 形成的 3 元排列有 123,132,213,231,312,321.

于是,n 元排列总共有 $n!$ 个. 对于 n 元排列 $1,2,\cdots,n$,它具有自然顺序,即在这个排列中的任意两个数,小的数总是排在大的数的前面,称为一个自然序排列. 在 5 元排列 43125 中,1 与 2 构成的数对,小的数在大的数前面,称这一对数构成一个顺序. 4 与 2 构成的数对,大的数在小的数前面,称这一对数构成一个逆序. 一个 n 元排列 $i_1,i_2,\cdots,i_n$ 中,逆序的总数称为逆序数,用 $\tau(i_1,i_2,\cdots,i_n)$ 表示. 逆序数是偶数的排列称为偶排列,逆序数是奇数的排列称为奇排列.

例如,在 5 元排列 43125 中,构成的逆序的数对有 43,41,42,31,32,共 5 对. 所以 $\tau(43125)=5$,它是一个奇排列. 在 5 元排列 41325 中,构成的逆序的数对有 41,43,42,32,共 4 对. 所以 $\tau(41325)=4$,它是一个偶排列.

在上例中,如果把排列 43125 的 3 与 1 互换位置,其余数的位置不变,就得到了排列 41325. 把一个排列中的某两个数的位置互换,其余数的位置不变,就得到了另一个排列,这样的一个变换称为对换.

定理 3.1 对换改变一个排列的奇偶性,即经过一次对换,偶排列变成奇排列,奇排列变成偶排列.

证明:先证明相邻对换的情形,设 n 元排列

$$\cdots i\ j\cdots, \tag{3.5}$$

经过 i,j 对换变成了

$$\cdots j\ i\cdots. \tag{3.6}$$

式中,"…"表示那些位置不变的数,这些数构成的数对是顺序还是逆序,在式(3.5)和式(3.6)中是一样的.i(或 j)与这些数所构成的数对是顺序还是逆序,在式(3.5)和式(3.6)中也是一样的. 只有数对 i,j,如果它在式(3.5)中为顺序,那么它在式(3.6)中就为逆序;如果它在式(3.5)中为逆序,那么在式(3.6)中为顺序. 前一种情形,式(3.6)比式(3.5)多一个逆序;后一种情形,式(3.6)比式(3.5)少一个逆序. 所以,式(3.5)和式(3.6)的奇偶性相反.

再证明一般对换的情形,设 n 元排列

$$\cdots i\ k_1\ k_2\cdots\ k_s\ j\cdots, \tag{3.7}$$

经过 i,j 对换变成了

$$\cdots j\ k_1\ k_2\cdots\ k_s\ i\cdots. \tag{3.8}$$

从式(3.7)变成式(3.8)可以经过下列相邻的两数对换来实现:先将 i 依次和 k_1, $k_2,\cdots,k_s,j$ 作 $s+1$ 次相邻对换变为

$$\cdots k_1\ k_2\cdots k_s\ j\ i\cdots,$$

再将 j 依次与 $k_s,\cdots,k_2,k_1$ 作 s 次相邻对换变为式(3.8). 因此,式(3.8)可由式(3.7)经过 $2s+1$ 次相邻对换得到,而奇数次相邻对换会改变排列的奇偶性,所以式(3.7)和式(3.8)的奇偶性相反.

推论 3.1 在全部的 n 元排列中($n\geqslant 2$),奇偶排列各占一半,都是$\frac{n!}{2}$个.

证明:n 元排列总共有 $n!$ 个,设其中有奇排列 p 个,偶排列 q 个. 对每一个奇排列实

施同一个对换,例如都对换首位和末尾的数字,则由定理可知,p 个奇排列全部变成了偶排列,同理,q 个偶排列全部变成了奇排列,所以得出 $p=q$,即各占一半,都是$\frac{n!}{2}$个.

设一个 n 元排列 $i_1i_2\cdots i_n$ 经过 s 次变换变成 $1\ 2\cdots n$,而 $1\ 2\cdots n$ 是偶排列. 因此如果 $i_1i_2\cdots i_n$ 是奇排列,那么 s 必为奇数,才能把奇排列变成偶排列;如果 $i_1i_2\cdots i_n$ 是偶排列,那么 s 必为偶数,才能保证排列的奇偶性不变. 因此得到下面的推论.

推论 3.2 任意一个 n 元排列与自然序排列 $1\ 2\cdots n$ 都可以经过一系列的对换互变,并且所进行的对换次数与这个排列具有相同的奇偶性.

第三节 n 阶行列式

由二阶行列式的表达式 $\begin{vmatrix} a_{11} & a_{12} \\ a_{21} & a_{22} \end{vmatrix}=a_{11}a_{22}-a_{12}a_{21}$,得它的第一项为正项,第二项为负项. 第一项的两个行指标依次为 1,2,列指标也是 1,2. 第二项的两个行指标为 1,2,列指标却是 2,1. 因此,二阶行列式表示处于不同行、不同列的元素乘积的代数和,两个元素的乘积可以表示为 $a_{1j_1}a_{2j_2}$, j_1, j_2 是 1,2 的所有排列,一共有 $2!=2$ 项. 如果 j_1,j_2 是偶排列,取正号;如果 j_1,j_2 是奇排列,取负号.

同样,三阶行列式的表达式为

$$\begin{vmatrix} a_{11} & a_{12} & a_{13} \\ a_{21} & a_{22} & a_{23} \\ a_{31} & a_{32} & a_{33} \end{vmatrix}=\begin{aligned}&a_{11}a_{22}a_{33}+a_{12}a_{23}a_{31}+a_{13}a_{21}a_{32}-\\&a_{11}a_{23}a_{32}-a_{12}a_{21}a_{33}-a_{13}a_{22}a_{31}.\end{aligned} \tag{3.9}$$

式(3.9)是 6 项乘积项的代数和,每一个乘积项的三个元素也是处于不同行不同列的,前三项为正项,后三项为负项. 观察这六项的行指标依次是 1,2,3,而列指标的顺序决定了该项的正负号. 因此,三阶行列式表示处于不同行、不同列的元素乘积的代数和,三个元素的乘积可以表示为 $a_{1j_1}a_{2j_2}a_{3j_3}$, j_1,j_2,j_3 是 1,2,3 的所有排列,一共有 $3!=6$ 项. 如果 j_1,j_2,j_3 是偶排列,取正号;如果 j_1,j_2,j_3 是奇排列,取负号.

根据这个规律可以给出 n 阶行列式的定义.

定义 3.2 n 阶行列式

$$\begin{vmatrix} a_{11} & a_{12} & \cdots & a_{1n} \\ a_{21} & a_{22} & \cdots & a_{2n} \\ \vdots & \vdots & & \vdots \\ a_{n1} & a_{n2} & \cdots & a_{nn} \end{vmatrix}$$

是 $n!$项的代数和,其中每一项都是位于不同行不同列的 n 个元素的乘积. 将这 n 个元素的行指标按照自然序排列后,当列指标的排列是偶排列时,该项带正号;当列指标的排列是奇排列时,该项带负号,即

$$\begin{vmatrix} a_{11} & a_{12} & \cdots & a_{1n} \\ a_{21} & a_{22} & \cdots & a_{2n} \\ \vdots & \vdots & & \vdots \\ a_{n1} & a_{n2} & \cdots & a_{nn} \end{vmatrix}=\sum_{j_1j_2\cdots j_n}(-1)^{\tau(j_1j_2\cdots j_n)}a_{1j_1}a_{2j_2}\cdots a_{nj_n}. \tag{3.10}$$

式中,$j_1 j_2 \cdots j_n$ 是一个 n 元排列,$\sum\limits_{j_1 j_2 \cdots j_n}$ 表示对所有的 n 元排列求和,由于 n 元排列共有 $n!$ 项,所以是 $n!$ 项的代数和,式(3.10)也称为 n 阶行列式按行指标的完全展开式.

以上定义表明,计算 n 阶行列式,首先计算所有的位于不同行不同列 n 个元素的乘积,把乘积项中的元素按行指标的自然序顺序排列;然后由列指标所构成的排列的奇偶性来确定该项的正负号;最后计算出代数和的值.

如果令 $A=\begin{bmatrix} a_{11} & a_{12} & \cdots & a_{1n} \\ a_{21} & a_{22} & \cdots & a_{2n} \\ \vdots & \vdots & & \vdots \\ a_{n1} & a_{n2} & \cdots & a_{nn} \end{bmatrix}$,则 n 阶行列式也可以成为 n 阶方阵 A 的行列式,记为 $|A|$ 或 $\det A$. 需要注意的是,n 阶方阵 A 是 $n\times n$ 个数构成的数表,而 $|A|$ 是一个表达式,最终计算结果是一个数值,不要混淆它们的概念.

例 3.3 用行列式的定义计算 4 阶行列式

$$\begin{vmatrix} a_{11} & 0 & 0 & 0 \\ a_{21} & a_{22} & 0 & 0 \\ a_{31} & a_{32} & a_{33} & 0 \\ a_{41} & a_{42} & a_{43} & a_{44} \end{vmatrix}.$$

解:按照行列式的定义 3.2,首先计算所有的位于不同行不同列 4 个元素的乘积项. 由于第一行有 3 个位置都是 0,因此第一行只有取 a_{11} 才有可能使乘积项不等于 0. 此时,第二行只有取 a_{22} 才可以使乘积项不为 0,这是因为第一行取 a_{11},它既是第一行也是第一列的元素,因此第二行不能再选取第一列的元素. 类似地,第三行只能取 a_{33},第四行只能取 a_{44} 才能使乘积项不为 0. 4 阶行列式的展开式中应该有 $4!=24$ 项,但只有一项不为 0,这一项为 $a_{11}a_{22}a_{33}a_{44}$,并且它的行指标已经是自然序排列,列指标为 1 2 3 4,$\tau(1\ 2\ 3\ 4)=0$,所以前面带正号,于是

$$\begin{vmatrix} a_{11} & 0 & 0 & 0 \\ a_{21} & a_{22} & 0 & 0 \\ a_{31} & a_{32} & a_{33} & 0 \\ a_{41} & a_{42} & a_{43} & a_{44} \end{vmatrix}=a_{11}a_{22}a_{33}a_{44}.$$

这个 4 阶行列式的主对角线的上方的元素均为 0,这样的行列式称为下三角形行列式.

用类似的方法可以得出

$$\begin{vmatrix} a_{11} & a_{12} & a_{13} & a_{14} \\ 0 & a_{22} & a_{23} & a_{24} \\ 0 & 0 & a_{33} & a_{34} \\ 0 & 0 & 0 & a_{44} \end{vmatrix}=a_{11}a_{22}a_{33}a_{44}.$$

这个 4 阶行列式的主对角线的下方的元素均为 0,这样的行列式称为上三角形行列式.

因此,n 阶上三角形行列式(或下三角形行列式)的值等于它主对角线的 n 个元素的

乘积．

在 n 阶行列式的定义 3.2 中，为了确定乘积项的符号，将乘积项中的元素按行指标的自然序顺序排列，然后由列指标所构成的排列的奇偶性来确定该项的正负号．但是数的乘法可以交换，因此这 n 个元素的次序也可以是任意的．一般来说，n 阶行列式的某一个乘积项可以写为

$$a_{i_1j_1}a_{i_2j_2}\cdots a_{i_nj_n}.$$

式中，$i_1i_2\cdots i_n$，$j_1j_2\cdots j_n$ 为两个 n 元排列，由此得到下面的定理．

定理 3.2　n 阶行列式的项也可以记为 $(-1)^{\tau(i_1i_2\cdots i_n)+\tau(j_1j_2\cdots j_n)}a_{i_1j_1}a_{i_2j_2}\cdots a_{i_nj_n}$，其中 $i_1i_2\cdots i_n$ 和 $j_1j_2\cdots j_n$ 为两个 n 元排列．

证明：由于 $i_1i_2\cdots i_n$，$j_1j_2\cdots j_n$ 为两个 n 元排列，因此 $a_{i_1j_1}a_{i_2j_2}\cdots a_{i_nj_n}$ 是取自不同行不同列的 n 个元素的乘积．如果交换乘积项的两个元素 $a_{i_sj_s}$ 与 $a_{i_tj_t}$ 的位置，那么行指标的排列由 $i_1i_2\cdots i_s\cdots i_t\cdots i_n$ 变为 $i_1i_2\cdots i_t\cdots i_s\cdots i_n$，行指标排列的奇偶性发生改变；列指标的排列由 $j_1j_2\cdots j_s\cdots j_t\cdots j_n$ 变为 $j_1j_2\cdots j_t\cdots j_s\cdots j_n$，列指标排列的奇偶性也发生改变．但是它们的和的奇偶性不变，即

$$(-1)^{\tau(i_1i_2\cdots i_s\cdots i_t\cdots i_n)+\tau(j_1j_2\cdots j_s\cdots j_t\cdots j_n)}=(-1)^{\tau(i_1i_2\cdots i_t\cdots i_s\cdots i_n)+\tau(j_1j_2\cdots j_t\cdots j_s\cdots j_n)}.$$

以此类推，将行指标的排列换位自然序排列时，设此时的列指标排列为 $k_1k_2\cdots k_n$，于是 $(-1)^{\tau(i_1i_2\cdots i_n)+\tau(j_1j_2\cdots j_n)}a_{i_1j_1}a_{i_2j_2}\cdots a_{i_nj_n}$ 变为

$$\begin{aligned}(-1)^{\tau(i_1i_2\cdots i_n)+\tau(j_1j_2\cdots j_n)}a_{i_1j_1}a_{i_2j_2}\cdots a_{i_nj_n}&=(-1)^{\tau(12\cdots n)+\tau(k_1k_2\cdots k_n)}a_{1k_1}a_{2k_2}\cdots a_{nk_n}\\&=(-1)^{\tau(k_1k_2\cdots k_n)}a_{1k_1}a_{2k_2}\cdots a_{nk_n}.\end{aligned}$$

上式表明 $(-1)^{\tau(i_1i_2\cdots i_n)+\tau(j_1j_2\cdots j_n)}a_{i_1j_1}a_{i_2j_2}\cdots a_{i_nj_n}$ 也为行列式中的项．

所以，n 阶行列式也可以把它的每一项中 n 个元素按列指标构成自然序排列，这时用行指标所构成排列的奇偶性来确定该项前面的符号．即

$$\begin{vmatrix}a_{11}&a_{12}&\cdots&a_{1n}\\a_{21}&a_{22}&\cdots&a_{2n}\\\vdots&\vdots&&\vdots\\a_{n1}&a_{n2}&\cdots&a_{nn}\end{vmatrix}=\sum_{i_1i_2\cdots i_n}(-1)^{\tau(i_1i_2\cdots i_n)}a_{i_11}a_{i_22}\cdots a_{i_nn}.\tag{3.11}$$

式(3.11)称为 n 阶行列式按列指标的完全展开式．它表明行列式中的行和列的地位是对称的．

第四节　行列式的性质

n 阶行列式从定义 3.2 可知，它是 $n!$ 项的代数和，其中每一项都是位于不同行不同列的 n 个元素的乘积．当 n 增大的时候，$n!$ 会迅速地增大．例如 $10!=3\ 628\ 800$，而 $15!\approx 1.3\times10^{12}$，如果直接用行列式的定义 3.2 计算一个行列式，计算量是相当大的．因此，利用行列式的某些特有的性质来简化行列式的计算非常有必要．下面就来介绍这些性质．

性质 3.1 行列式的行列互换，行列式的值不变．也就是如果令 $A=\begin{bmatrix} a_{11} & a_{12} & \cdots & a_{1n} \\ a_{21} & a_{22} & \cdots & a_{2n} \\ \vdots & \vdots & & \vdots \\ a_{n1} & a_{n2} & \cdots & a_{nn} \end{bmatrix}$，那么 $|A|=|A^{\mathrm{T}}|$.

证明：由行列式的定义，将 $|A|$ 用按行指标的完全展开式表示，可得

$$|A|=\sum_{j_1j_2\cdots j_n}(-1)^{\tau(j_1j_2\cdots j_n)}a_{1j_1}a_{2j_2}\cdots a_{nj_n},$$

再将 $|A^{\mathrm{T}}|$ 用按列指标的完全展开式表示，注意到 A^{T} 的列即 A 的行，那么可得

$$|A^{\mathrm{T}}|=\sum_{j_1j_2\cdots j_n}(-1)^{\tau(j_1j_2\cdots j_n)}a_{1j_1}a_{2j_2}\cdots a_{nj_n},$$

因此 $|A|=|A^{\mathrm{T}}|$.

性质 3.1 表明行列式的行和列的地位是等同的．因此，行列式有关行的性质对列同样成立，所以下面对行成立的性质对于列也有相同的性质．

性质 3.2 行列式的某一行的公因子可以提出来，即

$$\begin{vmatrix} a_{11} & a_{12} & \cdots & a_{1n} \\ \vdots & \vdots & & \vdots \\ ka_{i1} & ka_{i2} & \cdots & ka_{in} \\ \vdots & \vdots & & \vdots \\ a_{n1} & a_{n2} & \cdots & a_{nn} \end{vmatrix}=k\begin{vmatrix} a_{11} & a_{12} & \cdots & a_{1n} \\ \vdots & \vdots & & \vdots \\ a_{i1} & a_{i2} & \cdots & a_{in} \\ \vdots & \vdots & & \vdots \\ a_{n1} & a_{n2} & \cdots & a_{nn} \end{vmatrix}. \tag{3.12}$$

证明：左边 $=\sum\limits_{j_1j_2\cdots j_n}(-1)^{\tau(j_1j_2\cdots j_n)}a_{1j_1}\cdots(ka_{i_sj_s})\cdots a_{nj_n}$

$=\sum\limits_{j_1j_2\cdots j_n}(-1)^{\tau(j_1j_2\cdots j_n)}k(a_{1j_1}\cdots a_{i_sj_s}\cdots a_{nj_n})$

$=k\sum\limits_{j_1j_2\cdots j_n}(-1)^{\tau(j_1j_2\cdots j_n)}a_{1j_1}\cdots a_{i_sj_s}\cdots a_{nj_n}$

$=$ 右边．

在性质 3.2 中，如果 $k=0$，可以得出行列式中如果某一行的元素全为 0，则该行列式的值为 0. 式(3.12)还可以解释为，某一个常数 k 乘行列式，等于用这个数乘行列式的某一行元素．此外，如果 A 是 n 阶方阵，则 kA 是 A 的每个元素都乘常数 k，于是有 $|kA|=k^n|A|$.

性质 3.3 行列式中如果某一行的元素都是两组数的和，则此行列式等于两个行列式的和，这两个行列式分别以其中一组数为该行，而其余各行与原行列式对应的行相同．即

$$\begin{vmatrix} a_{11} & a_{12} & \cdots & a_{1n} \\ \vdots & \vdots & & \vdots \\ b_1+c_1 & b_2+c_2 & \cdots & b_n+c_n \\ \vdots & \vdots & & \vdots \\ a_{n1} & a_{n2} & \cdots & a_{nn} \end{vmatrix} \text{(第 } i \text{ 行)}$$

$$= \begin{vmatrix} a_{11} & a_{12} & \cdots & a_{1n} \\ \vdots & \vdots & & \vdots \\ b_1 & b_2 & \cdots & b_n \\ \vdots & \vdots & & \vdots \\ a_{n1} & a_{n2} & \cdots & a_{nn} \end{vmatrix} + \begin{vmatrix} a_{11} & a_{12} & \cdots & a_{1n} \\ \vdots & \vdots & & \vdots \\ c_1 & c_2 & \cdots & c_n \\ \vdots & \vdots & & \vdots \\ a_{n1} & a_{n2} & \cdots & a_{nn} \end{vmatrix}. \tag{3.13}$$

证明: 左边 $= \sum\limits_{j_1 j_2 \cdots j_n} (-1)^{\tau(j_1 j_2 \cdots j_n)} a_{1j_1} \cdots (b_{j_i} + c_{j_i}) \cdots a_{nj_n}$

$= \sum\limits_{j_1 j_2 \cdots j_n} (-1)^{\tau(j_1 j_2 \cdots j_n)} (a_{1j_1} \cdots b_{j_i} \cdots a_{nj_n} + a_{1j_1} \cdots c_{j_i} \cdots a_{nj_n})$

$= \sum\limits_{j_1 j_2 \cdots j_n} (-1)^{\tau(j_1 j_2 \cdots j_n)} a_{1j_1} \cdots b_{j_i} \cdots a_{nj_n} + \sum\limits_{j_1 j_2 \cdots j_n} (-1)^{\tau(j_1 j_2 \cdots j_n)} a_{1j_1} \cdots c_{j_i} \cdots a_{nj_n}$

=右边.

性质 3.4　互换行列式中两行的位置,行列式变号,即

$$\begin{vmatrix} a_{11} & a_{12} & \cdots & a_{1n} \\ \vdots & \vdots & & \vdots \\ a_{i1} & a_{i2} & \cdots & a_{in} \\ \vdots & \vdots & & \vdots \\ a_{k1} & a_{k2} & \cdots & a_{kn} \\ \vdots & \vdots & & \vdots \\ a_{n1} & a_{n2} & \cdots & a_{nn} \end{vmatrix} = - \begin{vmatrix} a_{11} & a_{12} & \cdots & a_{1n} \\ \vdots & \vdots & & \vdots \\ a_{k1} & a_{k2} & \cdots & a_{kn} \\ \vdots & \vdots & & \vdots \\ a_{i1} & a_{i2} & \cdots & a_{in} \\ \vdots & \vdots & & \vdots \\ a_{n1} & a_{n2} & \cdots & a_{nn} \end{vmatrix} \begin{matrix} \\ \\ (\text{第 } i \text{ 行}) \\ \\ (\text{第 } k \text{ 行}) \\ \\ \\ \end{matrix}. \tag{3.14}$$

证明: 注意上式的右侧的行列式中第 i 行元素的第一个下标是 k,而第 k 行元素的第一个下标是 i. 根据行列式的定义有

左边 $= \sum\limits_{j_1 j_2 \cdots j_n} (-1)^{\tau(j_1 \cdots j_i \cdots j_k \cdots j_n)} a_{1j_1} \cdots a_{ij_i} \cdots a_{kj_k} \cdots a_{nj_n}$

$= \sum\limits_{j_1 j_2 \cdots j_n} (-1) \cdot (-1)^{\tau(j_1 \cdots j_k \cdots j_i \cdots j_n)} a_{1j_1} \cdots a_{kj_k} \cdots a_{ij_i} \cdots a_{nj_n}$

$= (-1) \sum\limits_{j_1 j_2 \cdots j_n} (-1)^{\tau(j_1 \cdots j_k \cdots j_i \cdots j_n)} a_{1j_1} \cdots a_{kj_k} \cdots a_{ij_i} \cdots a_{nj_n}$

=右边.

推论 3.3　行列式中两行相同,则行列式的值为零.

证明: 设 n 阶行列式 $|\boldsymbol{A}|$ 中的第 i 行元素和第 k 行元素对应相同,那么交换第 i 行和第 k 行,它仍然是 $|\boldsymbol{A}|$;又根据性质 3.4,行列式要变号,于是 $|\boldsymbol{A}| = -|\boldsymbol{A}|$,所以 $|\boldsymbol{A}| = 0$.

性质 3.5　行列式中,两行成比例,则行列式的值为零,即

$$\begin{vmatrix} a_{11} & a_{12} & \cdots & a_{1n} \\ \vdots & \vdots & & \vdots \\ a_{i1} & a_{i2} & \cdots & a_{in} \\ \vdots & \vdots & & \vdots \\ ta_{i1} & ta_{i2} & \cdots & ta_{in} \\ \vdots & \vdots & & \vdots \\ a_{n1} & a_{n2} & \cdots & a_{nn} \end{vmatrix} \begin{matrix} \\ \\ (\text{第 } i \text{ 行}) \\ \\ (\text{第 } k \text{ 行}) \\ \\ \\ \end{matrix} = 0.$$

证明:将上式左侧行列式的第 k 行的公因子 t 提出去,得到的行列式有两行元素对应相同,所以它的值为 0.

性质 3.6 把行列式的某一行的 t 倍加到另一行上去,行列式的值不变,即

$$\begin{vmatrix} a_{11} & a_{12} & \cdots & a_{1n} \\ \vdots & \vdots & & \vdots \\ a_{i1} & a_{i2} & \cdots & a_{in} \\ \vdots & \vdots & & \vdots \\ a_{k1} & a_{k2} & \cdots & a_{kn} \\ \vdots & \vdots & & \vdots \\ a_{n1} & a_{n2} & \cdots & a_{nn} \end{vmatrix} = \begin{vmatrix} a_{11} & a_{12} & \cdots & a_{1n} \\ \vdots & \vdots & & \vdots \\ a_{i1} & a_{i2} & \cdots & a_{in} \\ \vdots & \vdots & & \vdots \\ a_{k1}+ta_{i1} & a_{k2}+ta_{i2} & \cdots & a_{kn}+ta_{in} \\ \vdots & \vdots & & \vdots \\ a_{n1} & a_{n2} & \cdots & a_{nn} \end{vmatrix} \begin{matrix} \\ \\ (\text{第 } i \text{ 行}) \\ \\ (\text{第 } k \text{ 行}) \\ \\ \\ \end{matrix}.$$

证明:右边 $= \begin{vmatrix} a_{11} & a_{12} & \cdots & a_{1n} \\ \vdots & \vdots & & \vdots \\ a_{i1} & a_{i2} & \cdots & a_{in} \\ \vdots & \vdots & & \vdots \\ a_{k1} & a_{k2} & \cdots & a_{kn} \\ \vdots & \vdots & & \vdots \\ a_{n1} & a_{n2} & \cdots & a_{nn} \end{vmatrix} + \begin{vmatrix} a_{11} & a_{12} & \cdots & a_{1n} \\ \vdots & \vdots & & \vdots \\ a_{i1} & a_{i2} & \cdots & a_{in} \\ \vdots & \vdots & & \vdots \\ ta_{i1} & ta_{i2} & \cdots & ta_{in} \\ \vdots & \vdots & & \vdots \\ a_{n1} & a_{n2} & \cdots & a_{nn} \end{vmatrix}$

$= \begin{vmatrix} a_{11} & a_{12} & \cdots & a_{1n} \\ \vdots & \vdots & & \vdots \\ a_{i1} & a_{i2} & \cdots & a_{in} \\ \vdots & \vdots & & \vdots \\ a_{k1} & a_{k2} & \cdots & a_{kn} \\ \vdots & \vdots & & \vdots \\ a_{n1} & a_{n2} & \cdots & a_{nn} \end{vmatrix}$

=左边 .

利用行列式的性质 3.2、性质 3.4、性质 3.6,可以把一个行列式化为上三角形行列式,上三角形行列式的值等于它的主对角线所有元素的乘积,这也是计算行列式的基本方法之一 .

例 3.4 计算行列式

$$\begin{vmatrix} 1 & -1 & 2 & -3 & 1 \\ -3 & 3 & -7 & 9 & -5 \\ 2 & 0 & 4 & -2 & 1 \\ 3 & -5 & 7 & -14 & 6 \\ 4 & -4 & 10 & -10 & 2 \end{vmatrix}.$$

解:原式

$$
=\begin{vmatrix}1&-1&2&-3&1\\-3&3&-7&9&-5\\2&0&4&-2&1\\3&-5&7&-14&6\\4&-4&10&-10&2\end{vmatrix}=\begin{vmatrix}1&-1&2&-3&1\\0&0&-1&0&-2\\0&2&0&4&-1\\0&-2&1&-5&3\\0&0&2&2&-2\end{vmatrix}
$$

$$
=-\begin{vmatrix}1&-1&2&-3&1\\0&-2&1&-5&3\\0&2&0&4&-1\\0&0&-1&0&-2\\0&0&2&2&-2\end{vmatrix}=-\begin{vmatrix}1&-1&2&-3&1\\0&-2&1&-5&3\\0&0&1&-1&2\\0&0&-1&0&-2\\0&0&2&2&-2\end{vmatrix}
$$

$$
=-\begin{vmatrix}1&-1&2&-3&1\\0&-2&1&-5&3\\0&0&1&-1&2\\0&0&0&-1&0\\0&0&0&4&-6\end{vmatrix}=-\begin{vmatrix}1&-1&2&-3&1\\0&-2&1&-5&3\\0&0&1&-1&2\\0&0&0&-1&0\\0&0&0&0&-6\end{vmatrix}
$$

$$
=(-1)\times1\times(-2)\times1\times(-1)\times(-6)=12.
$$

例 3.5　计算 n 阶行列式

$$
\begin{vmatrix}a&b&b&\cdots&b\\b&a&b&\cdots&b\\b&b&a&\cdots&b\\\vdots&\vdots&\vdots&&\vdots\\b&b&b&\cdots&a\end{vmatrix}.
$$

解:这个 n 阶行列式的特点是,主对角线元素都是 a,其他元素都是 b,由此可知它的每一列(或每一行)的元素之和都是 $a+(n-1)b$. 如果将各列都加到第 1 列上,第 1 列的元素就是 $a+(n-1)b$,把它提出来,则第 1 列的元素全是 1;再将第 1 行乘(−1)依次加到各行上,就容易化成上三角形行列式.

$$
\text{原式}=\begin{vmatrix}a+(n-1)b&b&b&\cdots&b\\a+(n-1)b&a&b&\cdots&b\\a+(n-1)b&b&a&\cdots&b\\\vdots&\vdots&\vdots&&\vdots\\a+(n-1)b&b&b&\cdots&a\end{vmatrix}=[a+(n-1)b]\begin{vmatrix}1&b&b&\cdots&b\\1&a&b&\cdots&b\\1&b&a&\cdots&b\\\vdots&\vdots&\vdots&&\vdots\\1&b&b&\cdots&a\end{vmatrix}
$$

$$
=[a+(n-1)b]\begin{vmatrix}1&b&b&\cdots&b\\0&a-b&0&\cdots&0\\0&0&a-b&\cdots&0\\\vdots&\vdots&\vdots&&\vdots\\0&0&0&\cdots&a-b\end{vmatrix}=[a+(n-1)b](a-b)^{n-1}.
$$

例 3.6　证明奇数阶反对称矩阵的行列式的值为零($n>1$).

证明:由第二章反对称矩阵的定义可知 $a_{ij}=-a_{ji}$,即沿主对角线互为相反数,主对角线

的元素全为 0. 于是设奇数阶反对称矩阵为

$$A=\begin{bmatrix}0 & a_{12} & a_{13} & \cdots & a_{1n}\\ -a_{12} & 0 & a_{23} & \cdots & a_{2n}\\ -a_{13} & -a_{23} & 0 & \cdots & a_{3n}\\ \vdots & \vdots & \vdots & & \vdots\\ -a_{1n} & -a_{2n} & -a_{3n} & \cdots & 0\end{bmatrix}.$$

根据行列式的性质 3.2,每行都提出一个(-1),可得

$$\det A=(-1)^n\begin{vmatrix}0 & -a_{12} & -a_{13} & \cdots & -a_{1n}\\ a_{12} & 0 & -a_{23} & \cdots & -a_{2n}\\ a_{13} & a_{23} & 0 & \cdots & -a_{3n}\\ \vdots & \vdots & \vdots & & \vdots\\ a_{1n} & a_{2n} & a_{3n} & \cdots & 0\end{vmatrix}. \tag{3.15}$$

再根据行列式的性质 3.1,可得

$$\det A=\det A^{\mathrm{T}}, \tag{3.16}$$

$$\text{而} \det A^{\mathrm{T}}=\begin{vmatrix}0 & -a_{12} & -a_{13} & \cdots & -a_{1n}\\ a_{12} & 0 & -a_{23} & \cdots & -a_{2n}\\ a_{13} & a_{23} & 0 & \cdots & -a_{3n}\\ \vdots & \vdots & \vdots & & \vdots\\ a_{1n} & a_{2n} & a_{3n} & \cdots & 0\end{vmatrix}. \tag{3.17}$$

将式(3.15)、式(3.16)、式(3.17)联立,可得 $\det A=(-1)^n\det A$,注意到 n 为奇数,所以有 $\det A=0$.

例 3.7 设 $\begin{vmatrix}a_{11} & a_{12} & a_{13}\\ a_{21} & a_{22} & a_{23}\\ a_{31} & a_{32} & a_{33}\end{vmatrix}=1$,求 $\begin{vmatrix}3a_{11} & 6a_{12} & 3a_{13}\\ a_{21} & 2a_{22} & a_{23}\\ -2a_{31} & -4a_{32} & -2a_{33}\end{vmatrix}$ 的值.

解:注意要求的行列式,第 2 行有公因子 3,第 3 行有公因子-2,第 2 列有公因子 2,根据行列式的性质 3.2 可得

$$\begin{vmatrix}3a_{11} & 6a_{12} & 3a_{13}\\ a_{21} & 2a_{22} & a_{23}\\ -2a_{31} & -4a_{32} & -2a_{33}\end{vmatrix}=3\begin{vmatrix}a_{11} & 2a_{12} & a_{13}\\ a_{21} & 2a_{22} & a_{23}\\ -2a_{31} & -4a_{32} & -2a_{33}\end{vmatrix}=6\begin{vmatrix}a_{11} & a_{12} & a_{13}\\ a_{21} & a_{22} & a_{23}\\ -2a_{31} & -2a_{32} & -2a_{33}\end{vmatrix}$$

$$=-12\begin{vmatrix}a_{11} & a_{12} & a_{13}\\ a_{21} & a_{22} & a_{23}\\ a_{31} & a_{32} & a_{33}\end{vmatrix}=(-12)\times 1=-12.$$

例 3.8 计算 n 阶行列式,其中 $a_1,a_2,\cdots,a_n$ 为互不相同的常数,且都不为零

$$\begin{vmatrix} 1+a_1 & 1 & 1 & \cdots & 1 \\ 1 & 1+a_2 & 1 & \cdots & 1 \\ 1 & 1 & 1+a_3 & \cdots & 1 \\ \vdots & \vdots & \vdots & & \vdots \\ 1 & 1 & 1 & \cdots & 1+a_n \end{vmatrix}.$$

解:将第1行乘(-1)依次加到各行上,然后将第$2,3,\cdots,n$列依次乘$\frac{a_1}{a_2},\frac{a_1}{a_3},\cdots,\frac{a_1}{a_n}$加到第1列上,即

$$原式=\begin{vmatrix} 1+a_1 & 1 & 1 & \cdots & 1 \\ -a_1 & a_2 & 0 & \cdots & 0 \\ -a_1 & 0 & a_3 & \cdots & 0 \\ \vdots & \vdots & \vdots & & \vdots \\ -a_1 & 0 & 0 & \cdots & a_n \end{vmatrix}=\begin{vmatrix} 1+a_1+\frac{a_1}{a_2}+\frac{a_1}{a_3}+\cdots+\frac{a_1}{a_n} & 1 & 1 & \cdots & 1 \\ 0 & a_2 & 0 & \cdots & 0 \\ 0 & 0 & a_3 & \cdots & 0 \\ \vdots & \vdots & \vdots & & \vdots \\ 0 & 0 & 0 & \cdots & a_n \end{vmatrix}$$

$$=(1+a_1+\frac{a_1}{a_2}+\frac{a_1}{a_3}+\cdots+\frac{a_1}{a_n})a_2a_3\cdots a_n=\left(1+\sum_{i=1}^{n}\frac{1}{a_i}\right)a_1a_2\cdots a_n.$$

例3.9　求各个初等矩阵的行列式的值.

解:初等矩阵是将单位矩阵进行一次初等行变换所得到的矩阵,因此会有三种情况:

(1)两行互换. 不妨设为$\boldsymbol{P}(i,j)$,表示单位矩阵的第i行和第j行互换,而单位矩阵的行列式$\det\boldsymbol{I}=1$,根据行列式的性质3.4,所以$\det\boldsymbol{P}(i,j)=-1$.

(2)某一行乘非零的数. 不妨设为$\boldsymbol{P}(i(k))$,表示单位矩阵的第i行乘数k,且$k\neq0$,这时$\det(\boldsymbol{P}(i(k)))$是一个对角形的行列式,所以$\det\boldsymbol{P}(i(k))=k$.

(3)某一行乘一个数加到另一行上去. 不妨设为$\boldsymbol{P}(j,i(k))$,表示单位矩阵的第i行乘数k,然后加到第j行,根据行列式的性质3.6,可得$\det\boldsymbol{P}(j,i(k))=1$.

例3.10　如果$\boldsymbol{P}$是初等矩阵,$\boldsymbol{A}$是和$\boldsymbol{P}$同阶的方阵,试证明$|\boldsymbol{PA}|=|\boldsymbol{P}||\boldsymbol{A}|$.

证明:$\boldsymbol{PA}$相当于对$\boldsymbol{A}$进行相应的初等行变换,下面分三个方面考虑.

(1)$\boldsymbol{P}$是两行互换的初等矩阵,那么$\boldsymbol{PA}$即对$\boldsymbol{A}$进行相应两行互换,由行列式的性质3.4可得$|\boldsymbol{PA}|=-|\boldsymbol{A}|$. 再根据例3.9的$\det\boldsymbol{P}=-1$,所以有$|\boldsymbol{PA}|=|\boldsymbol{P}||\boldsymbol{A}|$.

(2)$\boldsymbol{P}$是某一行乘非零的数k的初等矩阵,那么$\boldsymbol{PA}$即对$\boldsymbol{A}$的某一行乘k,由行列式的性质3.2可知$|\boldsymbol{PA}|=k|\boldsymbol{A}|$. 再根据例3.9,有$\det\boldsymbol{P}=k$,于是有$|\boldsymbol{PA}|=|\boldsymbol{P}||\boldsymbol{A}|$.

(3)$\boldsymbol{P}$是某一行乘一个数加到另一行上去的初等矩阵,那么$\boldsymbol{PA}$即对$\boldsymbol{A}$的某一行乘相同的数加到另一行上去,由行列式的性质3.6可知,$|\boldsymbol{PA}|=|\boldsymbol{A}|$. 再根据例3.9,可知$\det\boldsymbol{P}=1$,于是$|\boldsymbol{PA}|=|\boldsymbol{P}||\boldsymbol{A}|$.

综上所述,$|\boldsymbol{PA}|=|\boldsymbol{P}||\boldsymbol{A}|$对初等矩阵$\boldsymbol{P}$成立.

根据这个例题,还可以得到以下定理,这是可逆矩阵和其行列式之间的重要关系的一个定理,也是判断矩阵是否可逆的一个充要条件.

定理 3.3　n 阶方阵 $\boldsymbol{A}$ 是可逆的，当且仅当 $|\boldsymbol{A}|\neq 0$ 时.

证明：

充分性：若 $|A|\neq 0$，那么 $|A|$ 可以只通过行变换化为上三角形行列式，并且对角线元素都不为 0(否则，上三角形行列式的值等于对角线元素的乘积，等于 0，与 $|\boldsymbol{A}|\neq 0$ 矛盾)；再考虑将矩阵 A 同样的行变换化为行阶梯形矩阵，那么矩阵 $\boldsymbol{A}$ 的主元和 $|\boldsymbol{A}|$ 的对角线元素对应相同，也就是说 $\boldsymbol{A}$ 有 n 个主元，所以 $\boldsymbol{A}$ 是可逆矩阵.

必要性：由 $\boldsymbol{A}$ 是可逆矩阵可知，$\boldsymbol{A}$ 可以写成有限个初等矩阵的乘积形式，即 $\boldsymbol{A}=\boldsymbol{P}_1\boldsymbol{P}_2\cdots\boldsymbol{P}_s$，所以 $|\boldsymbol{A}|=|\boldsymbol{P}_1\boldsymbol{P}_2\cdots\boldsymbol{P}_s|$. 由例 3.10 可知 $|\boldsymbol{A}|=|\boldsymbol{P}_1||\boldsymbol{P}_2\cdots\boldsymbol{P}_s|=\cdots=|\boldsymbol{P}_1||\boldsymbol{P}_2|\cdots|\boldsymbol{P}_s|$，而每个初等矩阵的行列式都不为零，所以 $|\boldsymbol{A}|=|\boldsymbol{P}_1||\boldsymbol{P}_2|\cdots|\boldsymbol{P}_s|\neq 0$.

定理 3.3 的逆否命题也成立，也就是说，$|\boldsymbol{A}|=0$，当且仅当 $\boldsymbol{A}$ 是不可逆的.

定理 3.4　若 $\boldsymbol{A},\boldsymbol{B}$ 都为 n 阶方阵，则 $|\boldsymbol{AB}|=|\boldsymbol{A}||\boldsymbol{B}|$.

证明：若 $\boldsymbol{A}$ 是不可逆的，由第二章的例 2.11 结论可知，$\boldsymbol{AB}$ 也不可逆，所以 $|\boldsymbol{A}|$ 和 $|\boldsymbol{AB}|$ 都为零，因此有 $|\boldsymbol{AB}|=|\boldsymbol{A}||\boldsymbol{B}|$；若 $\boldsymbol{A}$ 是可逆矩阵，$\boldsymbol{A}$ 可以写成有限个初等矩阵的乘积形式，即 $\boldsymbol{A}=\boldsymbol{P}_1\boldsymbol{P}_2\cdots\boldsymbol{P}_s$，因此有

$$|\boldsymbol{AB}|=|\boldsymbol{P}_1\boldsymbol{P}_2\cdots\boldsymbol{P}_s\boldsymbol{B}|=|\boldsymbol{A}|=|\boldsymbol{P}_1||\boldsymbol{P}_2\cdots\boldsymbol{P}_s\boldsymbol{B}|=\cdots=|\boldsymbol{P}_1||\boldsymbol{P}_2|\cdots|\boldsymbol{P}_s||\boldsymbol{B}|.$$

根据定理 3.3 的证明可知 $|\boldsymbol{A}|=|\boldsymbol{P}_1||\boldsymbol{P}_2|\cdots|\boldsymbol{P}_s|$，所以 $|\boldsymbol{AB}|=|\boldsymbol{A}||\boldsymbol{B}|$.

再进一步，由于 $|\boldsymbol{A}||\boldsymbol{B}|$ 是两个数相乘，可以交换顺序，所以有 $|\boldsymbol{A}||\boldsymbol{B}|=|\boldsymbol{B}||\boldsymbol{A}|$；再利用一次定理 3.4 的结论，就可以得到 $|\boldsymbol{AB}|=|\boldsymbol{A}||\boldsymbol{B}|=|\boldsymbol{B}||\boldsymbol{A}|=|\boldsymbol{BA}|$，即若 $\boldsymbol{A},\boldsymbol{B}$ 都为 n 阶方阵，则 $|\boldsymbol{AB}|=|\boldsymbol{BA}|$.

需要注意的是，虽然有 $|\boldsymbol{AB}|=|\boldsymbol{A}||\boldsymbol{B}|$，但是一般情况下 $|\boldsymbol{A}+\boldsymbol{B}|\neq|\boldsymbol{A}|+|\boldsymbol{B}|$，请读者自行举反例.

例 3.11　设 $\boldsymbol{A}=\begin{bmatrix}1&1&0\\0&2&0\\1&1&-1\end{bmatrix}$，$\boldsymbol{B}=\begin{bmatrix}2&-4&1\\1&-5&0\\0&-1&-1\end{bmatrix}$，求 $|2(\boldsymbol{AB})^5|$.

解：$|\boldsymbol{A}|=\begin{vmatrix}1&1&0\\0&2&0\\1&1&-1\end{vmatrix}=-2$，$|\boldsymbol{B}|=\begin{vmatrix}2&-4&1\\1&-5&0\\0&-1&-1\end{vmatrix}=5$.

由于 $\boldsymbol{A},\boldsymbol{B}$ 都是 3 阶方阵，所以 $\boldsymbol{AB}$ 也是 3 阶方阵，因此有

$$\begin{aligned}|2(\boldsymbol{AB})^5|&=2^3|(\boldsymbol{AB})^5|=2^3(|\boldsymbol{AB}|)^5.\\&=2^3(|\boldsymbol{A}||\boldsymbol{B}|)^5=8\times(-2\times 5)^5=-8\times 10^5.\end{aligned}$$

例 3.12　若 n 阶方阵 $\boldsymbol{A}$ 是可逆的，试求 $|\boldsymbol{A}^{-1}|$.

解：由 $\boldsymbol{A}$ 是可逆的可知 $\boldsymbol{AA}^{-1}=\boldsymbol{I}$，两边取行列式可得 $|\boldsymbol{AA}^{-1}|=|\boldsymbol{I}|=1$；再由定理 3.4 可知，$|\boldsymbol{A}||\boldsymbol{A}^{-1}|=1$ 且 $|\boldsymbol{A}|\neq 0$，于是 $|\boldsymbol{A}^{-1}|=|\boldsymbol{A}|^{-1}$，也就是可逆矩阵 $\boldsymbol{A}$ 的逆矩阵的行列式等于矩阵 $\boldsymbol{A}$ 的行列式的倒数.

第五节　行列式的展开

先来看三阶行列式的表达式

$$\begin{vmatrix}a_{11}&a_{12}&a_{13}\\a_{21}&a_{22}&a_{23}\\a_{31}&a_{32}&a_{33}\end{vmatrix}=a_{11}a_{22}a_{33}+a_{12}a_{23}a_{31}+a_{13}a_{21}a_{32}-a_{11}a_{23}a_{32}-a_{12}a_{21}a_{33}-a_{13}a_{22}a_{31}.$$

右侧进行合并同类项,可得

$$\begin{vmatrix} a_{11} & a_{12} & a_{13} \\ a_{21} & a_{22} & a_{23} \\ a_{31} & a_{32} & a_{33} \end{vmatrix} = a_{11}a_{22}a_{33}+a_{12}a_{23}a_{31}+a_{13}a_{21}a_{32}- a_{11}a_{23}a_{32}-a_{12}a_{21}a_{33}-a_{13}a_{22}a_{31}$$

$$= a_{11}(a_{22}a_{33}-a_{23}a_{32})-a_{12}(a_{21}a_{33}-a_{23}a_{31})+a_{13}(a_{21}a_{32}-a_{22}a_{31}).$$

右侧还可以写成 3 个二阶行列式的形式,即

$$\begin{vmatrix} a_{11} & a_{12} & a_{13} \\ a_{21} & a_{22} & a_{23} \\ a_{31} & a_{32} & a_{33} \end{vmatrix} = a_{11}\begin{vmatrix} a_{22} & a_{23} \\ a_{32} & a_{33} \end{vmatrix} - a_{12}\begin{vmatrix} a_{21} & a_{23} \\ a_{31} & a_{33} \end{vmatrix} + a_{13}\begin{vmatrix} a_{21} & a_{22} \\ a_{31} & a_{32} \end{vmatrix}. \tag{3.18}$$

注意:二阶行列式前面的系数都是三阶行列式的第 1 行元素,这些二阶行列式都是原三阶行列式中去掉某些行和列形成的.

定义 3.3 在 n 阶行列式

$$\begin{vmatrix} a_{11} & a_{12} & \cdots & a_{1n} \\ a_{21} & a_{22} & \cdots & a_{2n} \\ \vdots & \vdots & & \vdots \\ a_{n1} & a_{n2} & \cdots & a_{nn} \end{vmatrix}$$

中,去掉元素 a_{ij} 所在的第 i 行和第 j 列,由剩下的元素按原来的排列构成的一个 $n-1$ 阶行列式

$$\begin{vmatrix} a_{11} & \cdots & a_{1\,j-1} & a_{1\,j+1} & \cdots & a_{1n} \\ \vdots & & \vdots & \vdots & & \vdots \\ a_{i-11} & \cdots & a_{i-1\,j-1} & a_{i-1\,j+1} & \cdots & a_{i-1n} \\ a_{i+11} & \cdots & a_{i+1\,j-1} & a_{i+1\,j+1} & \cdots & a_{i+1n} \\ \vdots & & \vdots & \vdots & & \vdots \\ a_{n1} & \cdots & a_{n\,j-1} & a_{n\,j+1} & \cdots & a_{nn} \end{vmatrix}, \tag{3.19}$$

式(3.19)称为元素 a_{ij} 的余子式,记为 M_{ij};将 M_{ij} 前面添加符号$(-1)^{i+j}$,称为元素 a_{ij} 的代数余子式,记为 A_{ij},即 $A_{ij}=(-1)^{i+j}M_{ij}$.

因此,观察到三阶行列式$\begin{vmatrix} a_{11} & a_{12} & a_{13} \\ a_{21} & a_{22} & a_{23} \\ a_{31} & a_{32} & a_{33} \end{vmatrix}$中,

$$A_{11}=(-1)^{1+1}\begin{vmatrix} a_{22} & a_{23} \\ a_{32} & a_{33} \end{vmatrix} = \begin{vmatrix} a_{22} & a_{23} \\ a_{32} & a_{33} \end{vmatrix},$$

$$A_{12}=(-1)^{1+2}\begin{vmatrix} a_{21} & a_{23} \\ a_{31} & a_{33} \end{vmatrix} = -\begin{vmatrix} a_{21} & a_{23} \\ a_{31} & a_{33} \end{vmatrix},$$

$$A_{13}=(-1)^{1+3}\begin{vmatrix} a_{21} & a_{22} \\ a_{31} & a_{32} \end{vmatrix} = \begin{vmatrix} a_{21} & a_{22} \\ a_{31} & a_{32} \end{vmatrix}.$$

所以三阶行列式的计算还可以写作

$$\begin{vmatrix} a_{11} & a_{12} & a_{13} \\ a_{21} & a_{22} & a_{23} \\ a_{31} & a_{32} & a_{33} \end{vmatrix} = a_{11}\begin{vmatrix} a_{22} & a_{23} \\ a_{32} & a_{33} \end{vmatrix} - a_{12}\begin{vmatrix} a_{21} & a_{23} \\ a_{31} & a_{33} \end{vmatrix} + a_{13}\begin{vmatrix} a_{21} & a_{22} \\ a_{31} & a_{32} \end{vmatrix} \tag{3.20}$$

$$= a_{11}A_{11} + a_{12}A_{12} + a_{13}A_{13}.$$

也就是第 1 行的元素分别乘它们对应的代数余子式后,再求和.

定理 3.5(按行(列)展开定理) n 阶行列式等于它的任意一行(列)的各个元素与其对应的代数余子式乘积的和,即

$$\begin{vmatrix} a_{11} & a_{12} & \cdots & a_{1n} \\ a_{21} & a_{22} & \cdots & a_{2n} \\ \vdots & \vdots & & \vdots \\ a_{n1} & a_{n2} & \cdots & a_{nn} \end{vmatrix} = a_{i1}A_{i1} + a_{i2}A_{i2} + \cdots + a_{in}A_{in} = \sum_{k=1}^{n} a_{ik}A_{ik}\ (\text{第 } i \text{ 行}) \tag{3.21}$$

或

$$\begin{vmatrix} a_{11} & a_{12} & \cdots & a_{1n} \\ a_{21} & a_{22} & \cdots & a_{2n} \\ \vdots & \vdots & & \vdots \\ a_{n1} & a_{n2} & \cdots & a_{nn} \end{vmatrix} = a_{1j}A_{1j} + a_{2j}A_{2j} + \cdots + a_{nj}A_{nj} = \sum_{s=1}^{n} a_{sj}A_{sj}\ (\text{第 } j \text{ 列}). \tag{3.22}$$

证明:(1) 先考虑 n 阶行列式中第 1 行除 $a_{11} \neq 0$ 以外,其他元素全为零的情形. 也就是

$$\begin{vmatrix} a_{11} & 0 & \cdots & 0 \\ a_{21} & a_{22} & \cdots & a_{2n} \\ \vdots & \vdots & & \vdots \\ a_{n1} & a_{n2} & \cdots & a_{nn} \end{vmatrix}.$$

根据行列式的定义 3.2,每一个乘积项中都含有第 1 行的元素,但是第 1 行中仅有 $a_{11} \neq 0$,所以

$$\begin{vmatrix} a_{11} & 0 & \cdots & 0 \\ a_{21} & a_{22} & \cdots & a_{2n} \\ \vdots & \vdots & & \vdots \\ a_{n1} & a_{n2} & \cdots & a_{nn} \end{vmatrix} = \sum_{1j_2\cdots j_n} (-1)^{\tau(1j_2\cdots j_n)} a_{11}a_{2j_2}\cdots a_{nj_n} \tag{3.23}$$

$$= a_{11}\sum_{j_2\cdots j_n} (-1)^{\tau(j_2\cdots j_n)} a_{2j_2}\cdots a_{nj_n}.$$

而 $\sum_{j_2\cdots j_n} (-1)^{\tau(j_2\cdots j_n)} a_{2j_2}\cdots a_{nj_n}$ 正是 a_{11} 的余子式 M_{11} 的表达式,再由 $A_{11}=(-1)^{1+1}M_{11}=M_{11}$,得到

$$\begin{vmatrix} a_{11} & 0 & \cdots & 0 \\ a_{21} & a_{22} & \cdots & a_{2n} \\ \vdots & \vdots & & \vdots \\ a_{n1} & a_{n2} & \cdots & a_{nn} \end{vmatrix} = a_{11}A_{11}. \tag{3.24}$$

(2)再考虑 n 阶行列式中第 i 行除 $a_{ij}\neq 0$ 以外,其他元素全为零的情形,也就是

$$\begin{vmatrix} a_{11} & \cdots & a_{1\,j-1} & a_{1j} & a_{1\,j+1} & \cdots & a_{1n} \\ \vdots & & \vdots & \vdots & \vdots & & \vdots \\ a_{i-1\,1} & \cdots & a_{i-1\,j-1} & a_{i-1\,j} & a_{i-1\,j+1} & \cdots & a_{i-1\,n} \\ 0 & \cdots & 0 & a_{ij} & 0 & \cdots & 0 \\ a_{i+1\,1} & \cdots & a_{i+1\,j-1} & a_{i+1\,j} & a_{i+1\,j+1} & \cdots & a_{i+1\,n} \\ \vdots & & \vdots & \vdots & \vdots & & \vdots \\ a_{n1} & \cdots & a_{n\,j-1} & a_{n\,j} & a_{n\,j+1} & \cdots & a_{nn} \end{vmatrix}. \tag{3.25}$$

将式(3.25)中的第 i 行依次和第 $i-1,\cdots 2,1$ 行交换,共经历了 $i-1$ 次行交换,可得

$$\begin{vmatrix} 0 & \cdots & 0 & a_{ij} & 0 & \cdots & 0 \\ a_{11} & \cdots & a_{1\,j-1} & a_{1j} & a_{1\,j+1} & \cdots & a_{1n} \\ \vdots & & \vdots & \vdots & \vdots & & \vdots \\ a_{i-1\,1} & \cdots & a_{i-1\,j-1} & a_{i-1\,j} & a_{i-1\,j+1} & \cdots & a_{i-1\,n} \\ a_{i+1\,1} & \cdots & a_{i+1\,j-1} & a_{i+1\,j} & a_{i+1\,j+1} & \cdots & a_{i+1\,n} \\ \vdots & & \vdots & \vdots & \vdots & & \vdots \\ a_{n1} & \cdots & a_{n\,j-1} & a_{n\,j} & a_{n\,j+1} & \cdots & a_{nn} \end{vmatrix}. \tag{3.26}$$

将式(3.26)的第 j 列依次和第 $j-1,\cdots 2,1$ 列交换,共经历了 $j-1$ 次列交换,可得

$$\begin{vmatrix} a_{ij} & 0 & \cdots & 0 & 0 & \cdots & 0 \\ a_{1j} & a_{11} & \cdots & a_{1\,j-1} & a_{1\,j+1} & \cdots & a_{1n} \\ \vdots & \vdots & & \vdots & \vdots & & \vdots \\ a_{i-1\,j} & a_{i-1\,1} & \cdots & a_{i-1\,j-1} & a_{i-1\,j+1} & \cdots & a_{i-1\,n} \\ a_{i+1\,j} & a_{i+1\,1} & \cdots & a_{i+1\,j-1} & a_{i+1\,j+1} & \cdots & a_{i+1\,n} \\ \vdots & \vdots & & \vdots & \vdots & & \vdots \\ a_{n\,j} & a_{n1} & \cdots & a_{n\,j-1} & a_{n\,j+1} & \cdots & a_{nn} \end{vmatrix}. \tag{3.27}$$

由上可知式(3.25)经过了 $i-1$ 次行交换和 $j-1$ 次列交换,即共经过了 $(i-1)+(j-1)=i+j-2$ 次行和列的交换,得到了式(3.27),于是

$$\begin{vmatrix} a_{11} & \cdots & a_{1\,j-1} & a_{1j} & a_{1\,j+1} & \cdots & a_{1n} \\ \vdots & & \vdots & \vdots & \vdots & & \vdots \\ a_{i-1\,1} & \cdots & a_{i-1\,j-1} & a_{i-1\,j} & a_{i-1\,j+1} & \cdots & a_{i-1\,n} \\ 0 & \cdots & 0 & a_{ij} & 0 & \cdots & 0 \\ a_{i+1\,1} & \cdots & a_{i+1\,j-1} & a_{i+1\,j} & a_{i+1\,j+1} & \cdots & a_{i+1\,n} \\ \vdots & & \vdots & \vdots & \vdots & & \vdots \\ a_{n1} & \cdots & a_{n\,j-1} & a_{n\,j} & a_{n\,j+1} & \cdots & a_{nn} \end{vmatrix}$$

$$
=(-1)^{i+j-2}\begin{vmatrix} a_{ij} & 0 & \cdots & 0 & 0 & \cdots & 0 \\ a_{1j} & a_{11} & \cdots & a_{1\,j-1} & a_{1\,j+1} & \cdots & a_{1n} \\ \vdots & \vdots & & \vdots & \vdots & & \vdots \\ a_{i-1\,j} & a_{i-11} & \cdots & a_{i-1\,j-1} & a_{i-1\,j+1} & \cdots & a_{i-1n} \\ a_{i+1\,j} & a_{i+11} & \cdots & a_{i+1\,j-1} & a_{i+1\,j+1} & \cdots & a_{i+1n} \\ \vdots & \vdots & & \vdots & \vdots & & \vdots \\ a_{nj} & a_{n1} & \cdots & a_{n\,j-1} & a_{n\,j+1} & \cdots & a_{nn} \end{vmatrix} \tag{3.28}
$$

$$
=(-1)^{i+j-2}a_{ij}\begin{vmatrix} a_{11} & \cdots & a_{1\,j-1} & a_{1\,j+1} & \cdots & a_{1n} \\ \vdots & & \vdots & \vdots & & \vdots \\ a_{i-11} & \cdots & a_{i-1\,j-1} & a_{i-1\,j+1} & \cdots & a_{i-1n} \\ a_{i+11} & \cdots & a_{i+1\,j-1} & a_{i+1\,j+1} & \cdots & a_{i+1n} \\ \vdots & & \vdots & \vdots & & \vdots \\ a_{n1} & \cdots & a_{n\,j-1} & a_{n\,j+1} & \cdots & a_{nn} \end{vmatrix}
$$

$$
=(-1)^{i+j-2}a_{ij}M_{ij}=a_{ij}A_{ij}.
$$

(3)最后考虑一般情况,也就是

$$
\begin{vmatrix} a_{11} & a_{12} & \cdots & a_{1n} \\ \vdots & \vdots & & \vdots \\ a_{i1}+0+\cdots+0 & 0+a_{i2}+\cdots+0 & \cdots & 0+\cdots+0+a_{in} \\ \vdots & \vdots & & \vdots \\ a_{n1} & a_{n2} & \cdots & a_{nn} \end{vmatrix}. \tag{3.29}
$$

根据行列式的性质 3.3,它可以写成 n 个行列式相加,且这 n 个行列式的第 i 行只有一个元素不为零

$$
\begin{vmatrix} a_{11} & a_{12} & \cdots & a_{1n} \\ \vdots & \vdots & & \vdots \\ a_{i1}+0+\cdots+0 & 0+a_{i2}+\cdots+0 & \cdots & 0+\cdots+0+a_{in} \\ \vdots & \vdots & & \vdots \\ a_{n1} & a_{n2} & \cdots & a_{nn} \end{vmatrix} \tag{3.30}
$$

$$
=\begin{vmatrix} a_{11} & a_{12} & \cdots & a_{1n} \\ \vdots & \vdots & & \vdots \\ a_{i1} & 0 & \cdots & 0 \\ \vdots & \vdots & & \vdots \\ a_{n1} & a_{n2} & \cdots & a_{nn} \end{vmatrix}+\begin{vmatrix} a_{11} & a_{12} & \cdots & a_{1n} \\ \vdots & \vdots & & \vdots \\ 0 & a_{i2} & \cdots & 0 \\ \vdots & \vdots & & \vdots \\ a_{n1} & a_{n2} & \cdots & a_{nn} \end{vmatrix}+\cdots+\begin{vmatrix} a_{11} & a_{12} & \cdots & a_{1n} \\ \vdots & \vdots & & \vdots \\ 0 & 0 & \cdots & a_{in} \\ \vdots & \vdots & & \vdots \\ a_{n1} & a_{n2} & \cdots & a_{nn} \end{vmatrix}
$$

$$
=a_{i1}A_{i1}+a_{i2}A_{i2}+\cdots+a_{in}A_{in}=\sum_{k=1}^{n}a_{ik}A_{ik}. \tag{3.31}
$$

同理,可以证明按列展开的形式.

定理 3.6 n 阶行列式的某一行(列)元素与另一行(列)对应元素的代数余子式乘积的和等于零.

即
$$a_{i1}A_{j1}+a_{i2}A_{j2}+\cdots+a_{in}A_{jn}=\sum_{k=1}^{n}a_{ik}A_{jk}=0\quad(i\neq j)\tag{3.32}$$
或
$$a_{1i}A_{1j}+a_{2i}A_{2j}+\cdots+a_{ni}A_{nj}=\sum_{s=1}^{n}a_{si}A_{sj}=0\quad(i\neq j).\tag{3.33}$$

证明:设某一个 n 阶行列式的第 j 行元素分别是 $a_{i1},a_{i2},\cdots,a_{in}$,那么根据定理 3.5 可知,该行列式按第 j 行元素展开有

$$a_{i1}A_{j1}+a_{i2}A_{j2}+\cdots+a_{in}A_{jn}=\begin{vmatrix}a_{11}&a_{12}&\cdots&a_{1n}\\ \vdots&\vdots&&\vdots\\ a_{i1}&a_{i2}&\cdots&a_{in}\\ \vdots&\vdots&&\vdots\\ a_{i1}&a_{i2}&\cdots&a_{in}\\ \vdots&\vdots&&\vdots\\ a_{n1}&a_{n2}&\cdots&a_{nn}\end{vmatrix}\begin{matrix}\\ \\ (\text{第 } i \text{ 行})\\ \\ (\text{第 } j \text{ 行})\\ \\ \\ \end{matrix},\tag{3.34}$$

再根据推论 3.3 可知,式(3.34)的值为零,所以 $a_{i1}A_{j1}+a_{i2}A_{j2}+\cdots+a_{in}A_{jn}=0$.

综合定理 3.5 和定理 3.6 的结论,可得

$$a_{i1}A_{j1}+a_{i2}A_{j2}+\cdots+a_{in}A_{jn}=\sum_{k=1}^{n}a_{ik}A_{jk}=\begin{cases}0 & (i\neq j)\\ |\boldsymbol{A}| & (i=j)\end{cases},\tag{3.35}$$

$$a_{1i}A_{1j}+a_{2i}A_{2j}+\cdots+a_{ni}A_{nj}=\sum_{k=1}^{n}a_{ki}A_{kj}=\begin{cases}0 & (i\neq j)\\ |\boldsymbol{A}| & (i=j)\end{cases}.\tag{3.36}$$

其中,式(3.35)是定理 3.5 和定理 3.6 的行展开形式,式(3.36)是定理 3.5 和定理 3.6 的列展开形式.

例 3.13 计算行列式的值 $|\boldsymbol{A}|=\begin{vmatrix}3&1&-1&2\\-5&1&3&-4\\2&0&1&-1\\1&-5&3&-3\end{vmatrix}$.

解:注意,行列式的第 3 行已经有一个零元素,于是用第 3 列乘(−2)加到第 1 列,并将第 3 列加到第 4 列,得到

$$|\boldsymbol{A}|=\begin{vmatrix}3&1&-1&2\\-5&1&3&-4\\2&0&1&-1\\1&-5&3&-3\end{vmatrix}=\begin{vmatrix}5&1&-1&1\\-11&1&3&-1\\0&0&1&0\\-5&-5&3&0\end{vmatrix},$$

这时,第 3 行有 3 个零元素,按照第 3 行展开,有

$$|\boldsymbol{A}|=(-1)^{3+3}\begin{vmatrix}5&1&1\\-11&1&-1\\-5&-5&0\end{vmatrix},$$

再将第 1 行加到第 2 行上,可得

$$|\boldsymbol{A}|=(-1)^{3+3}\begin{vmatrix}5&1&1\\-6&2&0\\-5&-5&0\end{vmatrix},$$

再按照第 3 列展开,得

$$|\boldsymbol{A}|=(-1)^{3+3}(-1)^{1+3}\begin{vmatrix}-6 & 2\\-5 & -5\end{vmatrix}=40.$$

由此可知,计算行列式时可以先用行列式的性质 3.1~3.6,将它的某一行(列)化为仅含有一个非零元素;再按此行(列)展开,变成低一阶的行列式;如此进行下去,直到行列式化为三阶或二阶行列式.

例 3.14 计算 n 阶行列式 $|\boldsymbol{A}|=\begin{vmatrix}2 & 1 & 0 & \cdots & 0 & 0\\1 & 2 & 1 & \cdots & 0 & 0\\0 & 1 & 2 & \cdots & 0 & 0\\\vdots & \vdots & \vdots & & \vdots & \vdots\\0 & 0 & 0 & \cdots & 2 & 1\\0 & 0 & 0 & \cdots & 1 & 2\end{vmatrix}$.

解:将 $|\boldsymbol{A}|$ 按第 1 行展开,可得

$$|\boldsymbol{A}|=\begin{vmatrix}2 & 1 & 0 & \cdots & 0 & 0\\1 & 2 & 1 & \cdots & 0 & 0\\0 & 1 & 2 & \cdots & 0 & 0\\\vdots & \vdots & \vdots & & \vdots & \vdots\\0 & 0 & 0 & \cdots & 2 & 1\\0 & 0 & 0 & \cdots & 1 & 2\end{vmatrix}_n=2\times(-1)^{1+1}\begin{vmatrix}2 & 1 & 0 & \cdots & 0 & 0\\1 & 2 & 1 & \cdots & 0 & 0\\0 & 1 & 2 & \cdots & 0 & 0\\\vdots & \vdots & \vdots & & \vdots & \vdots\\0 & 0 & 0 & \cdots & 2 & 1\\0 & 0 & 0 & \cdots & 1 & 2\end{vmatrix}_{n-1}+$$

$$1\times(-1)^{1+2}\begin{vmatrix}1 & 1 & 0 & \cdots & 0 & 0\\0 & 2 & 1 & \cdots & 0 & 0\\0 & 1 & 2 & \cdots & 0 & 0\\\vdots & \vdots & \vdots & & \vdots & \vdots\\0 & 0 & 0 & \cdots & 2 & 1\\0 & 0 & 0 & \cdots & 1 & 2\end{vmatrix}_{n-1}.$$

注意:右侧两个行列式都是 $n-1$ 阶的. 为了避免混淆,在右下角用 $n,n-1$ 加以区别,右侧的第二个行列式还可以按第 1 列做展开,于是有

$$|\boldsymbol{A}|=\begin{vmatrix}2 & 1 & 0 & \cdots & 0 & 0\\1 & 2 & 1 & \cdots & 0 & 0\\0 & 1 & 2 & \cdots & 0 & 0\\\vdots & \vdots & \vdots & & \vdots & \vdots\\0 & 0 & 0 & \cdots & 2 & 1\\0 & 0 & 0 & \cdots & 1 & 2\end{vmatrix}_n=2\begin{vmatrix}2 & 1 & 0 & \cdots & 0 & 0\\1 & 2 & 1 & \cdots & 0 & 0\\0 & 1 & 2 & \cdots & 0 & 0\\\vdots & \vdots & \vdots & & \vdots & \vdots\\0 & 0 & 0 & \cdots & 2 & 1\\0 & 0 & 0 & \cdots & 1 & 2\end{vmatrix}_{n-1}+$$

$$(-1)\times(-1)^{1+1}\begin{vmatrix}2 & 1 & 0 & \cdots & 0 & 0\\1 & 2 & 1 & \cdots & 0 & 0\\0 & 1 & 2 & \cdots & 0 & 0\\\vdots & \vdots & \vdots & & \vdots & \vdots\\0 & 0 & 0 & \cdots & 2 & 1\\0 & 0 & 0 & \cdots & 1 & 2\end{vmatrix}_{n-2},$$

即 $|A_n|=2|A_{n-1}|-|A_{n-2}|$.

由此可得递推公式 $|A_n|-|A_{n-1}|=|A_{n-1}|-|A_{n-2}|$,而

$$|A_1|=2,\ |A_2|=\begin{vmatrix}2&1\\1&2\end{vmatrix}=3,\ |A_3|=\begin{vmatrix}2&1&0\\1&2&1\\0&1&2\end{vmatrix}=4.$$

可知 $|A_n|$ 为一个等差数列,所以可推出 $|A_n|=n+1$.

例 3.15 证明范德蒙德行列式

$$\begin{vmatrix}1&1&\cdots&1\\x_1&x_2&\cdots&x_n\\x_1^2&x_2^2&\cdots&x_n^2\\\vdots&\vdots&&\vdots\\x_1^{n-1}&x_2^{n-1}&\cdots&x_n^{n-1}\end{vmatrix}=\prod_{n\geqslant i>j\geqslant 1}(x_i-x_j)\ ,\tag{3.37}$$

式中,

$$\begin{aligned}\prod_{n\geqslant i>j\geqslant 1}(x_i-x_j)=&(x_n-x_{n-1})(x_n-x_{n-2})\cdots(x_n-x_2)(x_n-x_1)\\&\cdot(x_{n-1}-x_{n-2})\cdots(x_{n-1}-x_2)(x_{n-1}-x_1)\\&\cdots\cdots\\&\cdot(x_3-x_2)(x_3-x_1)\\&\cdot(x_2-x_1)\end{aligned}$$

是满足条件 $n\geqslant i>j\geqslant 1$ 的所有因子 (x_i-x_j) 的乘积.

证明:利用数学归纳法,因为

$$\begin{vmatrix}1&1\\x_1&x_2\end{vmatrix}=x_2-x_1=\prod_{2\geqslant i>j\geqslant 1}(x_i-x_j)\ ,$$

所以当 $n=2$ 时,结论成立.

假设对于 $n-1$ 阶范德蒙德行列式结论成立,下面证明 n 阶范德蒙德行列式也成立.

从第 n 行起,每一行减去前一行的 x_1 倍,可得

$$\begin{aligned}&\begin{vmatrix}1&1&\cdots&1\\x_1&x_2&\cdots&x_n\\x_1^2&x_2^2&\cdots&x_n^2\\\vdots&\vdots&&\vdots\\x_1^{n-1}&x_2^{n-1}&\cdots&x_n^{n-1}\end{vmatrix}\\=&\begin{vmatrix}1&1&1&\cdots&1\\0&x_2-x_1&x_3-x_1&\cdots&x_n-x_1\\0&x_2(x_2-x_1)&x_3(x_3-x_1)&\cdots&x_n(x_n-x_1)\\\vdots&\vdots&\vdots&&\vdots\\0&x_2^{n-2}(x_2-x_1)&x_3^{n-2}(x_3-x_1)&\cdots&x_n^{n-2}(x_n-x_1)\end{vmatrix}.\end{aligned}\tag{3.38}$$

将式(3.38)按第 1 列展开,可得

$$\begin{vmatrix} x_2-x_1 & x_3-x_1 & \cdots & x_n-x_1 \\ x_2(x_2-x_1) & x_3(x_3-x_1) & \cdots & x_n(x_n-x_1) \\ \vdots & \vdots & & \vdots \\ x_2^{n-2}(x_2-x_1) & x_3^{n-2}(x_3-x_1) & \cdots & x_n^{n-2}(x_n-x_1) \end{vmatrix}. \tag{3.39}$$

而式(3.39)每一列都有公因子,提出公因子后,可得

$$(x_2-x_1)(x_3-x_1)\cdots(x_n-x_1)\begin{vmatrix} 1 & 1 & \cdots & 1 \\ x_2 & x_3 & \cdots & x_n \\ \vdots & \vdots & & \vdots \\ x_2^{n-2} & x_3^{n-2} & \cdots & x_n^{n-2} \end{vmatrix}. \tag{3.40}$$

而式(3.40)是一个 $n-1$ 阶范德蒙德行列式,由归纳假设可得

$$\begin{vmatrix} 1 & 1 & \cdots & 1 \\ x_2 & x_3 & \cdots & x_n \\ \vdots & \vdots & & \vdots \\ x_2^{n-2} & x_3^{n-2} & \cdots & x_n^{n-2} \end{vmatrix} = \prod_{n\geqslant i>j\geqslant 2}(x_i - x_j), \tag{3.41}$$

所以

$$\begin{vmatrix} 1 & 1 & \cdots & 1 \\ x_1 & x_2 & \cdots & x_n \\ x_1^2 & x_2^2 & \cdots & x_n^2 \\ \vdots & \vdots & & \vdots \\ x_1^{n-1} & x_2^{n-1} & \cdots & x_n^{n-1} \end{vmatrix} = (x_2 - x_1)(x_3 - x_1)\cdots(x_n - x_1)\prod_{n\geqslant i>j\geqslant 2}(x_i - x_j) \tag{3.42}$$

$$= \prod_{n\geqslant i>j\geqslant 1}(x_i - x_j). \tag{3.43}$$

定义 3.4 由行列式 $|\boldsymbol{A}|$ 的第 1 行元素的代数余子式写成第 1 列、第 2 行元素的代数余子式写成第 2 列直至第 n 行元素的代数余子式写成 n 列组成的矩阵

$$\begin{bmatrix} A_{11} & A_{21} & \cdots & A_{n1} \\ A_{12} & A_{22} & \cdots & A_{n2} \\ \vdots & \vdots & & \vdots \\ A_{1n} & A_{2n} & \cdots & A_{nn} \end{bmatrix} \tag{3.44}$$

称为 $\boldsymbol{A}$ 的伴随矩阵,记为 $\boldsymbol{A}^*$.

利用定理 3.5 将行列式按行展开,可得

$$\boldsymbol{AA}^* = \begin{bmatrix} a_{11} & a_{12} & \cdots & a_{1n} \\ a_{21} & a_{22} & \cdots & a_{2n} \\ \vdots & \vdots & & \vdots \\ a_{n1} & a_{n2} & \cdots & a_{nn} \end{bmatrix}\begin{bmatrix} A_{11} & A_{21} & \cdots & A_{n1} \\ A_{12} & A_{22} & \cdots & A_{n2} \\ \vdots & \vdots & & \vdots \\ A_{1n} & A_{2n} & \cdots & A_{nn} \end{bmatrix} \tag{3.45}$$

$$= \begin{bmatrix} |\boldsymbol{A}| & 0 & \cdots & 0 \\ 0 & |\boldsymbol{A}| & \cdots & 0 \\ \vdots & \vdots & & \vdots \\ 0 & 0 & \cdots & |\boldsymbol{A}| \end{bmatrix} = |\boldsymbol{A}|\boldsymbol{I}.$$

类似地,利用定理 3.5 将行列式按列展开,还可以得到 $\boldsymbol{A}^*\boldsymbol{A}=|\boldsymbol{A}|\boldsymbol{I}$.

如果 $\boldsymbol{A}$ 是可逆矩阵,则 $|\boldsymbol{A}|\neq 0$,就可以得到

$$\boldsymbol{A}\left(\frac{1}{|\boldsymbol{A}|}\boldsymbol{A}^*\right)=\left(\frac{1}{|\boldsymbol{A}|}\boldsymbol{A}^*\right)\boldsymbol{A}=\boldsymbol{I}, \tag{3.46}$$

从而得到定理 3.7.

定理 3.7 如果 $\boldsymbol{A}$ 是一个 n 阶可逆矩阵,则

$$\boldsymbol{A}^{-1}=\frac{1}{|\boldsymbol{A}|}\boldsymbol{A}^*. \tag{3.47}$$

例 3.16 求矩阵 $\boldsymbol{A}=\begin{bmatrix}1&2&3\\2&2&1\\3&4&3\end{bmatrix}$ 的逆矩阵.

解:九个代数余子式分别为

$$A_{11}=\begin{vmatrix}2&1\\4&3\end{vmatrix}=2, A_{12}=-\begin{vmatrix}2&1\\3&3\end{vmatrix}=-3, A_{13}=\begin{vmatrix}2&2\\3&4\end{vmatrix}=2,$$

$$A_{21}=-\begin{vmatrix}2&3\\4&3\end{vmatrix}=6, A_{22}=\begin{vmatrix}1&3\\3&3\end{vmatrix}=-6, A_{23}=-\begin{vmatrix}1&2\\3&4\end{vmatrix}=2,$$

$$A_{31}=\begin{vmatrix}2&3\\2&1\end{vmatrix}=-4, A_{32}=-\begin{vmatrix}1&3\\2&1\end{vmatrix}=5, A_{33}=\begin{vmatrix}1&2\\2&2\end{vmatrix}=-2,$$

得

$$\boldsymbol{A}^*=\begin{bmatrix}2&6&-4\\-3&-6&5\\2&2&-2\end{bmatrix},$$

$$\boldsymbol{A}^{-1}=\frac{1}{|\boldsymbol{A}|}\boldsymbol{A}^*=\frac{1}{2}\begin{bmatrix}2&6&-4\\-3&-6&5\\2&2&-2\end{bmatrix}=\begin{bmatrix}1&3&-2\\-3/2&-3&5/2\\1&1&-1\end{bmatrix}.$$

注意:式(3.47)主要应用在理论上的推导,可以在不计算出 $\boldsymbol{A}^{-1}$ 时就得出 $\boldsymbol{A}^{-1}$ 的某些性质. 如果确实需要计算出 $\boldsymbol{A}^{-1}$,除了特殊情况,一般采用矩阵初等变换的方法.

第六节　克拉默法则

已知二元一次方程组

$$\begin{cases}a_{11}x_1+a_{12}x_2=b_1,\\a_{21}x_1+a_{22}x_2=b_2.\end{cases}$$

如果 $a_{11}a_{22}-a_{12}a_{21}\neq 0$,其解为

$$x_1=\frac{\begin{vmatrix}b_1&a_{12}\\b_2&a_{22}\end{vmatrix}}{\begin{vmatrix}a_{11}&a_{12}\\a_{21}&a_{22}\end{vmatrix}}, x_2=\frac{\begin{vmatrix}a_{11}&b_1\\a_{21}&b_2\end{vmatrix}}{\begin{vmatrix}a_{11}&a_{12}\\a_{21}&a_{22}\end{vmatrix}}.$$

下面证明对于 n 个方程的 n 元线性方程组的解,与二元线性方程组的解具有相同的法则,这个法则称为克拉默法则.

对任意的 n 阶方阵 $\boldsymbol{A}$ 和任意的 $\mathbb{R}^n$ 中的向量 $\boldsymbol{b}$,令 $\boldsymbol{A}_i(\boldsymbol{b})$ 表示 $\boldsymbol{A}$ 中的第 i 列由向量 $\boldsymbol{b}$ 替换所得到的矩阵,即

$$\boldsymbol{A}_i(\boldsymbol{b})=[\boldsymbol{\alpha}_1,\boldsymbol{\alpha}_2,\cdots,\underset{\substack{\uparrow\\ \text{第 } i \text{ 列}}}{\boldsymbol{b}},\cdots,\boldsymbol{\alpha}_n].$$

由定理 3.5 将 $|\boldsymbol{A}_i(\boldsymbol{b})|$ 按第 i 列展开,可得

$$|\boldsymbol{A}_i(\boldsymbol{b})|=b_1\boldsymbol{A}_{1i}+b_2\boldsymbol{A}_{2i}+\cdots+b_n\boldsymbol{A}_{ni},\tag{3.48}$$

式中,$\boldsymbol{b}=\begin{bmatrix}b_1\\b_2\\\vdots\\b_n\end{bmatrix}$.

定理 3.8(克拉默法则) 设 n 个方程的 n 元线性方程组 $\boldsymbol{A}x=\boldsymbol{b}$,即

$$\begin{cases}a_{11}x_1+a_{12}x_2+\cdots+a_{1n}x_n=b_1,\\a_{21}x_1+a_{22}x_2+\cdots+a_{2n}x_n=b_2,\\\cdots\cdots\\a_{n1}x_1+a_{n2}x_2+\cdots+a_{nn}x_n=b_n\end{cases}$$

的系数矩阵 $\boldsymbol{A}$ 是可逆的,则方程组的唯一解可由式(3.49)给出

$$x_i=\frac{|\boldsymbol{A}_i(\boldsymbol{b})|}{|\boldsymbol{A}|}.\tag{3.49}$$

证明:由 $\boldsymbol{A}x=\boldsymbol{b}$ 及系数矩阵 $\boldsymbol{A}$ 是可逆的,两边同时左乘 $\boldsymbol{A}^{-1}$ 可得 $x=\boldsymbol{A}^{-1}\boldsymbol{b}$. 再根据 $\boldsymbol{A}^{-1}=\frac{1}{|\boldsymbol{A}|}\boldsymbol{A}^*$,于是 $x=\frac{1}{|\boldsymbol{A}|}(\boldsymbol{A}^*\boldsymbol{b})$,而

$$\begin{aligned}\boldsymbol{A}^*\boldsymbol{b}&=\begin{bmatrix}A_{11}&A_{21}&\cdots&A_{n1}\\A_{12}&A_{22}&\cdots&A_{n2}\\\vdots&\vdots&&\vdots\\A_{1n}&A_{2n}&\cdots&A_{nn}\end{bmatrix}\begin{bmatrix}b_1\\b_2\\\vdots\\b_n\end{bmatrix}\\&=\begin{bmatrix}b_1A_{11}+b_2A_{21}+\cdots+b_nA_{n1}\\b_1A_{12}+b_2A_{22}+\cdots+b_nA_{n2}\\\vdots\\b_1A_{1n}+b_2A_{2n}+\cdots+b_nA_{nn}\end{bmatrix}.\end{aligned}\tag{3.50}$$

式(3.50)为一个 n 维列向量,再按式(3.48)的记法,式(3.50)中的每一个元素分别可以写成 $|\boldsymbol{A}_1(\boldsymbol{b})|$,$|\boldsymbol{A}_2(\boldsymbol{b})|$,$\cdots$,$|\boldsymbol{A}_n(\boldsymbol{b})|$,于是有

$$x=\frac{1}{|\boldsymbol{A}|}(\boldsymbol{A}^*\boldsymbol{b})\Rightarrow\begin{bmatrix}x_1\\x_2\\\vdots\\x_n\end{bmatrix}=\frac{1}{|\boldsymbol{A}|}\begin{bmatrix}|\boldsymbol{A}_1(\boldsymbol{b})|\\|\boldsymbol{A}_2(\boldsymbol{b})|\\\vdots\\|\boldsymbol{A}_n(\boldsymbol{b})|\end{bmatrix}.$$

即

$$x_i=\frac{|A_i(b)|}{|A|}.$$

例 3.17 利用克拉默法则解线性方程组

$$\begin{cases}2x_1+x_2-5x_3+x_4=8,\\x_1-3x_2-6x_4=9,\\2x_2-x_3+2x_4=-5,\\x_1+4x_2-7x_3+6x_4=0.\end{cases}$$

解:计算行列式

$$|A|=\begin{vmatrix}2&1&-5&1\\1&-3&0&-6\\0&2&-1&2\\1&4&-7&6\end{vmatrix}=27,$$

$$|A_1(b)|=\begin{vmatrix}8&1&-5&1\\9&-3&0&-6\\-5&2&-1&2\\0&4&-7&6\end{vmatrix}=81,\ |A_2(b)|=\begin{vmatrix}2&8&-5&1\\1&9&0&-6\\0&-5&-1&2\\1&0&-7&6\end{vmatrix}=-108,$$

$$|A_3(b)|=\begin{vmatrix}2&1&8&1\\1&-3&9&-6\\0&2&-5&2\\1&4&0&6\end{vmatrix}=-27,\ |A_4(b)|=\begin{vmatrix}2&1&-5&8\\1&-3&0&9\\0&2&-1&-5\\1&4&-7&0\end{vmatrix}=27.$$

所以,方程组的解如下:

$$\begin{bmatrix}x_1\\x_2\\x_3\\x_n\end{bmatrix}=\frac{1}{|A|}\begin{bmatrix}|A_1(b)|\\|A_2(b)|\\\vdots\\|A_n(b)|\end{bmatrix}=\begin{bmatrix}3\\-4\\-1\\1\end{bmatrix}.$$

习题三

1. 计算下列二阶行列式.

(1) $\begin{vmatrix}1&2\\3&4\end{vmatrix}$; (2) $\begin{vmatrix}1&2\\2&-1\end{vmatrix}$; (3) $\begin{vmatrix}3&9\\4&12\end{vmatrix}$;

(4) $\begin{vmatrix}a&b\\a^2&b^2\end{vmatrix}$; (5) $\begin{vmatrix}\cos\theta&-\sin\theta\\\sin\theta&\cos\theta\end{vmatrix}$; (6) $\begin{vmatrix}\sqrt{a}&-1\\1&\sqrt{a}\end{vmatrix}$.

2. 计算下列三阶行列式.

(1) $\begin{vmatrix}1&2&3\\2&3&1\\3&1&2\end{vmatrix}$; (2) $\begin{vmatrix}1&2&3\\4&5&6\\7&8&9\end{vmatrix}$; (3) $\begin{vmatrix}a&1&a\\1&a&-1\\a&-1&a\end{vmatrix}$;

(4) $\begin{vmatrix} 0 & a & 0 \\ a & 0 & b \\ 0 & b & 0 \end{vmatrix}$;　(5) $\begin{vmatrix} 1 & 1 & 1 \\ 1 & a & b \\ 1 & a^2 & b^2 \end{vmatrix}$;　(6) $\begin{vmatrix} 0 & a & c \\ -a & 0 & b \\ -c & -b & 0 \end{vmatrix}$.

3. 解下列方程.

(1) $\begin{vmatrix} x & 3 & -4 \\ 0 & x & 1 \\ 1 & x & 0 \end{vmatrix}=0$;　(2) $\begin{vmatrix} 4 & 1 & 2x \\ 6 & x & x \\ 1 & 0 & x \end{vmatrix}=0$;

(3) $\begin{vmatrix} x-2 & 3 & 0 \\ -3 & x+4 & 0 \\ 5 & -6 & x-7 \end{vmatrix}=0$;　(4) $\begin{vmatrix} -1 & 1 & 1 \\ x & 1 & 0 \\ x^2 & -1 & 1 \end{vmatrix}=0$.

4. 求下列排列的逆序数.

(1)42513;　(2)3542761;　(3)5763124;

(4)$123\cdots(n-1)n$;　(5)$n(n-1)\cdots321$.

5. 指出下列排列中哪些构成行列式的项,并确定该项的正负号.

(1)$a_{43}a_{32}a_{51}a_{24}a_{15}$;

(2)$a_{33}a_{16}a_{27}a_{72}a_{54}a_{41}a_{65}$;

(3)$a_{12}a_{23}a_{34}\cdots a_{n-1n}a_{n1}$;

(4)$a_{11}a_{2n}a_{3n-1}\cdots a_{n2}$.

6. 写出四阶行列式中所有包含 $a_{14}a_{43}$ 的项,并确定该项的正负号.

7. 如果 n 阶行列式有 n^2-n 个以上元素都为零,试证明该行列式的值为零.

8. 利用行列式的定义进行计算.

(1) $\begin{vmatrix} 0 & 0 & 1 & 0 \\ 0 & 2 & 0 & 0 \\ 3 & 0 & 0 & 0 \\ 0 & 0 & 0 & 4 \end{vmatrix}$;　(2) $\begin{vmatrix} 0 & 1 & 0 & \cdots & 0 & 0 \\ 0 & 0 & 2 & \cdots & 0 & 0 \\ 0 & 0 & 0 & \cdots & 0 & 0 \\ \vdots & \vdots & \vdots & & \vdots & \vdots \\ 0 & 0 & 0 & \cdots & 0 & n-1 \\ n & 0 & 0 & \cdots & 0 & 0 \end{vmatrix}$;

(3) $\begin{vmatrix} 0 & 1 & 1 & 1 \\ 1 & 0 & 1 & 0 \\ 0 & 0 & 1 & 0 \\ 1 & 0 & 1 & 1 \end{vmatrix}$;　(4) $\begin{vmatrix} a_{11} & a_{12} & a_{13} & a_{14} & a_{15} \\ a_{21} & a_{22} & a_{23} & a_{24} & a_{25} \\ a_{31} & a_{32} & 0 & 0 & 0 \\ a_{41} & a_{42} & 0 & 0 & 0 \\ a_{51} & a_{52} & 0 & 0 & 0 \end{vmatrix}$.

9. 利用行列式性质计算.

(1) $\begin{vmatrix} 2 & 2 & 2 \\ 5 & 2 & 4 \\ 198 & 204 & 196 \end{vmatrix}$;　(2) $\begin{vmatrix} 1+x & 1 & 1 & 1 \\ 1 & 1-x & 1 & 1 \\ 1 & 1 & 1+y & 1 \\ 1 & 1 & 1 & 1-y \end{vmatrix}$;

(3) $\begin{vmatrix} x & y & x+y \\ y & x+y & x \\ x+y & x & y \end{vmatrix}$;　　(4) $\begin{vmatrix} 4 & 1 & 1 & 1 \\ 1 & 4 & 1 & 1 \\ 1 & 1 & 4 & 1 \\ 1 & 1 & 1 & 4 \end{vmatrix}$;

(5) $\begin{vmatrix} a^2 & (a+1)^2 & (a+2)^2 & (a+3)^2 \\ b^2 & (b+1)^2 & (b+2)^2 & (b+3)^2 \\ c^2 & (c+1)^2 & (c+2)^2 & (c+3)^2 \\ d^2 & (d+1)^2 & (d+2)^2 & (d+3)^2 \end{vmatrix}$;　　(6) $\begin{vmatrix} a & b & b & \cdots & b \\ b & a & b & \cdots & b \\ b & b & a & \cdots & b \\ \vdots & \vdots & \vdots & & \vdots \\ b & b & b & \cdots & a \end{vmatrix}$.

10. 计算行列式.

(1) $\begin{vmatrix} 1 & 1 & 1 & 1 \\ 4 & 2 & 3 & 1 \\ 16 & 4 & 9 & 1 \\ 64 & 8 & 27 & 1 \end{vmatrix}$;　　(2) $\begin{vmatrix} a+b & x+a & x+b \\ x & b & a \\ x^2 & b^2 & a^2 \end{vmatrix}$;

(3) $\begin{vmatrix} a_{11} & a_{12} & 0 & 0 \\ a_{21} & a_{22} & 0 & 0 \\ c_{11} & c_{12} & b_{11} & b_{12} \\ c_{21} & c_{22} & b_{21} & b_{22} \end{vmatrix}$;　　(4) $\begin{vmatrix} 1 & 2 & 0 & 0 & 0 \\ 3 & 4 & 0 & 0 & 0 \\ 8 & -1 & 3 & 1 & 2 \\ 5 & 4 & 7 & -1 & 5 \\ 1 & 5 & 2 & 3 & 0 \end{vmatrix}$;

(5) $\begin{vmatrix} -1 & 2 & 1 & 3 & 5 \\ 0 & 1 & 3 & 7 & 1 \\ 2 & 1 & -2 & -4 & 2 \\ 0 & 0 & 0 & 2 & 4 \\ 0 & 0 & 0 & -2 & 1 \end{vmatrix}$;　　(6) $\begin{vmatrix} 2 & -1 & 21 & 3 & 2 \\ 3 & 4 & 8 & 5 & 7 \\ 0 & 0 & 1 & 0 & 0 \\ 0 & 0 & 4 & -2 & 0 \\ 0 & 0 & 5 & 1 & 3 \end{vmatrix}$.

11. 如果矩阵 $\boldsymbol{A}=\begin{bmatrix} 0 & 1 \\ 1 & 0 \end{bmatrix}$,$\boldsymbol{B}=\begin{bmatrix} 4 & 3 \\ 2 & 6 \end{bmatrix}$,试计算行列式 $|3(\boldsymbol{AB})^2|$ 的值.

12. 如果 $\boldsymbol{A}=\begin{bmatrix} 1 \\ -1 \\ 2 \end{bmatrix}$,$\boldsymbol{B}=[1\quad 5\quad 7]$,试计算行列式 $|2(\boldsymbol{AB})^5|$ 的值.

13. 如果矩阵 $\boldsymbol{A}=\begin{bmatrix} 1 & 2 & 3 \\ 2 & 1 & 2 \\ 3 & 2 & 1 \end{bmatrix}$,$\boldsymbol{B}=\begin{bmatrix} -1 & 0 & 1 \\ 0 & 1 & 0 \\ 1 & 1 & -1 \end{bmatrix}$,求 $|(\boldsymbol{AB})^{2023}|$ 的值.

14. 如果矩阵 $\boldsymbol{A}=\begin{bmatrix} -1 & 0 \\ 0 & -2 \end{bmatrix}$,$\boldsymbol{B}=\begin{bmatrix} 1 & 0 \\ 0 & 2 \end{bmatrix}$,试计算 $|\boldsymbol{A}|+|\boldsymbol{B}|$ 及 $|\boldsymbol{A}+\boldsymbol{B}|$,并判断 $|\boldsymbol{A}|+|\boldsymbol{B}|$ 是否等于 $|\boldsymbol{A}+\boldsymbol{B}|$?

15. 若 $\boldsymbol{A}$ 为 n 阶方阵,且满足 $\boldsymbol{A}^{\mathrm{T}}\boldsymbol{A}=\boldsymbol{I}$, $|\boldsymbol{A}|=-1$,试证明 $|\boldsymbol{I}+\boldsymbol{A}|=0$.

16. 若 $\boldsymbol{A}$ 为 n 阶方阵,n 为奇数,且满足 $\boldsymbol{A}^{\mathrm{T}}\boldsymbol{A}=\boldsymbol{I}$, $|\boldsymbol{A}|=1$,试证明 $|\boldsymbol{A}-\boldsymbol{I}|=0$.

17. 计算行列式.

(1) $\begin{vmatrix} 1 & 1 & 1 & 1 \\ -1 & 1 & 1 & 1 \\ -1 & -1 & 1 & 1 \\ -1 & -1 & -1 & 1 \end{vmatrix}$; (2) $\begin{vmatrix} 1 & 1 & 1 & 1 \\ 1 & 2 & 3 & 4 \\ 1 & 3 & 6 & 10 \\ 1 & 4 & 10 & 20 \end{vmatrix}$; (3) $\begin{vmatrix} 1 & 2 & 3 & 4 \\ 2 & 3 & 4 & 1 \\ 3 & 4 & 1 & 2 \\ 4 & 1 & 2 & 3 \end{vmatrix}$.

18. 计算 n 阶行列式.

(1) $\begin{vmatrix} a & b & 0 & \cdots & 0 & 0 \\ 0 & a & b & \cdots & 0 & 0 \\ 0 & 0 & a & \cdots & 0 & 0 \\ \vdots & \vdots & \vdots & & \vdots & \vdots \\ 0 & 0 & 0 & \cdots & a & b \\ b & 0 & 0 & \cdots & 0 & a \end{vmatrix}$; (2) $\begin{vmatrix} 0 & x & x & \cdots & x & x \\ x & 0 & x & \cdots & x & x \\ x & x & 0 & \cdots & x & x \\ \vdots & \vdots & \vdots & & \vdots & \vdots \\ x & x & x & \cdots & 0 & x \\ x & x & x & \cdots & x & 0 \end{vmatrix}$;

(3) $\begin{vmatrix} 1+x_1 & 1 & 1 & \cdots & 1 \\ 1 & 1+x_2 & 1 & \cdots & 1 \\ 1 & 1 & 1+x_3 & \cdots & 1 \\ \vdots & \vdots & \vdots & & \vdots \\ 1 & 1 & 1 & \cdots & 1+x_n \end{vmatrix}$; (4) $\begin{vmatrix} 1 & 1 & 1 & \cdots & 1 \\ 1 & a_1 & 0 & \cdots & 0 \\ 1 & 0 & a_2 & \cdots & 0 \\ \vdots & \vdots & \vdots & & \vdots \\ 1 & 0 & 0 & \cdots & a_{n-1} \end{vmatrix}$.

19. 求行列式 $\begin{vmatrix} 0 & -1 & 2 \\ 1 & 5 & 7 \\ -2 & 3 & 1 \end{vmatrix}$ 中元素 3 和 2 的代数余子式.

20. 求四阶行列式 $\begin{vmatrix} 5 & 1 & 2 & 7 \\ 3 & 0 & 0 & 2 \\ 1 & 3 & 4 & 5 \\ 2 & 0 & 2 & 3 \end{vmatrix}$ 的第四行各元素的代数余子式之和,即 $A_{41}+A_{42}+A_{43}+A_{44}$ 的值.

21. 已知矩阵 $\boldsymbol{A}=\begin{bmatrix} 0 & 1 & -1 & 1 \\ -1 & 0 & 2 & 1 \\ 1 & -2 & 0 & -3 \\ -1 & -1 & 3 & 0 \end{bmatrix}$,求 $\boldsymbol{A}$ 的行列式的所有代数余子式之和.

22. 如果 $\begin{vmatrix} 2 & 1 & 0 & -1 \\ -1 & 2 & -5 & 3 \\ 3 & 0 & a & b \\ 1 & -3 & 5 & 0 \end{vmatrix}=A_{41}+A_{42}-A_{43}+10$,其中 A_{ij} 为 a_{ij} 的代数余子式,试求 a 和 b 的值.

23. 如果 $\boldsymbol{A}$ 为 3 阶方阵,且 $|\boldsymbol{A}|=8$,试求 $\boldsymbol{A}$ 的伴随矩阵 $\boldsymbol{A}^*$ 的行列式 $|\boldsymbol{A}^*|$ 的值.

24. 如果 $\boldsymbol{A}$ 为 3 阶方阵,且 $|\boldsymbol{A}|=2$,试求 $|(2\boldsymbol{A})^{-1}+3\boldsymbol{A}^*|$ 的值.

25. 按行展开计算.

(1) $\begin{vmatrix} \lambda-2 & -2 & 2 \\ -2 & \lambda-5 & 4 \\ 2 & 4 & \lambda-5 \end{vmatrix}$;　　(2) $\begin{vmatrix} \lambda-3 & 2 & 2 \\ 2 & \lambda-3 & 2 \\ 2 & 2 & \lambda-3 \end{vmatrix}$.

26. 用克拉默法则解下列方程组.

(1) $\begin{cases} x_1+x_2-2x_3=-3, \\ 5x_1-2x_2+7x_3=22, \\ 2x_1-5x_2+4x_3=4; \end{cases}$　　(2) $\begin{cases} x_1-x_2+2x_3+x_4=3, \\ x_1+x_2+x_3+x_4=2, \\ 3x_1+4x_3+2x_4=5, \\ 4x_1-x_2+x_4=-2. \end{cases}$

27. 若齐次线性方程组$\begin{cases} kx_1+2x_2-x_3=0, \\ x_1+kx_2+4x_3=0, \\ 5x_1+8x_2-2x_3=0 \end{cases}$有非零解，试求 k 的值.

28. 问 k 取何值时，齐次线性方程组$\begin{cases} x_1+kx_2-x_3=0, \\ 2x_1-x_2+x_3=0, \\ kx_1+x_2+x_3=0 \end{cases}$仅有零解.

第四章　线性空间(向量空间)

第一节　线性空间的简介和线性运算

前面三章讲的许多内容,例如 $\mathbb{R}^n$ 中的向量、矩阵等都有一些简单和明显的性质,比如两种运算(加法和数量乘法)法则．同样,还有很多数学概念具有这种相同的性质．

定义 4.1　一个非空的集 V,如果满足以下条件,就称为线性空间．

条件 1:根据 V 中的任意两个元素 $\boldsymbol{\alpha},\boldsymbol{\beta}$,可以作出 V 中的第三个元素 $\boldsymbol{\gamma}$,使 $\boldsymbol{\gamma}=\boldsymbol{\alpha}+\boldsymbol{\beta}$,$\boldsymbol{\gamma}$ 称为 $\boldsymbol{\alpha},\boldsymbol{\beta}$ 的和．

条件 2:根据 V 中的任意一个元素 $\boldsymbol{\alpha}$,和任意一个实数 k,可以作出 V 中的一个元素 $\boldsymbol{\delta}$,使 $\boldsymbol{\delta}=k\boldsymbol{\alpha}$,δ 称为 k 与 $\boldsymbol{\alpha}$ 的数量乘积．

元素的和与元素的数量乘积满足以下 8 条运算法则:对 V 中任意的元素 $\boldsymbol{\alpha},\boldsymbol{\beta},\boldsymbol{\gamma}$,以及任意的实数 k,t,有

①$\boldsymbol{\alpha}+\boldsymbol{\beta}=\boldsymbol{\beta}+\boldsymbol{\alpha}$(加法交换律).

②$(\boldsymbol{\alpha}+\boldsymbol{\beta})+\boldsymbol{\gamma}=\boldsymbol{\alpha}+(\boldsymbol{\beta}+\boldsymbol{\gamma})$(加法结合律).

③V 中有一个元素,记为 $\mathbf{0}$,它使得 $\boldsymbol{\alpha}+\mathbf{0}=\boldsymbol{\alpha}$,具有这样性质的元素 $\mathbf{0}$ 称为 V 的零元素．

④V 中的任意一个元素 $\boldsymbol{\alpha}$,存在元素 $\boldsymbol{\beta}\in V$,使得 $\boldsymbol{\alpha}+\boldsymbol{\beta}=\mathbf{0}$,具有这样性质的元素 $\boldsymbol{\beta}$ 称为 $\boldsymbol{\alpha}$ 的负元素．

⑤$1\boldsymbol{\alpha}=\boldsymbol{\alpha}$.

⑥$(kt)\boldsymbol{\alpha}=k(t\boldsymbol{\alpha})$.

⑦$(k+t)\boldsymbol{\alpha}=k\boldsymbol{\alpha}+\mathrm{t}\boldsymbol{\alpha}$.

⑧$k(\boldsymbol{\alpha}+\boldsymbol{\beta})=k\boldsymbol{\alpha}+k\boldsymbol{\beta}$.

借助几何语言,把线性空间的元素称为向量,线性空间又可以称为向量空间;线性空间 V 的加法和数量乘法运算统称为线性运算．

例如,实数域上的所有的 n 元有序数组组成的集合$\mathbb{R}^n$,对于有序数组的加法和数量乘法运算,称为一个线性空间,也称为 n 维向量空间．再如,实数域上的所有 $m\times n$ 矩阵构成的集合,对于矩阵的加法和数量乘法运算,也称为一个线性空间,记为 $M_{m\times n}$.

例如对于正整数 n,次数最高为 n 次的多项式集合 P_n,它是由形如下列的多项式所组成的:

$$p(t)=a_nt^n+a_{n-1}t^{n-1}+\cdots+a_1t+a_0\ .$$

这里的系数 $a_n,a_{n-1},\cdots,a_0$ 和变量 t 均为实数．多项式 $p(t)$ 的次数是系数不为零的项中 t 的最高幂次．若 $p(t)=a_0\neq 0$，则 $p(t)$ 的次数为零．如果所有的系数都是零，就称为零多项式．零多项式也在 P_n 中．

如果 P_n 中的任意两个多项式 $p(t)$，$q(t)$ 分别具有以下形式：

$$p(t)=a_nt^n+a_{n-1}t^{n-1}+\cdots+a_1t+a_0,$$
$$q(t)=b_nt^n+b_{n-1}t^{n-1}+\cdots+b_1t+b_0,$$

则多项式的加法 $(p+q)(t)$ 可以定义为

$$\begin{aligned}(p+q)(t)&=(a_n+b_n)t^n+(a_{n-1}+b_{n-1})t^{n-1}+\cdots+(a_1+b_1)t+(a_0+b_0)\\&=p(t)+q(t),\end{aligned}$$

多项式的数量乘法 $(kp)(t)$ 可以定义为

$$\begin{aligned}(kp)(t)&=(ka_n)t^n+(ka_{n-1})t^{n-1}+\cdots+(ka_1)t+(ka_0)\\&=k(p(t)).\end{aligned}$$

这些加法运算和数量乘法运算满足定义 4.1，并且零多项式可以看作零元素，于是 P_n 就是一个线性空间．

定理 4.1　线性空间 V 的零元素是唯一的．

证明：假设 V 中有两个零元素 $\mathbf{0}_1,\mathbf{0}_2$，那么

$$\mathbf{0}_1+\mathbf{0}_2=\mathbf{0}_1\text{(这里将 }\mathbf{0}_2\text{ 看作零元素,}\mathbf{0}_1\text{ 当作一般元素)},$$

而

$$\mathbf{0}_1+\mathbf{0}_2=\mathbf{0}_2+\mathbf{0}_1=\mathbf{0}_2\text{(这里将 }\mathbf{0}_1\text{ 看作零元素,}\mathbf{0}_2\text{ 当作一般元素)},$$

所以有

$$\mathbf{0}_1=\mathbf{0}_2.$$

定理 4.2　线性空间 V 中的每一个元素 $\boldsymbol{\alpha}$，有唯一的负元素．

证明：假设 $\boldsymbol{\beta}_1,\boldsymbol{\beta}_2$ 都是 $\boldsymbol{\alpha}$ 的负元素，那么

$$(\boldsymbol{\beta}_1+\boldsymbol{\alpha})+\boldsymbol{\beta}_2=\mathbf{0}+\boldsymbol{\beta}_2=\boldsymbol{\beta}_2,$$

而

$$(\boldsymbol{\beta}_1+\boldsymbol{\alpha})+\boldsymbol{\beta}_2=\boldsymbol{\beta}_1+(\boldsymbol{\alpha}+\boldsymbol{\beta}_2)=\boldsymbol{\beta}_1+\mathbf{0}=\boldsymbol{\beta}_1,$$

所以 $\boldsymbol{\beta}_1=\boldsymbol{\beta}_2$.

因此可以将 $\boldsymbol{\alpha}$ 的唯一负元素记为 $-\boldsymbol{\alpha}$.

定理 4.3　线性空间 V 中的每一个元素 $\boldsymbol{\alpha}$ 都有 $0\boldsymbol{\alpha}=\mathbf{0}$，这里右端的 $\mathbf{0}$ 表示零元素，左端的 0 表示实数 0.

证明：由于

$$0\boldsymbol{\alpha}+\boldsymbol{\alpha}=0\boldsymbol{\alpha}+1\boldsymbol{\alpha}=(0+1)\boldsymbol{\alpha}=1\boldsymbol{\alpha}=\boldsymbol{\alpha},$$

因此有 $\boldsymbol{\alpha}=0\boldsymbol{\alpha}+\boldsymbol{\alpha}$，在等式的两端加上 $\boldsymbol{\alpha}$ 的负元素 $-\boldsymbol{\alpha}$ 得

$$\mathbf{0}=0\boldsymbol{\alpha}+\boldsymbol{\alpha}+(-\boldsymbol{\alpha})=0\boldsymbol{\alpha}+(\boldsymbol{\alpha}+(-\boldsymbol{\alpha}))=0\boldsymbol{\alpha}+\mathbf{0}=0\boldsymbol{\alpha},$$

所以有

$$0\boldsymbol{\alpha}=\mathbf{0}.$$

定理 4.4　线性空间 V 中的每一个元素 $\boldsymbol{\alpha}$，它的负元素 $-\boldsymbol{\alpha}=(-1)\boldsymbol{\alpha}$.

证明：

$$\boldsymbol{\alpha}+(-1)\boldsymbol{\alpha}=1\boldsymbol{\alpha}+(-1)\boldsymbol{\alpha}=[1+(-1)]\boldsymbol{\alpha}=0\boldsymbol{\alpha}=\mathbf{0},$$

再由 $\boldsymbol{\alpha}$ 负元素是唯一的可得

$$-\boldsymbol{\alpha}=(-1)\boldsymbol{\alpha}.$$

第二节　向量组的线性相关和线性无关

1. 一些定义与定理

以下内容是在 n 维列向量空间 $\mathbb{R}^n$ 中进行讨论,不再每次说明.

定义 4.2　设 $\boldsymbol{\alpha}_1,\boldsymbol{\alpha}_2,\cdots,\boldsymbol{\alpha}_m$ 为 $\mathbb{R}^n$ 中的一组向量,若存在一组不全为零的实数 k_1, $k_2,\cdots,k_m$,满足 $k_1\boldsymbol{\alpha}_1+k_2\boldsymbol{\alpha}_2+\cdots+k_m\boldsymbol{\alpha}_m=\mathbf{0}$,就称向量 $\boldsymbol{\alpha}_1,\boldsymbol{\alpha}_2,\cdots,\boldsymbol{\alpha}_m$ 是线性相关的;否则就称 $\boldsymbol{\alpha}_1,\boldsymbol{\alpha}_2,\cdots,\boldsymbol{\alpha}_m$ 是线性无关的,也就是说,如果 $\boldsymbol{\alpha}_1,\boldsymbol{\alpha}_2,\cdots,\boldsymbol{\alpha}_m$ 是线性无关的,那么 $k_1\boldsymbol{\alpha}_1+k_2\boldsymbol{\alpha}_2+\cdots+k_m\boldsymbol{\alpha}_m=\mathbf{0}$ 当且仅当 $k_1=k_2=\cdots=k_m=0$ 时才成立.

例 4.1　证明含有零向量的向量组 $\boldsymbol{\alpha}_1,\boldsymbol{\alpha}_2,\cdots,\boldsymbol{\alpha}_m$ 一定线性相关.

证明:不妨假设 $\boldsymbol{\alpha}_1,\boldsymbol{\alpha}_2,\cdots,\boldsymbol{\alpha}_m$ 中 $\boldsymbol{\alpha}_1$ 是零向量,于是 $k_1\boldsymbol{\alpha}_1+k_2\boldsymbol{\alpha}_2+\cdots+k_m\boldsymbol{\alpha}_m=0$ 等同于 $k_1\mathbf{0}+k_2\boldsymbol{\alpha}_2+\cdots+k_m\boldsymbol{\alpha}_m=\mathbf{0}$. 显然,当 $k_1=1,k_2=\cdots=k_m=0$ 时,上式成立,所以找到了一组不全为零的 $k_1,k_2,\cdots,k_m$. 因此 $\boldsymbol{\alpha}_1,\boldsymbol{\alpha}_2,\cdots,\boldsymbol{\alpha}_m$ 线性相关.

只含有一个非零向量的向量组必线性无关,即 $\boldsymbol{\alpha}_1\neq\mathbf{0}$,那么 $k_1\boldsymbol{\alpha}_1=\mathbf{0}$,显然只有 $k_1=0$ 时才成立.

例 4.2　在 $\mathbb{R}^n$ 中,向量组 $\boldsymbol{\varepsilon}_1=\begin{bmatrix}1\\0\\0\\\vdots\\0\\0\end{bmatrix},\boldsymbol{\varepsilon}_2=\begin{bmatrix}0\\1\\0\\\vdots\\0\\0\end{bmatrix},\cdots,\boldsymbol{\varepsilon}_{n-1}=\begin{bmatrix}0\\0\\0\\\vdots\\1\\0\end{bmatrix},\boldsymbol{\varepsilon}_n=\begin{bmatrix}0\\0\\0\\\vdots\\0\\1\end{bmatrix}$ 是线性无关的.

证明:设 $k_1\boldsymbol{\varepsilon}_1+k_2\boldsymbol{\varepsilon}_2+\cdots+k_n\boldsymbol{\varepsilon}_n=\mathbf{0}$

即
$$k_1\begin{bmatrix}1\\0\\0\\\vdots\\0\\0\end{bmatrix}+k_2\begin{bmatrix}0\\1\\0\\\vdots\\0\\0\end{bmatrix}+\cdots+k_n\begin{bmatrix}0\\0\\0\\\vdots\\0\\1\end{bmatrix}=\begin{bmatrix}0\\0\\0\\\vdots\\0\\0\end{bmatrix}.$$

由此可以得出 $k_1=0,k_2=0,\cdots,k_n=0$,所以向量组 $\boldsymbol{\varepsilon}_1,\boldsymbol{\varepsilon}_2,\cdots,\boldsymbol{\varepsilon}_n$ 是线性无关的.

定理 4.5　$\boldsymbol{\alpha}_1,\boldsymbol{\alpha}_2,\cdots,\boldsymbol{\alpha}_m(m\geqslant2)$ 线性相关$\Leftrightarrow$其中至少有一个向量 $\boldsymbol{\alpha}_i$ 可由其余向量线性表出.

证明:

必要性:设向量组 $\boldsymbol{\alpha}_1,\boldsymbol{\alpha}_2,\cdots,\boldsymbol{\alpha}_m(m\geqslant2)$ 线性相关,由线性相关的定义 4.2 可知,存在不全为零的实数 $k_1,k_2,\cdots,k_m$,使得 $k_1\boldsymbol{\alpha}_1+k_2\boldsymbol{\alpha}_2+\cdots+k_m\boldsymbol{\alpha}_m=\mathbf{0}$,由于 $k_1,k_2,\cdots,k_m$ 不全为零,不妨假设 $k_i\neq0$,那么

$$-k_1\boldsymbol{\alpha}_1-k_2\boldsymbol{\alpha}_2-\cdots-k_{i-1}\boldsymbol{\alpha}_{i-1}-k_{i+1}\boldsymbol{\alpha}_{i+1}-\cdots-k_m\boldsymbol{\alpha}_m=k_i\boldsymbol{\alpha}_i$$

两边除以 k_i 得

$$\boldsymbol{\alpha}_i=-\frac{k_1}{k_i}\boldsymbol{\alpha}_1-\frac{k_2}{k_i}\boldsymbol{\alpha}_2-\cdots-\frac{k_{i-1}}{k_i}\boldsymbol{\alpha}_{i-1}-\frac{k_{i+1}}{k_i}\boldsymbol{\alpha}_{i+1}-\cdots-\frac{k_m}{k_i}\boldsymbol{\alpha}_m,$$

这表明 $\boldsymbol{\alpha}_i$ 可由其余向量线性表出.

充分性:设向量组 $\boldsymbol{\alpha}_1,\boldsymbol{\alpha}_2,\cdots,\boldsymbol{\alpha}_m(m\geqslant 2)$ 中有一个向量 $\boldsymbol{\alpha}_i$ 可由其余向量线性表出,即

$$\boldsymbol{\alpha}_i=t_1\boldsymbol{\alpha}_1+t_2\boldsymbol{\alpha}_2+\cdots+t_{i-1}\boldsymbol{\alpha}_{i-1}+t_{i+1}\boldsymbol{\alpha}_{i+1}+\cdots+t_m\boldsymbol{\alpha}_m,$$

移项可得

$$t_1\boldsymbol{\alpha}_1+t_2\boldsymbol{\alpha}_2+\cdots+t_{i-1}\boldsymbol{\alpha}_{i-1}-\boldsymbol{\alpha}_i+t_{i+1}\boldsymbol{\alpha}_{i+1}+\cdots+t_m\boldsymbol{\alpha}_m=\mathbf{0},$$

而系数里至少有一个数 $-1\neq 0$,所以 $\boldsymbol{\alpha}_1,\boldsymbol{\alpha}_2,\cdots,\boldsymbol{\alpha}_m$ 线性相关.

推论 4.1 向量组 $\boldsymbol{\alpha}_1,\boldsymbol{\alpha}_2,\cdots,\boldsymbol{\alpha}_m(m\geqslant 2)$ 线性无关$\Leftrightarrow$向量组中任何向量都不能由其余向量线性表出.

例 4.3 试证明如果向量组中的一个部分组线性相关,则整个向量组也线性相关.

证明:设向量组 $\boldsymbol{\alpha}_1,\boldsymbol{\alpha}_2,\cdots\boldsymbol{\alpha}_t,\boldsymbol{\alpha}_{t+1},\cdots,\boldsymbol{\alpha}_m(m\geqslant 2)$ 的一个部分组 $\boldsymbol{\alpha}_1,\boldsymbol{\alpha}_2,\cdots\boldsymbol{\alpha}_t$ 线性相关,根据线性相关的定义 4.2,即存在不全为零的数 $k_1,k_2,\cdots,k_t$,使得 $k_1\boldsymbol{\alpha}_1+k_2\boldsymbol{\alpha}_2+\cdots+k_t\boldsymbol{\alpha}_t=\mathbf{0}$ 成立,于是 $k_1\boldsymbol{\alpha}_1+k_2\boldsymbol{\alpha}_2+\cdots+k_t\boldsymbol{\alpha}_t+0\boldsymbol{\alpha}_{t+1}+\cdots+0\boldsymbol{\alpha}_m=\mathbf{0}$;而 $k_1,k_2,\cdots,k_t,0,\cdots,0$ 不全为零,所以 $\boldsymbol{\alpha}_1,\boldsymbol{\alpha}_2,\cdots\boldsymbol{\alpha}_t,\boldsymbol{\alpha}_{t+1},\cdots,\boldsymbol{\alpha}_m$ 线性相关.

还可以得到:如果向量组线性无关,那么它的任何一个部分组也线性无关.

设向量组 $\boldsymbol{\alpha}_1=\begin{bmatrix}a_{11}\\a_{21}\\\vdots\\a_{n1}\end{bmatrix},\boldsymbol{\alpha}_2=\begin{bmatrix}a_{12}\\a_{22}\\\vdots\\a_{n2}\end{bmatrix},\cdots,\boldsymbol{\alpha}_m=\begin{bmatrix}a_{1m}\\a_{2m}\\\vdots\\a_{nm}\end{bmatrix}$,则 $\boldsymbol{\alpha}_1,\boldsymbol{\alpha}_2,\cdots,\boldsymbol{\alpha}_m$ 线性相关$\Leftrightarrow$存在不全为零的实数 $k_1,k_2,\cdots,k_m$,使得 $k_1\boldsymbol{\alpha}_1+k_2\boldsymbol{\alpha}_2+\cdots+k_m\boldsymbol{\alpha}_m=\mathbf{0}$,也就是

$$k_1\begin{bmatrix}a_{11}\\a_{21}\\\vdots\\a_{n1}\end{bmatrix}+k_2\begin{bmatrix}a_{12}\\a_{22}\\\vdots\\a_{n2}\end{bmatrix}+\cdots+k_m\begin{bmatrix}a_{1m}\\a_{2m}\\\vdots\\a_{nm}\end{bmatrix}=\begin{bmatrix}0\\0\\\vdots\\0\end{bmatrix},$$

写成矩阵方程,可得

$$\begin{bmatrix}a_{11}&a_{12}&\cdots&a_{1m}\\a_{21}&a_{22}&\cdots&a_{2m}\\\vdots&\vdots&&\vdots\\a_{n1}&a_{n2}&\cdots&a_{nm}\end{bmatrix}\begin{bmatrix}k_1\\k_2\\\vdots\\k_m\end{bmatrix}=\begin{bmatrix}0\\0\\\vdots\\0\end{bmatrix}.$$

所以,$\boldsymbol{\alpha}_1,\boldsymbol{\alpha}_2,\cdots,\boldsymbol{\alpha}_m$ 线性相关$\Leftrightarrow$以 $\boldsymbol{\alpha}_1,\boldsymbol{\alpha}_2,\cdots,\boldsymbol{\alpha}_m$ 为系数矩阵列向量的齐次线性方程组有非零解,且一个非零解就是一个不全为零的组合系数.

2. 线性相关向量组与线性无关向量组的区别

$\mathbb{R}^n$ 中,线性相关向量组与线性无关向量组的本质区别可以从以下几个方面进行加深理解.

(1)线性组合方面

①向量组 $\boldsymbol{\alpha}_1,\boldsymbol{\alpha}_2,\cdots,\boldsymbol{\alpha}_m(m\geqslant 2)$ 线性相关$\Leftrightarrow$它们有系数不全为零的线性组合等于零

向量.

②向量组 $\boldsymbol{\alpha}_1,\boldsymbol{\alpha}_2,\cdots,\boldsymbol{\alpha}_m(m\geqslant 2)$ 线性无关⇔它们只有系数全为零的线性组合才等于零向量.

因此,零向量的线性表示是不是唯一的也是向量组 $\boldsymbol{\alpha}_1,\boldsymbol{\alpha}_2,\cdots,\boldsymbol{\alpha}_m(m\geqslant 2)$ 线性相关的一种判别法.如果零向量的线性表示唯一,则向量组线性无关;如果零向量的线性表示不唯一,则向量组线性相关.

(2)线性表出方面

①向量组 $\boldsymbol{\alpha}_1,\boldsymbol{\alpha}_2,\cdots,\boldsymbol{\alpha}_m(m\geqslant 2)$ 线性相关⇔向量组中至少有一个向量 $\boldsymbol{\alpha}_i$ 可由其余向量线性表出.

②向量组 $\boldsymbol{\alpha}_1,\boldsymbol{\alpha}_2,\cdots,\boldsymbol{\alpha}_m(m\geqslant 2)$ 线性无关⇔向量组中任何一个向量都不能由其余向量线性表出.

(3)齐次线性方程组方面

①向量组 $\boldsymbol{\alpha}_1,\boldsymbol{\alpha}_2,\cdots,\boldsymbol{\alpha}_m(m\geqslant 2)$ 线性相关⇔以 $\boldsymbol{\alpha}_1,\boldsymbol{\alpha}_2,\cdots,\boldsymbol{\alpha}_m$ 为系数矩阵列向量的齐次线性方程组有非零解.

②向量组 $\boldsymbol{\alpha}_1,\boldsymbol{\alpha}_2,\cdots,\boldsymbol{\alpha}_m(m\geqslant 2)$ 线性无关⇔以 $\boldsymbol{\alpha}_1,\boldsymbol{\alpha}_2,\cdots,\boldsymbol{\alpha}_m$ 为系数矩阵列向量的齐次线性方程组只有零解.

注:如果向量组恰好含有 n 个向量 $\boldsymbol{\alpha}_1,\boldsymbol{\alpha}_2,\cdots,\boldsymbol{\alpha}_n$,也就是 $\mathbb{R}^n$ 中的 n 个向量构成的向量组,那么还可以从行列式来看.

③向量组 $\boldsymbol{\alpha}_1,\boldsymbol{\alpha}_2,\cdots,\boldsymbol{\alpha}_n$ 线性相关⇔以 $\boldsymbol{\alpha}_1,\boldsymbol{\alpha}_2,\cdots,\boldsymbol{\alpha}_m$ 为矩阵 $\boldsymbol{A}$ 列向量的行列式 $|\boldsymbol{A}|$ 的值等于零.

④向量组 $\boldsymbol{\alpha}_1,\boldsymbol{\alpha}_2,\cdots,\boldsymbol{\alpha}_n$ 线性无关⇔以 $\boldsymbol{\alpha}_1,\boldsymbol{\alpha}_2,\cdots,\boldsymbol{\alpha}_m$ 为矩阵 $\boldsymbol{A}$ 列向量的行列式 $|\boldsymbol{A}|$ 的值不等于零.

例 4.4 判断以下向量组是否线性相关.如果线性相关,试找出其中的一个向量,用其余向量线性表出,并写出相应的线性表出式.

$$(1)\boldsymbol{\alpha}_1=\begin{bmatrix}3\\2\\1\\-4\end{bmatrix},\boldsymbol{\alpha}_2=\begin{bmatrix}1\\5\\0\\2\end{bmatrix},\boldsymbol{\alpha}_3=\begin{bmatrix}-1\\0\\2\\3\end{bmatrix};$$

$$(2)\boldsymbol{\alpha}_1=\begin{bmatrix}1\\-5\\7\end{bmatrix},\boldsymbol{\alpha}_2=\begin{bmatrix}3\\1\\-2\end{bmatrix},\boldsymbol{\alpha}_3=\begin{bmatrix}7\\13\\-20\end{bmatrix},\boldsymbol{\alpha}_4=\begin{bmatrix}-2\\-6\\9\end{bmatrix}.$$

解:(1)考虑齐次线性方程组 $x_1\boldsymbol{\alpha}_1+x_2\boldsymbol{\alpha}_2+x_3\boldsymbol{\alpha}_3=\boldsymbol{0}$,将它的系数矩阵经过初等行变换化成最简行阶梯形矩阵

$$\begin{bmatrix}3&1&-1\\2&5&0\\1&0&2\\-4&2&3\end{bmatrix}\to\begin{bmatrix}1&0&2\\2&5&0\\3&1&-1\\-4&2&3\end{bmatrix}\to\begin{bmatrix}1&0&2\\0&5&-4\\0&1&-7\\0&2&11\end{bmatrix}$$

$$\rightarrow\begin{bmatrix}1&0&2\\0&1&-7\\0&5&-4\\0&2&11\end{bmatrix}\rightarrow\begin{bmatrix}1&0&2\\0&1&-7\\0&0&31\\0&0&25\end{bmatrix}\rightarrow\begin{bmatrix}1&0&0\\0&1&0\\0&0&1\\0&0&0\end{bmatrix}.$$

由于主元的个数等于未知量的个数,所以方程组只有零解,从而向量组 $\boldsymbol{\alpha}_1,\boldsymbol{\alpha}_2,\boldsymbol{\alpha}_3$ 线性无关.

(2)考虑齐次线性方程组 $x_1\boldsymbol{\alpha}_1+x_2\boldsymbol{\alpha}_2+x_3\boldsymbol{\alpha}_3+x_4\boldsymbol{\alpha}_4=\boldsymbol{0}$,将它的系数矩阵经过初等行变换化成最简行阶梯形矩阵

$$\begin{bmatrix}1&3&7&-2\\-5&1&13&-6\\7&-2&-20&9\end{bmatrix}\rightarrow\begin{bmatrix}1&3&7&-2\\0&16&48&-16\\0&-23&-69&23\end{bmatrix}\rightarrow\begin{bmatrix}1&3&7&-2\\0&1&3&-1\\0&-23&-69&23\end{bmatrix}$$

$$\rightarrow\begin{bmatrix}1&3&7&-2\\0&1&3&-1\\0&0&0&0\end{bmatrix}\rightarrow\begin{bmatrix}1&0&-2&1\\0&1&3&-1\\0&0&0&0\end{bmatrix}.$$

于是,方程的解是 $\begin{cases}x_1=2x_3-x_4,\\x_2=-3x_3+x_4,\\x_3\text{ 是自由变量},\\x_4\text{ 是自由变量}.\end{cases}$

令 $x_3=1,x_4=0$,可得一个解为 $\begin{cases}x_1=2,\\x_2=-3,\\x_3=1,\\x_4=0.\end{cases}$

那么有 $2\boldsymbol{\alpha}_1-3\boldsymbol{\alpha}_2+\boldsymbol{\alpha}_3+0\boldsymbol{\alpha}_4=0$,所以 $\boldsymbol{\alpha}_3=-2\boldsymbol{\alpha}_1+3\boldsymbol{\alpha}_2$,

同理,还可以令 $x_3=0,x_4=1$,可得另外一个解为 $\begin{cases}x_1=-1,\\x_2=1,\\x_3=0,\\x_4=1.\end{cases}$

那么有 $-\boldsymbol{\alpha}_1+\boldsymbol{\alpha}_2+0\boldsymbol{\alpha}_3+1\boldsymbol{\alpha}_4=\boldsymbol{0}$,所以 $\boldsymbol{\alpha}_4=\boldsymbol{\alpha}_1-\boldsymbol{\alpha}_2$.

还可以这样考虑,因为齐次线性方程组 $x_1\boldsymbol{\alpha}_1+x_2\boldsymbol{\alpha}_2+x_3\boldsymbol{\alpha}_3+x_4\boldsymbol{\alpha}_4=\boldsymbol{0}$ 中方程的个数小于未知量的个数,而化成阶梯形矩阵后,每一行最多有一个主元,所以主元的个数小于未知量的个数,于是方程组有非零解,因此 $\boldsymbol{\alpha}_1,\boldsymbol{\alpha}_2,\boldsymbol{\alpha}_3,\boldsymbol{\alpha}_4$ 线性相关.

例 4.5 如果$\mathbb{R}^n$ 中的向量 $\boldsymbol{\alpha}_1,\boldsymbol{\alpha}_2,\boldsymbol{\alpha}_3$ 线性无关,试证明 $\boldsymbol{\alpha}_1+\boldsymbol{\alpha}_2,\boldsymbol{\alpha}_2+\boldsymbol{\alpha}_3,\boldsymbol{\alpha}_3+\boldsymbol{\alpha}_1$ 也线性无关.

证明: 设 $k_1(\boldsymbol{\alpha}_1+\boldsymbol{\alpha}_2)+k_2(\boldsymbol{\alpha}_2+\boldsymbol{\alpha}_3)+k_3(\boldsymbol{\alpha}_3+\boldsymbol{\alpha}_1)=\boldsymbol{0}$,

整理得

$$(k_1+k_3)\boldsymbol{\alpha}_1+(k_1+k_2)\boldsymbol{\alpha}_2+(k_2+k_3)\boldsymbol{\alpha}_3=\boldsymbol{0}.$$

再根据 $\boldsymbol{\alpha}_1,\boldsymbol{\alpha}_2,\boldsymbol{\alpha}_3$ 是线性无关的,所以有

$$\begin{cases}k_1 \quad +k_3=0,\\ k_1+k_2 \quad =0,\\ \quad k_2+k_3=0,\end{cases}$$

解得$\begin{cases}k_1=0,\\ k_2=0,\\ k_3=0,\end{cases}$

因此,$\boldsymbol{\alpha}_1+\boldsymbol{\alpha}_2,\boldsymbol{\alpha}_2+\boldsymbol{\alpha}_3,\boldsymbol{\alpha}_3+\boldsymbol{\alpha}_1$ 是线性无关的.

例 4.6 若向量组 $\boldsymbol{\alpha}_1=\begin{bmatrix}r_1\\r_2\\r_3\\r_4\\r_5\end{bmatrix},\boldsymbol{\alpha}_2=\begin{bmatrix}s_1\\s_2\\s_3\\s_4\\s_5\end{bmatrix},\boldsymbol{\alpha}_3=\begin{bmatrix}t_1\\t_2\\t_3\\t_4\\t_5\end{bmatrix}$线性相关,试证明$\begin{bmatrix}r_1\\r_3\\r_4\end{bmatrix},\begin{bmatrix}s_1\\s_3\\s_4\end{bmatrix},\begin{bmatrix}t_1\\t_3\\t_4\end{bmatrix}$也线性相关.

证明:由 $\boldsymbol{\alpha}_1,\boldsymbol{\alpha}_2,\boldsymbol{\alpha}_3$ 线性相关,可知存在不全为零的三个数 k_1,k_2,k_3,使得

$$k_1\begin{bmatrix}r_1\\r_2\\r_3\\r_4\\r_5\end{bmatrix}+k_2\begin{bmatrix}s_1\\s_2\\s_3\\s_4\\s_5\end{bmatrix}+k_3\begin{bmatrix}t_1\\t_2\\t_3\\t_4\\t_5\end{bmatrix}=\begin{bmatrix}0\\0\\0\\0\\0\end{bmatrix}.$$

当然有

$$k_1\begin{bmatrix}r_1\\r_3\\r_4\end{bmatrix}+k_2\begin{bmatrix}s_1\\s_3\\s_4\end{bmatrix}+k_3\begin{bmatrix}t_1\\t_3\\t_4\end{bmatrix}=\begin{bmatrix}0\\0\\0\end{bmatrix}.$$

注意:去掉分量的位置,既可以是不相邻的,也可以是相邻的.

用同样的方法还可以证明,如果$\mathbb{R}^n$ 中的向量 $\boldsymbol{\alpha}_1,\boldsymbol{\alpha}_2,\cdots,\boldsymbol{\alpha}_m$ 线性无关,将每个向量都添加 s 个元素(添加元素的位置对于 $\boldsymbol{\alpha}_1,\boldsymbol{\alpha}_2,\cdots,\boldsymbol{\alpha}_m$ 都是一样的),那么得到的$\mathbb{R}^{n+s}$ 中的向量 $\tilde{\boldsymbol{\alpha}}_1,\tilde{\boldsymbol{\alpha}}_2,\cdots,\tilde{\boldsymbol{\alpha}}_m$ 也是线性无关的. 如果将 $\tilde{\boldsymbol{\alpha}}_1,\tilde{\boldsymbol{\alpha}}_2,\cdots,\tilde{\boldsymbol{\alpha}}_m$ 称为 $\boldsymbol{\alpha}_1,\boldsymbol{\alpha}_2,\cdots,\boldsymbol{\alpha}_m$ 的延长组,反过来将 $\boldsymbol{\alpha}_1,\boldsymbol{\alpha}_2,\cdots,\boldsymbol{\alpha}_m$ 称为 $\tilde{\boldsymbol{\alpha}}_1,\tilde{\boldsymbol{\alpha}}_2,\cdots,\tilde{\boldsymbol{\alpha}}_m$ 的缩短组,那么上面的结论可以统一叙述成以下定理.

定理 4.6 如果一个向量组线性无关,那么它的任意延长组也线性无关;如果一个向量组线性相关,那么它的任意缩短组也线性相关.

定理 4.7 设向量组 $\boldsymbol{\alpha}_1,\boldsymbol{\alpha}_2,\cdots,\boldsymbol{\alpha}_m$ 线性无关,则向量 $\boldsymbol{\beta}$ 可以由 $\boldsymbol{\alpha}_1,\boldsymbol{\alpha}_2,\cdots,\boldsymbol{\alpha}_m$ 线性表出的充分必要条件是 $\boldsymbol{\alpha}_1,\boldsymbol{\alpha}_2,\cdots,\boldsymbol{\alpha}_m,\boldsymbol{\beta}$ 线性相关.

证明:

充分性:设 $\boldsymbol{\alpha}_1,\boldsymbol{\alpha}_2,\cdots,\boldsymbol{\alpha}_m,\boldsymbol{\beta}$ 线性相关,那么存在一组不全为零的数 $k_1,k_2,\cdots,k_m,t$ 使得 $k_1\boldsymbol{\alpha}_1+k_2\boldsymbol{\alpha}_2+\cdots+k_m\boldsymbol{\alpha}_m+t\boldsymbol{\beta}=\mathbf{0}$ 成立. 假设 $t=0$,那么有 $k_1\boldsymbol{\alpha}_1+k_2\boldsymbol{\alpha}_2+\cdots+k_m\boldsymbol{\alpha}_m=0$,而其中

$k_1,k_2,\cdots,k_m$ 是不全为零的,这和 $\boldsymbol{\alpha}_1,\boldsymbol{\alpha}_2,\cdots,\boldsymbol{\alpha}_m$ 线性无关相矛盾,因此 $t\neq0$,从而有

$$\boldsymbol{\beta}=-\frac{k_1}{t}\boldsymbol{\alpha}_1-\frac{k_2}{t}\boldsymbol{\alpha}_2-\cdots-\frac{k_m}{t}\boldsymbol{\alpha}_m.$$

所以,$\boldsymbol{\beta}$ 可以由 $\boldsymbol{\alpha}_1,\boldsymbol{\alpha}_2,\cdots,\boldsymbol{\alpha}_m$ 线性表出．

必要性:设 $\boldsymbol{\beta}$ 可以由 $\boldsymbol{\alpha}_1,\boldsymbol{\alpha}_2,\cdots,\boldsymbol{\alpha}_m$ 线性表出,那么存在一组数 $l_1,l_2,\cdots,l_m$ 满足

$$\boldsymbol{\beta}=l_1\boldsymbol{\alpha}_1+l_2\boldsymbol{\alpha}_2+\cdots+l_m\boldsymbol{\alpha}_m,$$

移项得

$$-\boldsymbol{\beta}+l_1\boldsymbol{\alpha}_1+l_2\boldsymbol{\alpha}_2+\cdots+l_m\boldsymbol{\alpha}_m=\mathbf{0}.$$

所以,$\boldsymbol{\alpha}_1,\boldsymbol{\alpha}_2,\cdots,\boldsymbol{\alpha}_m,\boldsymbol{\beta}$ 线性相关．

从定理 4.7 可以得到如下推论．

推论 4.2　设向量组 $\boldsymbol{\alpha}_1,\boldsymbol{\alpha}_2,\cdots,\boldsymbol{\alpha}_m$ 线性无关,那么向量 $\boldsymbol{\beta}$ 不可由 $\boldsymbol{\alpha}_1,\boldsymbol{\alpha}_2,\cdots,\boldsymbol{\alpha}_m$ 线性表出的充分必要条件是 $\boldsymbol{\alpha}_1,\boldsymbol{\alpha}_2,\cdots,\boldsymbol{\alpha}_m,\boldsymbol{\beta}$ 也线性无关．

第三节　向量组的秩

定义 4.3　设 $\mathbb{R}^n$ 有两个向量组(Ⅰ)$\boldsymbol{\alpha}_1,\boldsymbol{\alpha}_2,\cdots,\boldsymbol{\alpha}_m$ 和(Ⅱ)$\boldsymbol{\beta}_1,\boldsymbol{\beta}_2,\cdots,\boldsymbol{\beta}_s$. 若向量组(Ⅰ)中的每一个向量 $\boldsymbol{\alpha}_i(i=1,2,\cdots,m)$ 都可由向量组(Ⅱ)线性表出,则称向量组(Ⅰ)可由向量组(Ⅱ)线性表出．如果(Ⅰ)和(Ⅱ)这两个向量组可以相互线性表出,那么称这两个向量组是等价的．

定义 4.4　若在向量组 $\boldsymbol{\alpha}_1,\boldsymbol{\alpha}_2,\cdots,\boldsymbol{\alpha}_m$ 中能选取出 r 个向量 $\boldsymbol{\alpha}_{i_1},\boldsymbol{\alpha}_{i_2},\cdots,\boldsymbol{\alpha}_{i_r}$ 满足:

(1)向量组 $\boldsymbol{\alpha}_{i_1},\boldsymbol{\alpha}_{i_2},\cdots,\boldsymbol{\alpha}_{i_r}$ 线性无关．

(2)原向量组 $\boldsymbol{\alpha}_1,\boldsymbol{\alpha}_2,\cdots,\boldsymbol{\alpha}_m$ 中的任意向量均可由向量组 $\boldsymbol{\alpha}_{i_1},\boldsymbol{\alpha}_{i_2},\cdots,\boldsymbol{\alpha}_{i_r}$ 线性表出．

则称 $\boldsymbol{\alpha}_{i_1},\boldsymbol{\alpha}_{i_2},\cdots,\boldsymbol{\alpha}_{i_r}$ 为原向量组 $\boldsymbol{\alpha}_1,\boldsymbol{\alpha}_2,\cdots,\boldsymbol{\alpha}_m$ 的一个极大线性无关组．

显然,一个向量组和它的极大线性无关组是等价的．一般来说,一个向量组的极大线性无关组不是唯一的．

例如,在向量组 $\boldsymbol{\alpha}_1=\begin{bmatrix}1\\0\end{bmatrix},\boldsymbol{\alpha}_2=\begin{bmatrix}1\\1\end{bmatrix},\boldsymbol{\alpha}_3=\begin{bmatrix}0\\1\end{bmatrix}$ 中,$\boldsymbol{\alpha}_1,\boldsymbol{\alpha}_3$ 线性无关,并且 $\boldsymbol{\alpha}_2=\boldsymbol{\alpha}_1+\boldsymbol{\alpha}_3$;同时,$\boldsymbol{\alpha}_1,\boldsymbol{\alpha}_2$ 线性无关,并且 $\boldsymbol{\alpha}_3=-\boldsymbol{\alpha}_1+\boldsymbol{\alpha}_2$;也有 $\boldsymbol{\alpha}_2,\boldsymbol{\alpha}_3$ 线性无关,并且 $\boldsymbol{\alpha}_1=\boldsymbol{\alpha}_2-\boldsymbol{\alpha}_3$. 因此,$\boldsymbol{\alpha}_1,\boldsymbol{\alpha}_3$;$\boldsymbol{\alpha}_1,\boldsymbol{\alpha}_2$;$\boldsymbol{\alpha}_2,\boldsymbol{\alpha}_3$ 都是向量组 $\boldsymbol{\alpha}_1,\boldsymbol{\alpha}_2,\boldsymbol{\alpha}_3$ 的极大线性无关组．而这些极大线性无关组所含的向量个数是相同的．下面引入重要定理．

定理 4.8　设向量组 $\boldsymbol{\alpha}_1,\boldsymbol{\alpha}_2,\cdots,\boldsymbol{\alpha}_m$ 可由向量组 $\boldsymbol{\beta}_1,\boldsymbol{\beta}_2,\cdots,\boldsymbol{\beta}_s$ 线性表出．

(1)如果向量组 $\boldsymbol{\alpha}_1,\boldsymbol{\alpha}_2,\cdots,\boldsymbol{\alpha}_m$ 线性无关,则 $m\leqslant s$;

(2)如果 $m>s$,则向量组 $\boldsymbol{\alpha}_1,\boldsymbol{\alpha}_2,\cdots,\boldsymbol{\alpha}_m$ 线性相关．

证明:(1)因为向量组 $\boldsymbol{\alpha}_1,\boldsymbol{\alpha}_2,\cdots,\boldsymbol{\alpha}_m$ 可由向量组 $\boldsymbol{\beta}_1,\boldsymbol{\beta}_2,\cdots,\boldsymbol{\beta}_s$ 线性表出,所以有

$$\begin{cases}\boldsymbol{\alpha}_1=k_{11}\boldsymbol{\beta}_1+k_{21}\boldsymbol{\beta}_2+\cdots+k_{s1}\boldsymbol{\beta}_s,\\ \boldsymbol{\alpha}_2=k_{12}\boldsymbol{\beta}_1+k_{22}\boldsymbol{\beta}_2+\cdots+k_{s2}\boldsymbol{\beta}_s,\\ \cdots\cdots\\ \boldsymbol{\alpha}_m=k_{1m}\boldsymbol{\beta}_1+k_{2m}\boldsymbol{\beta}_2+\cdots+k_{sm}\boldsymbol{\beta}_s.\end{cases}\tag{4.1}$$

即
$$\boldsymbol{\alpha}_j=[\boldsymbol{\beta}_1,\boldsymbol{\beta}_2,\cdots,\boldsymbol{\beta}_s]\begin{bmatrix}k_{1j}\\k_{2j}\\\vdots\\k_{sj}\end{bmatrix}\quad(j=1,2,\cdots,m).\tag{4.2}$$

从而有
$$[\boldsymbol{\alpha}_1,\boldsymbol{\alpha}_2,\cdots,\boldsymbol{\alpha}_m]=[\boldsymbol{\beta}_1,\boldsymbol{\beta}_2,\cdots,\boldsymbol{\beta}_s]\begin{bmatrix}k_{11}&k_{12}&\cdots&k_{1m}\\k_{21}&k_{22}&\cdots&k_{2m}\\\vdots&\vdots&&\vdots\\k_{s1}&k_{s2}&\cdots&k_{sm}\end{bmatrix}.\tag{4.3}$$

如果 $m>s$,则方程组$\begin{bmatrix}k_{11}&k_{12}&\cdots&k_{1m}\\k_{21}&k_{22}&\cdots&k_{2m}\\\vdots&\vdots&&\vdots\\k_{s1}&k_{s2}&\cdots&k_{sm}\end{bmatrix}\begin{bmatrix}x_1\\x_2\\\vdots\\x_m\end{bmatrix}=\mathbf{0}$ 有非零解,这是因为该方程组的变量个数多于方程的个数,也就是系数矩阵的主元个数少于未知量个数. 从而

$[\boldsymbol{\beta}_1,\boldsymbol{\beta}_2,\cdots,\boldsymbol{\beta}_s]\begin{bmatrix}k_{11}&k_{12}&\cdots&k_{1m}\\k_{21}&k_{22}&\cdots&k_{2m}\\\vdots&\vdots&&\vdots\\k_{s1}&k_{s2}&\cdots&k_{sm}\end{bmatrix}\begin{bmatrix}x_1\\x_2\\\vdots\\x_m\end{bmatrix}=\mathbf{0}$ 也有非零解,即

$[\boldsymbol{\alpha}_1,\boldsymbol{\alpha}_2,\cdots,\boldsymbol{\alpha}_m]\begin{bmatrix}x_1\\x_2\\\vdots\\x_m\end{bmatrix}=\mathbf{0}$ 有非零解.

这与向量组 $\boldsymbol{\alpha}_1,\boldsymbol{\alpha}_2,\cdots,\boldsymbol{\alpha}_m$ 线性无关矛盾,因此 $m>s$ 不成立,所以 $m\leqslant s$.

于是,定理 4.8 的(2)也显然成立.

推论 4.3 两个等价的线性无关的向量组,它们所含向量的个数是相同的.

推论 4.4 两个等价的向量组,它们的极大线性无关组所含向量的个数是相同的.

推论 4.5 一个向量组的任意两个极大线性无关组所含向量的个数相同.

定义 4.5 向量组的极大线性无关组所含向量的个数,称为该向量组的秩.

有了秩的概念以后,推论 4.3~4.5 都可以用秩来叙述,例如等价向量组的秩相等. 再由定理 4.8 可以得到定理 4.9.

定理 4.9 若向量组 $\boldsymbol{\alpha}_1,\boldsymbol{\alpha}_2,\cdots,\boldsymbol{\alpha}_m$ 可由向量组 $\boldsymbol{\beta}_1,\boldsymbol{\beta}_2,\cdots,\boldsymbol{\beta}_s$ 线性表出,则向量组 $\boldsymbol{\alpha}_1,\boldsymbol{\alpha}_2,\cdots,\boldsymbol{\alpha}_m$ 的秩不大于向量组 $\boldsymbol{\beta}_1,\boldsymbol{\beta}_2,\cdots,\boldsymbol{\beta}_s$ 的秩.

下面给出向量组 $\boldsymbol{\alpha}_1,\boldsymbol{\alpha}_2,\cdots,\boldsymbol{\alpha}_m$ 的极大线性无关组和秩的一个等价定义.

定义 4.6 若在向量组 $\boldsymbol{\alpha}_1,\boldsymbol{\alpha}_2,\cdots,\boldsymbol{\alpha}_m$ 中能选出 r 个向量 $\boldsymbol{\alpha}_{i_1},\boldsymbol{\alpha}_{i_2},\cdots,\boldsymbol{\alpha}_{i_r}$ 满足

(1)向量组 $\boldsymbol{\alpha}_{i_1},\boldsymbol{\alpha}_{i_2},\cdots,\boldsymbol{\alpha}_{i_r}$ 线性无关;

(2)原向量组 $\boldsymbol{\alpha}_1,\boldsymbol{\alpha}_2,\cdots,\boldsymbol{\alpha}_m$ 中的任意 $r+1$ 个向量均线性相关.

则称 $\boldsymbol{\alpha}_{i_1},\boldsymbol{\alpha}_{i_2},\cdots,\boldsymbol{\alpha}_{i_r}$ 为原向量组 $\boldsymbol{\alpha}_1,\boldsymbol{\alpha}_2,\cdots,\boldsymbol{\alpha}_m$ 的一个极大线性无关组,称数 r 为向量组

$\boldsymbol{\alpha}_1,\boldsymbol{\alpha}_2,\cdots,\boldsymbol{\alpha}_m$ 的秩,记为 $\mathrm{R}(\boldsymbol{\alpha}_1,\boldsymbol{\alpha}_2,\cdots,\boldsymbol{\alpha}_m)=r$.

例 4.7　设向量组 $\boldsymbol{\alpha}_1=\begin{bmatrix}1\\-5\\7\end{bmatrix},\boldsymbol{\alpha}_2=\begin{bmatrix}3\\1\\-2\end{bmatrix},\boldsymbol{\alpha}_3=\begin{bmatrix}7\\13\\-20\end{bmatrix},\boldsymbol{\alpha}_4=\begin{bmatrix}-2\\-6\\9\end{bmatrix}$.

(1)求该向量组的一个极大线性无关组和秩;

(2)该向量组中的剩余向量用(1)的极大线性无关组线性表出.

解:考虑齐次线性方程组 $x_1\boldsymbol{\alpha}_1+x_2\boldsymbol{\alpha}_2+x_3\boldsymbol{\alpha}_3+x_4\boldsymbol{\alpha}_4=\boldsymbol{0}$,将它的系数矩阵经过初等行变换化成最简行阶梯形矩阵

$$[\boldsymbol{\alpha}_1,\boldsymbol{\alpha}_2,\boldsymbol{\alpha}_3,\boldsymbol{\alpha}_4]=\begin{bmatrix}1&3&7&-2\\-5&1&13&-6\\7&-2&-20&9\end{bmatrix}\to\begin{bmatrix}1&3&7&-2\\0&16&48&-16\\0&-23&-69&23\end{bmatrix}$$

$$\to\begin{bmatrix}1&3&7&-2\\0&1&3&-1\\0&0&0&0\end{bmatrix}\to\begin{bmatrix}1&0&-2&1\\0&1&3&-1\\0&0&0&0\end{bmatrix}=[\boldsymbol{\beta}_1,\boldsymbol{\beta}_2,\boldsymbol{\beta}_3,\boldsymbol{\beta}_4].$$

于是,方程 $x_1\boldsymbol{\alpha}_1+x_2\boldsymbol{\alpha}_2+x_3\boldsymbol{\alpha}_3+x_4\boldsymbol{\alpha}_4=\boldsymbol{0}$ 和 $x_1\boldsymbol{\beta}_1+x_2\boldsymbol{\beta}_2+x_3\boldsymbol{\beta}_3+x_4\boldsymbol{\beta}_4=\boldsymbol{0}$ 是同解的方程.

下面考虑方程 $x_1\boldsymbol{\beta}_1+x_2\boldsymbol{\beta}_2=\boldsymbol{0}$,此时主元的个数等于未知量个数,方程只有零解,即 $\boldsymbol{\beta}_1$,$\boldsymbol{\beta}_2$ 线性无关,由此可得 $\boldsymbol{\alpha}_1,\boldsymbol{\alpha}_2$ 也线性无关.

再考虑方程 $x_1\boldsymbol{\alpha}_1+x_2\boldsymbol{\alpha}_2+x_3\boldsymbol{\alpha}_3+x_4\boldsymbol{\alpha}_4=\boldsymbol{0}$,它的解是 $\begin{cases}x_1=2x_3-x_4,\\x_2=-3x_3+x_4,\\x_3\text{ 是自由变量},\\x_4\text{ 是自由变量}.\end{cases}$

令 $x_3=1,x_4=0$,可得一个解为 $\begin{cases}x_1=2,\\x_2=-3,\\x_3=1,\\x_4=0.\end{cases}$

那么有 $2\boldsymbol{\alpha}_1-3\boldsymbol{\alpha}_2+\boldsymbol{\alpha}_3+0\boldsymbol{\alpha}_4=\boldsymbol{0}$,所以 $\boldsymbol{\alpha}_3=-2\boldsymbol{\alpha}_1+3\boldsymbol{\alpha}_2$.

同理,可以令 $x_3=0,x_4=1$,可得另外一个解为 $\begin{cases}x_1=-1,\\x_2=1,\\x_3=0,\\x_4=1.\end{cases}$

那么,有 $-\boldsymbol{\alpha}_1+\boldsymbol{\alpha}_2+0\boldsymbol{\alpha}_3+1\boldsymbol{\alpha}_4=\boldsymbol{0}$,所以 $\boldsymbol{\alpha}_4=\boldsymbol{\alpha}_1-\boldsymbol{\alpha}_2$.

因此,(1)$\boldsymbol{\alpha}_1,\boldsymbol{\alpha}_2$ 为向量组的一个极大线性无关组,$\mathrm{R}(\boldsymbol{\alpha}_1,\boldsymbol{\alpha}_2,\boldsymbol{\alpha}_3,\boldsymbol{\alpha}_4)=2$;

(2)$\boldsymbol{\alpha}_3=-2\boldsymbol{\alpha}_1+3\boldsymbol{\alpha}_2$;$\boldsymbol{\alpha}_4=\boldsymbol{\alpha}_1-\boldsymbol{\alpha}_2$.

由例 4.7 可知,求一个向量组的极大线性无关组,将它们按列向量拼成矩阵 $\boldsymbol{A}$,然后考虑求解齐次线性方程组 $\boldsymbol{A}x=\boldsymbol{0}$,再经过初等行变换化到最简行阶梯形矩阵后,主元所在的列向量是线性无关的. 因此,主元对应的原向量组的列向量也是线性无关的,并且主元的个数也是原向量组的秩;最简阶梯形矩阵中其他列的元素就是对应的由极大线性无关组线性表出的系数.

第四节　子空间、基、维数和矩阵的秩

本节将介绍一个重要的概念——子空间,它是$\mathbb{R}^n$中的一个向量子集．子空间常与某个矩阵$\boldsymbol{A}$有关联,它们也都提供了齐次线性方程组$\boldsymbol{Ax}=\boldsymbol{0}$和非齐次线性方程组$\boldsymbol{Ax}=\boldsymbol{b}$的相关信息．

1．子空间和生成子空间

定义 4.7　$\mathbb{R}^n$空间的一个子空间是$\mathbb{R}^n$中的一个集合S,它满足以下性质:

(1)零向量在S中;

(2)对S中的任意两个向量$\boldsymbol{u},\boldsymbol{v}$,有$\boldsymbol{u}+\boldsymbol{v}$也在$S$中(称为$S$对加法运算封闭);

(3)k是任意实数,$\boldsymbol{u}$是S中的任意向量,有$k\boldsymbol{u}$也在S中(称为S对数量乘法运算封闭).

例 4.8　设$\boldsymbol{\alpha}_1,\boldsymbol{\alpha}_2,\cdots,\boldsymbol{\alpha}_m$是$\mathbb{R}^n$中的向量,试证明$\boldsymbol{\alpha}_1,\boldsymbol{\alpha}_2,\cdots,\boldsymbol{\alpha}_m$所有的线性组合是$\mathbb{R}^n$的一个子空间．

证明:假设集合S是$\boldsymbol{\alpha}_1,\boldsymbol{\alpha}_2,\cdots,\boldsymbol{\alpha}_m$所有的线性组合构成的集合,下面证明$S$满足子空间的三个条件．

(1)由于S是$\boldsymbol{\alpha}_1,\boldsymbol{\alpha}_2,\cdots,\boldsymbol{\alpha}_m$所有的线性组合,于是线性组合系数全是零所构成的零向量也在S里．

(2)对S中任意两个向量$\boldsymbol{v}_1,\boldsymbol{v}_2$,那么$\boldsymbol{v}_1,\boldsymbol{v}_2$都是$\boldsymbol{\alpha}_1,\boldsymbol{\alpha}_2,\cdots,\boldsymbol{\alpha}_m$的线性组合,不妨假设

$$\boldsymbol{v}_1=k_1\boldsymbol{\alpha}_1+k_2\boldsymbol{\alpha}_2+\cdots+k_m\boldsymbol{\alpha}_m,$$
$$\boldsymbol{v}_2=t_1\boldsymbol{\alpha}_1+t_2\boldsymbol{\alpha}_2+\cdots+t_m\boldsymbol{\alpha}_m.$$

于是

$$\begin{aligned}\boldsymbol{v}_1+\boldsymbol{v}_2&=k_1\boldsymbol{\alpha}_1+k_2\boldsymbol{\alpha}_2+\cdots+k_m\boldsymbol{\alpha}_m+t_1\boldsymbol{\alpha}_1+t_2\boldsymbol{\alpha}_2+\cdots+t_m\boldsymbol{\alpha}_m\\&=(k_1+t_1)\boldsymbol{\alpha}_1+(k_2+t_2)\boldsymbol{\alpha}_2+\cdots+(k_m+t_m)\boldsymbol{\alpha}_m.\end{aligned}$$

显然$\boldsymbol{v}_1+\boldsymbol{v}_2$也是$\boldsymbol{\alpha}_1,\boldsymbol{\alpha}_2,\cdots,\boldsymbol{\alpha}_m$的线性组合,所以$\boldsymbol{v}_1+\boldsymbol{v}_2$也属于$S$.

(3)对任意的实数t和S中任意向量$\boldsymbol{v}_1$,有

$$\begin{aligned}t\boldsymbol{v}_1&=t(k_1\boldsymbol{\alpha}_1+k_2\boldsymbol{\alpha}_2+\cdots+k_m\boldsymbol{\alpha}_m)\\&=(tk_1)\boldsymbol{\alpha}_1+(tk_2)\boldsymbol{\alpha}_2+\cdots+(tk_m)\boldsymbol{\alpha}_m.\end{aligned}$$

因此$t\boldsymbol{v}_1$也是$\boldsymbol{\alpha}_1,\boldsymbol{\alpha}_2,\cdots,\boldsymbol{\alpha}_m$的线性组合,所以$t\boldsymbol{v}_1$也属于$S$.

综上所述,$\boldsymbol{\alpha}_1,\boldsymbol{\alpha}_2,\cdots,\boldsymbol{\alpha}_m$所有的线性组合是$\mathbb{R}^n$的一个子空间．将这个空间称为由$\boldsymbol{\alpha}_1,\boldsymbol{\alpha}_2,\cdots,\boldsymbol{\alpha}_m$生成的子空间,记为$\mathrm{span}\{\boldsymbol{\alpha}_1,\boldsymbol{\alpha}_2,\cdots,\boldsymbol{\alpha}_m\}$.

$\mathbb{R}^n$中还有两个特殊的子空间,一个是$\mathbb{R}^n$自身,它满足子空间的三条性质．另一个是仅含零向量的集合,它也满足子空间的三条性质,称为零子空间．

定义 4.8　矩阵$\boldsymbol{A}$的列向量的所有线性组合的集合,称为矩阵$\boldsymbol{A}$的列空间,记为$\mathrm{col}(\boldsymbol{A})$.

矩阵$\boldsymbol{A}$的行向量的所有线性组合的集合,称为矩阵$\boldsymbol{A}$的行空间,记为$\mathrm{row}(\boldsymbol{A})$.

例 4.9　如果矩阵$\boldsymbol{A}=\begin{bmatrix}2&1\\0&1\\6&3\end{bmatrix}$,$\boldsymbol{b}=\begin{bmatrix}1\\2\\3\end{bmatrix}$,那么$\boldsymbol{b}$是否属于$\boldsymbol{A}$的列空间?

解:如果向量 $\boldsymbol{b}$ 属于 $\boldsymbol{A}$ 的列空间,那么 $\boldsymbol{b}$ 可以写成 $\boldsymbol{A}$ 的列向量的线性组合形式,也就是方程组 $\boldsymbol{Ax}=\boldsymbol{b}$ 有解,且解就是线性表出的系数. 因此,向量 $\boldsymbol{b}$ 属于 $\boldsymbol{A}$ 的列空间,当且仅当方程组 $\boldsymbol{Ax}=\boldsymbol{b}$ 时有解.

将增广矩阵进行初等行变换,可得

$$\begin{bmatrix}2&1&1\\0&1&2\\6&3&3\end{bmatrix}\to\begin{bmatrix}2&1&1\\0&1&2\\0&0&0\end{bmatrix}\to\begin{bmatrix}2&0&-1\\0&1&2\\0&0&0\end{bmatrix}\to\begin{bmatrix}1&0&-\dfrac{1}{2}\\0&1&2\\0&0&0\end{bmatrix},$$

所以$\begin{cases}x_1=-\dfrac{1}{2},\\x_2=2.\end{cases}$可知向量 $\boldsymbol{b}$ 属于 $\boldsymbol{A}$ 的列空间.

由此可以得到以下结论:

$\boldsymbol{Ax}=\boldsymbol{b}$ 有解$\Leftrightarrow \boldsymbol{b}\in \mathrm{col}(\boldsymbol{A})$,$\boldsymbol{Ax}=\boldsymbol{b}$ 无解$\Leftrightarrow \boldsymbol{b}\notin \mathrm{col}(\boldsymbol{A})$.

定理 4.10　如果矩阵 $\boldsymbol{A}$ 经过初等行变换化为矩阵 $\boldsymbol{B}$,那么 $\mathrm{row}(\boldsymbol{A})=\mathrm{row}(\boldsymbol{B})$.

证明:矩阵 $\boldsymbol{A}$ 经过初等行变换化为矩阵 $\boldsymbol{B}$,那么矩阵 $\boldsymbol{B}$ 的行向量都可由 $\boldsymbol{A}$ 的行向量线性表出,于是 $\boldsymbol{B}$ 的行向量的线性组合也可由 $\boldsymbol{A}$ 的行向量线性表出,这表明 $\mathrm{row}(\boldsymbol{B})\subseteq\mathrm{row}(\boldsymbol{A})$;如果将所经过的初等行变换反过来,就可以从矩阵 $\boldsymbol{B}$ 化为 $\boldsymbol{A}$,同理可得 $\mathrm{row}(\boldsymbol{A})\subseteq\mathrm{row}(\boldsymbol{B})$. 综上所得,$\mathrm{row}(\boldsymbol{A})=\mathrm{row}(\boldsymbol{B})$.

定理 4.11　如果 $\boldsymbol{A}$ 为 $m\times n$ 矩阵,N 是齐次线性方程组 $\boldsymbol{Ax}=\boldsymbol{0}$ 的所有解的集合,则 N 是$\mathbb{R}^n$ 的一个子空间.

证明:显然 $\boldsymbol{x}$ 是$\mathbb{R}^n$ 中的向量,而 $\boldsymbol{A}_{m\times n}\boldsymbol{0}_n=\boldsymbol{0}_m$,所以 $\boldsymbol{0}_n$ 属于 N. 假设 $\boldsymbol{u},\boldsymbol{v}$ 都是 $\boldsymbol{Ax}=\boldsymbol{0}$ 的解,那么 $\boldsymbol{A}(\boldsymbol{u}+\boldsymbol{v})=\boldsymbol{Au}+\boldsymbol{Av}=\boldsymbol{0}+\boldsymbol{0}=\boldsymbol{0}$,即 $\boldsymbol{u}+\boldsymbol{v}$ 也属于 N;对任意实数 k,又有 $\boldsymbol{A}(k\boldsymbol{u})=k(\boldsymbol{Au})=k\boldsymbol{0}=\boldsymbol{0}$,即 $k\boldsymbol{u}$ 也属于 N. 所以,N 是$\mathbb{R}^n$ 的一个子空间.

将集合 N 称为矩阵 $\boldsymbol{A}$ 的零空间,记为 $\mathrm{null}(\boldsymbol{A})$.

2. 子空间的基和维数

因为子空间一般含有无穷多的向量,比如$\mathbb{R}^2$ 中的向量,所以能通过研究两个向量来得到$\mathbb{R}^2$ 的一些性质,所选的两个向量必须是线性无关的.

定义 4.9　$\mathbb{R}^n$ 的子空间 S 的一个基是 S 中的一个极大线性无关向量组,它能生成 S.

例 4.10　$\mathbb{R}^n$ 的一组向量 $\boldsymbol{\varepsilon}_1=\begin{bmatrix}1\\0\\\vdots\\0\\0\end{bmatrix},\boldsymbol{\varepsilon}_2=\begin{bmatrix}0\\1\\\vdots\\0\\0\end{bmatrix},\cdots,\boldsymbol{\varepsilon}_{n-1}=\begin{bmatrix}0\\0\\\vdots\\1\\0\end{bmatrix},\boldsymbol{\varepsilon}_n=\begin{bmatrix}0\\0\\\vdots\\0\\1\end{bmatrix}$,显然它们是线性无关的,并且$\mathbb{R}^n$ 中的任意向量都可由 $\boldsymbol{\varepsilon}_1,\boldsymbol{\varepsilon}_2,\cdots,\boldsymbol{\varepsilon}_n$ 线性表出,也就是 $\mathrm{span}\{\boldsymbol{\varepsilon}_1,\boldsymbol{\varepsilon}_2,\cdots,\boldsymbol{\varepsilon}_n\}=\mathbb{R}^n$,所以 $\boldsymbol{\varepsilon}_1,\boldsymbol{\varepsilon}_2,\cdots,\boldsymbol{\varepsilon}_n$ 就是$\mathbb{R}^n$ 中的一个基;每个 $\boldsymbol{\varepsilon}_i$ 中只有一个分量是 1,其余都是 0,所以 $\boldsymbol{\varepsilon}_1,\boldsymbol{\varepsilon}_2,\cdots,\boldsymbol{\varepsilon}_n$ 称为$\mathbb{R}^n$ 中的标准基.

例 4.11 求矩阵 $A=\begin{bmatrix}1&1&2&1&8\\2&-1&1&1&3\\-3&2&1&-2&-5\\4&1&5&1&11\end{bmatrix}$的列空间的基和行空间的基.

解:因为 A 的列空间是 A 的列向量的所有线性组合,也就是 A 的列向量生成的,只要找到 A 的列向量的线性无关的向量,且它能线性表出 A 的其余列向量,那么这组线性无关的列向量就是列空间的基. 将 A 经过初等行变换化为最简行阶梯形矩阵

$$A=\begin{bmatrix}1&1&2&1&8\\2&-1&1&1&3\\-3&2&-1&-2&-5\\4&1&5&1&11\end{bmatrix}\rightarrow\begin{bmatrix}1&1&2&1&8\\0&-3&-3&-1&-13\\0&5&5&1&19\\0&-3&-3&-3&-21\end{bmatrix}$$

$$\rightarrow\begin{bmatrix}1&1&2&1&8\\0&-1&-1&-1&-7\\0&5&5&1&19\\0&-3&-3&-1&-13\end{bmatrix}\rightarrow\begin{bmatrix}1&0&1&0&1\\0&1&1&1&7\\0&0&0&-4&-16\\0&0&0&2&8\end{bmatrix}$$

$$\rightarrow\begin{bmatrix}1&0&1&0&1\\0&1&1&0&3\\0&0&0&1&4\\0&0&0&0&0\end{bmatrix}.$$

显然,主元所在的列是线性无关的,因此这些列对应的 A 的列向量也是线性无关的,于是 A 的列空间的基为$\begin{bmatrix}1\\2\\-3\\4\end{bmatrix},\begin{bmatrix}1\\-1\\2\\1\end{bmatrix},\begin{bmatrix}1\\1\\-2\\1\end{bmatrix}$. 结合前面的例题可知这个基还是矩阵 A 的列向量组的一个极大线性无关组,所以求矩阵的列空间的一个基的问题,就可以转化为求矩阵的列向量组的一个极大线性无关组的问题.

特别注意:A 的列空间的基不是主元的列向量,这是由于 A 的任意列向量都不能由$\begin{bmatrix}1\\0\\0\\0\end{bmatrix},\begin{bmatrix}0\\1\\0\\0\end{bmatrix},\begin{bmatrix}0\\0\\1\\0\end{bmatrix}$线性表出.

同时,主元所在的行向量也是线性无关的,由定理 4.10 可知 A 的行空间和最简行阶梯形矩阵的行空间相等,所以 A 的行空间的基为 $[1,0,1,0,1]$, $[0,1,1,0,3]$, $[0,0,0,1,4]$.

定理 4.12 矩阵 A 的最简行阶梯形矩阵的主元所在的列,所对应的 A 的列向量构成 A 的列空间 $\mathrm{col}(A)$的基;矩阵 A 的最简行阶梯形矩阵的主元所在的行,构成 A 的行空间 $\mathrm{row}(A)$的基.

例 4.12　求矩阵 $\boldsymbol{A}=\begin{bmatrix}1&1&2&1&8\\2&-1&1&1&3\\-3&2&1&-2&-5\\4&1&5&1&11\end{bmatrix}$ 的零空间 null($\boldsymbol{A}$)的基.

解:$\boldsymbol{A}$ 的零空间 null($\boldsymbol{A}$)是 $\boldsymbol{Ax}=\boldsymbol{0}$ 的所有解的集合,它的基就是集合中的线性无关组,且能线性表出任意的解.将 $\boldsymbol{A}$ 经过初等行变换化为最简行阶梯形矩阵,可得

$$A=\begin{bmatrix}1&1&2&1&8\\2&-1&1&1&3\\-3&2&-1&-2&-5\\4&1&5&1&11\end{bmatrix}\to\begin{bmatrix}1&0&1&0&1\\0&1&1&0&3\\0&0&0&1&4\\0&0&0&0&0\end{bmatrix}.$$

最简阶梯形矩阵所对应的线性方程组为 $\begin{cases}x_1\quad+x_3\quad+x_5=0,\\ \quad x_2+x_3\quad+3x_5=0,\\ \qquad\qquad x_4+x_5=0.\end{cases}$

由于 x_3,x_5 是自由变量,令 $x_3=k,x_5=t$,所以方程组的解为 $\begin{cases}x_1=-k-t,\\x_2=-k-3t,\\x_3=k,\\x_4=\quad -t,\\x_5=\quad t.\end{cases}$

再将解写成列向量的形式,有 $\begin{bmatrix}x_1\\x_2\\x_3\\x_4\\x_5\end{bmatrix}=k\begin{bmatrix}-1\\-1\\1\\0\\0\end{bmatrix}+t\begin{bmatrix}-1\\-3\\0\\-1\\1\end{bmatrix}$.

所以线性无关的向量 $\begin{bmatrix}-1\\-1\\1\\0\\0\end{bmatrix},\begin{bmatrix}-1\\-3\\0\\-1\\1\end{bmatrix}$ 生成了整个解空间,于是零空间的基为 $\begin{bmatrix}-1\\-1\\1\\0\\0\end{bmatrix},\begin{bmatrix}-1\\-3\\0\\-1\\1\end{bmatrix}$.

例 4.11 与例 4.12 提供了求解矩阵 $\boldsymbol{A}$ 的列空间 col($\boldsymbol{A}$)、行空间 row($\boldsymbol{A}$)、零空间 null($\boldsymbol{A}$)的基的方法:

(1)将矩阵 $\boldsymbol{A}$ 通过初等行变换化为最简行阶梯形矩阵 $\boldsymbol{B}$;

(2)$\boldsymbol{B}$ 的主元所在的行向量就是 $\boldsymbol{A}$ 的行空间 row($\boldsymbol{A}$)的基;

(3)$\boldsymbol{B}$ 的主元所在的列,所对应的矩阵 $\boldsymbol{A}$ 的列向量就是 $\boldsymbol{A}$ 的列空间 col($\boldsymbol{A}$)的基,也是 $\boldsymbol{A}$ 的列向量组的一个极大线性无关组;

(4)求出 $\boldsymbol{Bx}=\boldsymbol{0}$ 的解,将自由变量设为参数,代入方程的解中,再将解写成向量的线性组合形式,这些向量就是 $\boldsymbol{A}$ 的零空间 null($\boldsymbol{A}$)的基.

注意:子空间可能会有不同的基,这些基所含向量的个数之间具有何种关系?

定理 4.13　如果 S 是 $\mathbb{R}^n$ 中的子空间,那么 S 的任意两个基所包含的向量个数是

相同的.

证明:如果 $\boldsymbol{\alpha}_1,\boldsymbol{\alpha}_2,\cdots,\boldsymbol{\alpha}_p$ 和 $\boldsymbol{\beta}_1,\boldsymbol{\beta}_2,\cdots,\boldsymbol{\beta}_q$ 都是 S 的基,下面证明 $p=q$. 利用反证法,假设$p<q$,令 $t_1\boldsymbol{\beta}_1+t_2\boldsymbol{\beta}_2+\cdots+t_q\boldsymbol{\beta}_q=\mathbf{0}$,又 $\boldsymbol{\alpha}_1,\boldsymbol{\alpha}_2,\cdots,\boldsymbol{\alpha}_p$ 是 S 的基,所以 $\boldsymbol{\beta}_i$ 可以写成 $\boldsymbol{\alpha}_1,\boldsymbol{\alpha}_2,\cdots,\boldsymbol{\alpha}_p$ 的线性组合形式,于是

$$\begin{cases}\boldsymbol{\beta}_1=k_{11}\boldsymbol{\alpha}_1+k_{12}\boldsymbol{\alpha}_2+\cdots+k_{1p}\boldsymbol{\alpha}_p,\\ \boldsymbol{\beta}_2=k_{21}\boldsymbol{\alpha}_1+k_{22}\boldsymbol{\alpha}_2+\cdots+k_{2p}\boldsymbol{\alpha}_p,\\ \quad\cdots\cdots\\ \boldsymbol{\beta}_q=k_{q1}\boldsymbol{\alpha}_1+k_{q2}\boldsymbol{\alpha}_2+\cdots+k_{qp}\boldsymbol{\alpha}_p.\end{cases}\tag{4.4}$$

故可得

$$t_1(k_{11}\boldsymbol{\alpha}_1+k_{12}\boldsymbol{\alpha}_2+\cdots+k_{1p}\boldsymbol{\alpha}_p)+t_2(k_{21}\boldsymbol{\alpha}_1+k_{22}\boldsymbol{\alpha}_2+\cdots+k_{2p}\boldsymbol{\alpha}_p)+\cdots+t_q(k_{q1}\boldsymbol{\alpha}_1+k_{q2}\boldsymbol{\alpha}_2+\cdots+k_{qp}\boldsymbol{\alpha}_p)=\mathbf{0}.\tag{4.5}$$

整理可得

$$(t_1k_{11}+t_2k_{21}+\cdots+t_qk_{q1})\boldsymbol{\alpha}_1+(t_1k_{12}+t_2k_{22}+\cdots+t_qk_{q2})\boldsymbol{\alpha}_2+\cdots+(t_1k_{1p}+t_2k_{2p}+\cdots+t_qk_{qp})\boldsymbol{\alpha}_p=\mathbf{0}.\tag{4.6}$$

$\boldsymbol{\alpha}_1,\boldsymbol{\alpha}_2,\cdots,\boldsymbol{\alpha}_p$ 也是基,所以它是线性无关的向量组,于是

$$\begin{cases}t_1k_{11}+t_2k_{21}+\cdots+t_qk_{q1}=0,\\ t_1k_{12}+t_2k_{22}+\cdots+t_qk_{q2}=0,\\ \quad\cdots\cdots\\ t_1k_{1p}+t_2k_{2p}+\cdots+t_qk_{qp}=0\end{cases}\tag{4.7}$$

写成矩阵形式为

$$\begin{bmatrix}k_{11}&k_{21}&\cdots&k_{q1}\\k_{12}&k_{22}&\cdots&k_{q2}\\\vdots&\vdots&&\vdots\\k_{1p}&k_{2p}&\cdots&k_{qp}\end{bmatrix}\begin{bmatrix}t_1\\t_2\\\vdots\\t_q\end{bmatrix}=\mathbf{0}.\tag{4.8}$$

由假设 $p<q$,也就是方程的个数小于未知量的个数,可知方程组有非零解;又 $t_1\boldsymbol{\beta}_1+t_2\boldsymbol{\beta}_2+\cdots+t_q\boldsymbol{\beta}_q=\mathbf{0}$,所以 $\boldsymbol{\beta}_1,\boldsymbol{\beta}_2,\cdots,\boldsymbol{\beta}_q$ 是线性相关的,这和它是基矛盾. 因此,$p<q$ 不成立. 同理可得 $p>q$ 也不成立. 所以只有 $p=q$.

由定理 4.13 可知子空间的任意基所含的向量个数都是相同的,就将基所含的向量的数目加以命名.

定义 4.10 若 S 是$\mathbb{R}^n$ 中的子空间,那么 S 的基里所含向量的个数称为 S 的维数,记为 $\dim S$. 特别地,只含有零向量的子空间的维数规定为 0.

例如 $\mathbb{R}^n$ 空间的标准基 $\boldsymbol{\varepsilon}_1,\boldsymbol{\varepsilon}_2,\cdots,\boldsymbol{\varepsilon}_n$ 里包含有 n 个向量,所以 $\dim\mathbb{R}^n=n$,

而例 4.12 中 $\boldsymbol{A}=\begin{bmatrix}1&1&2&1&8\\2&-1&1&1&3\\-3&2&-1&-2&-5\\4&1&5&1&11\end{bmatrix}\to\begin{bmatrix}1&0&1&0&1\\0&1&1&0&3\\0&0&0&1&4\\0&0&0&0&0\end{bmatrix}$的行空间和列空间的基都有 3 个向量,所以 $\dim(\mathrm{row}(\boldsymbol{A}))=\dim(\mathrm{col}(\boldsymbol{A}))=3$,而 $\boldsymbol{A}$ 的零空间里只有两个向量,所以

$\dim(\text{null}(\boldsymbol{A}))=2$.

定理 4.14 设 $\boldsymbol{\alpha}_1,\boldsymbol{\alpha}_2,\cdots,\boldsymbol{\alpha}_p$ 为空间 S 的一个基,则 S 中的任意向量 $\boldsymbol{x}$,可以唯一地表示成 $\boldsymbol{\alpha}_1,\boldsymbol{\alpha}_2,\cdots,\boldsymbol{\alpha}_p$ 的线性组合.

证明:由基的定义 4.9 可知 $\boldsymbol{x}$ 可以表示为 $\boldsymbol{\alpha}_1,\boldsymbol{\alpha}_2,\cdots,\boldsymbol{\alpha}_p$ 的线性组合,假设有两种不同的表示方式

$$\boldsymbol{x}=k_1\boldsymbol{\alpha}_1+k_2\boldsymbol{\alpha}_2+\cdots+k_p\boldsymbol{\alpha}_p,$$
$$\boldsymbol{x}=t_1\boldsymbol{\alpha}_1+t_2\boldsymbol{\alpha}_2+\cdots+t_p\boldsymbol{\alpha}_p.$$

两式相减可得 $\boldsymbol{0}=(k_1-t_1)\boldsymbol{\alpha}_1+(k_2-t_2)\boldsymbol{\alpha}_2+\cdots+(k_p-t_p)\boldsymbol{\alpha}_p$,而 $\boldsymbol{\alpha}_1,\boldsymbol{\alpha}_2,\cdots,\boldsymbol{\alpha}_p$ 是线性无关的,所以 $k_1-t_1=0,k_2-t_2=0,\cdots,k_p-t_p=0$,由此得出表示方式唯一.

将 $\boldsymbol{x}$ 由基 $\boldsymbol{\alpha}_1,\boldsymbol{\alpha}_2,\cdots,\boldsymbol{\alpha}_p$ 线性表出的系数 $k_1,k_2,\cdots,k_p$ 组成的有序数组,称为 $\boldsymbol{x}$ 在基 $\boldsymbol{\alpha}_1,\boldsymbol{\alpha}_2,\cdots,\boldsymbol{\alpha}_p$ 下的坐标,通常把向量 $\boldsymbol{x}$ 的坐标写成列向量的形式.

例 4.13 (1)设 $\boldsymbol{\varepsilon}_1=\begin{bmatrix}1\\0\\0\end{bmatrix},\boldsymbol{\varepsilon}_2=\begin{bmatrix}0\\1\\0\end{bmatrix},\boldsymbol{\varepsilon}_3=\begin{bmatrix}0\\0\\1\end{bmatrix}$ 为$\mathbb{R}^3$ 的一个基,求向量 $\boldsymbol{\beta}=\begin{bmatrix}0\\-5\\1\end{bmatrix}$ 在 $\boldsymbol{\varepsilon}_1,\boldsymbol{\varepsilon}_2,\boldsymbol{\varepsilon}_3$ 下的坐标.

(2)设 $\boldsymbol{\alpha}_1=\begin{bmatrix}1\\0\\0\end{bmatrix},\boldsymbol{\alpha}_2=\begin{bmatrix}1\\1\\0\end{bmatrix},\boldsymbol{\alpha}_3=\begin{bmatrix}1\\1\\1\end{bmatrix}$ 为$\mathbb{R}^3$ 的一个基,求向量 $\boldsymbol{\beta}=\begin{bmatrix}0\\-5\\1\end{bmatrix}$ 在 $\boldsymbol{\alpha}_1,\boldsymbol{\alpha}_2,\boldsymbol{\alpha}_3$ 下的坐标.

解:(1)由于 $\boldsymbol{\beta}=\begin{bmatrix}0\\-5\\1\end{bmatrix}=0\begin{bmatrix}1\\0\\0\end{bmatrix}+(-5)\begin{bmatrix}0\\1\\0\end{bmatrix}+1\begin{bmatrix}0\\0\\1\end{bmatrix}$,所以 $\boldsymbol{\beta}$ 在 $\boldsymbol{\varepsilon}_1,\boldsymbol{\varepsilon}_2,\boldsymbol{\varepsilon}_3$ 下的坐标为 $\begin{bmatrix}0\\-5\\1\end{bmatrix}$.

显然,在标准基下,向量 $\boldsymbol{\beta}$ 的坐标就是该向量的各个分量.

(2)将 $\boldsymbol{\alpha}_1,\boldsymbol{\alpha}_2,\boldsymbol{\alpha}_3,\boldsymbol{\beta}$ 按列组成增广矩阵,再进行初等行变换,可得

$$\begin{bmatrix}1&1&1&0\\0&1&1&-5\\0&0&1&1\end{bmatrix}\to\begin{bmatrix}1&1&0&-1\\0&1&0&-6\\0&0&1&1\end{bmatrix}\to\begin{bmatrix}1&0&0&5\\0&1&0&-6\\0&0&1&1\end{bmatrix},$$

因此 $\boldsymbol{\beta}=\begin{bmatrix}0\\-5\\1\end{bmatrix}=5\begin{bmatrix}1\\0\\0\end{bmatrix}+(-6)\begin{bmatrix}1\\1\\0\end{bmatrix}+1\begin{bmatrix}1\\1\\1\end{bmatrix}$,所以 $\boldsymbol{\beta}$ 在 $\boldsymbol{\alpha}_1,\boldsymbol{\alpha}_2,\boldsymbol{\alpha}_3$ 下的坐标为 $\begin{bmatrix}5\\-6\\1\end{bmatrix}$.

由此可得,由于基的不同,向量 $\boldsymbol{\beta}$ 的坐标也会发生变化.

3. 矩阵的秩

定理 4.15 设 $\boldsymbol{A}$ 为 $m\times n$ 矩阵,那么 $\boldsymbol{A}$ 的行空间和列空间具有相同的维数.

证明:设矩阵 $\boldsymbol{B}$ 是 $\boldsymbol{A}$ 经过初等行变换化为的最简行阶梯形矩阵,$\boldsymbol{B}$ 的主元所在的行向量就是 $\boldsymbol{A}$ 的行空间的基;$\boldsymbol{B}$ 的主元所在的列,所对应的矩阵 $\boldsymbol{A}$ 的列向量就是 $\boldsymbol{A}$ 的列空

间的基;主元的个数等于主元所在的行数也等于主元所在的列数,所以 $\boldsymbol{A}$ 的行空间和列空间具有相同的维数,都是主元的个数.

定义 4.11 矩阵 $\boldsymbol{A}$ 的列空间(或行空间)的维数,称为矩阵 $\boldsymbol{A}$ 的秩,记为 $\operatorname{rank}(\boldsymbol{A})$,简记为 $\mathrm{R}(\boldsymbol{A})$.

例如 $\boldsymbol{A}=\begin{bmatrix}1&1&2&1&8\\2&-1&1&1&3\\-3&2&1&-2&-5\\4&1&5&1&11\end{bmatrix}$,则 $\mathrm{R}(\boldsymbol{A})=3$.

由矩阵 $\boldsymbol{A}$ 的秩的定义 4.11,可以确定 $\boldsymbol{A}$ 的列向量(或行向量)中最多有多少个线性无关的向量,也就是 $\boldsymbol{A}$ 的列向量组的一个极大线性无关组所含向量的个数,即 $\boldsymbol{A}$ 的列向量组的秩. 同理,矩阵 $\boldsymbol{A}$ 的列向量中最多的线性无关向量的个数,也就是 $\boldsymbol{A}$ 的列向量组的一个极大线性无关组所含向量的个数,它也是矩阵 $\boldsymbol{A}$ 的秩. 因此,$\boldsymbol{A}$ 的秩等于 $\boldsymbol{A}$ 的列向量组的秩 $\boldsymbol{A}$,都等于 $\boldsymbol{A}$ 的主元的个数.

如果将 $\boldsymbol{A}$ 中既在主元所在的行又在主元所在的列的元素取出,按 $\boldsymbol{A}$ 中的先后顺序排成一个新的矩阵 $\boldsymbol{A}_r$,那么 $\boldsymbol{A}_r$ 的行列式 $|\boldsymbol{A}_r|$ 不等于零.

例如 $\boldsymbol{A}=\begin{bmatrix}1&1&2&1&8\\2&-1&1&1&3\\-3&2&-1&-2&-5\\4&1&5&1&11\end{bmatrix}$ 经过初等行变换后化为 $\begin{bmatrix}1&0&1&0&1\\0&1&1&0&3\\0&0&0&1&4\\0&0&0&0&0\end{bmatrix}$,最简行阶梯形矩阵的主元所对应 $\boldsymbol{A}$ 中的元素分别是 a_{11},a_{22},a_{34},将 a_{11},a_{22},a_{34} 所在的行和列的元素取出.

如图 4.1 所示,将既在横虚线又在竖虚线的元素取出构成矩阵 $\boldsymbol{A}_r$,于是 $\boldsymbol{A}_r=\begin{bmatrix}1&1&1\\2&-1&1\\-3&2&-2\end{bmatrix}$,对 $\boldsymbol{A}_r$ 也作和 $\boldsymbol{A}$ 相同的初等行变换,得到的最简行阶梯形矩阵显然是 $\boldsymbol{I}$,即 $\boldsymbol{A}_r$ 是可逆矩阵,于是 $|A_r|\neq 0$.

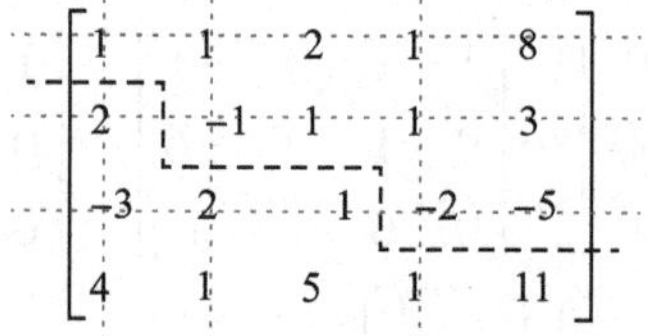

图 4.1 将阶梯形矩阵的阶梯画到原矩阵上

定理 4.16 初等行变换不改变矩阵 $\boldsymbol{A}$ 的秩.

证明:假设矩阵 $\boldsymbol{A}$ 经过有限次初等行变换后得到矩阵 $\boldsymbol{B}$,那么 $\operatorname{row}(\boldsymbol{A})=\operatorname{row}(\boldsymbol{B})$,于是有 $\dim(\operatorname{row}(\boldsymbol{A}))=\dim(\operatorname{row}(\boldsymbol{B}))$,所以 $\mathrm{R}(\boldsymbol{A})=\mathrm{R}(\boldsymbol{B})$,即初等行变换不改变矩阵 $\boldsymbol{A}$ 的秩.

定理 4.17 $\mathrm{R}(\boldsymbol{A})=\mathrm{R}(\boldsymbol{A}^{\mathrm{T}})$.

证明:由 $\mathrm{R}(\boldsymbol{A}^{\mathrm{T}})=\dim(\operatorname{col}(\boldsymbol{A}^{\mathrm{T}}))=\dim(\operatorname{row}(\boldsymbol{A}))=\mathrm{R}(\boldsymbol{A})$,所以 $\mathrm{R}(\boldsymbol{A})=\mathrm{R}(\boldsymbol{A}^{\mathrm{T}})$.

例 4.14 设 $\boldsymbol{A}$ 为 n 阶非奇异矩阵,$\boldsymbol{B}$ 为 $m\times n$ 矩阵,试证明 $\mathrm{R}(\boldsymbol{B})=\mathrm{R}(\boldsymbol{BA})$.

证明:由于 $\boldsymbol{A}$ 为 n 阶非奇异矩阵,所以 $\boldsymbol{A}^{\mathrm{T}}$ 也为非奇异矩阵,故 $\boldsymbol{A}^{\mathrm{T}}$ 可以表示成有限个初等矩阵的乘积形式 $\boldsymbol{A}^{\mathrm{T}}=\boldsymbol{P}_1\boldsymbol{P}_2\cdots\boldsymbol{P}_k$,这里 $\boldsymbol{P}_i$ 是初等矩阵. 因此,$\boldsymbol{A}^{\mathrm{T}}\boldsymbol{B}^{\mathrm{T}}=\boldsymbol{P}_1\boldsymbol{P}_2\cdots\boldsymbol{P}_k\boldsymbol{B}^{\mathrm{T}}$,相当于对矩阵 $\boldsymbol{B}$ 进行了 k 次初等行变换得到了 $\boldsymbol{A}^{\mathrm{T}}\boldsymbol{B}^{\mathrm{T}}$,那么 $\mathrm{R}(\boldsymbol{B})=\mathrm{R}(\boldsymbol{A}^{\mathrm{T}}\boldsymbol{B}^{\mathrm{T}})$. 由定理 4.17 可知

$$\mathrm{R}(\boldsymbol{BA})=\mathrm{R}((\boldsymbol{BA})^{\mathrm{T}})=\mathrm{R}(\boldsymbol{A}^{\mathrm{T}}\boldsymbol{B}^{\mathrm{T}}).$$

从而 $\mathrm{R}(\boldsymbol{B})=\mathrm{R}(\boldsymbol{BA})$.

定理 4.18(秩定理)　设 $\boldsymbol{A}$ 为 $m\times n$ 矩阵,那么

$$\mathrm{R}(\boldsymbol{A})+\dim(\mathrm{null}(\boldsymbol{A}))=n. \tag{4.9}$$

证明:设矩阵 $\boldsymbol{A}$ 的秩为 $\mathrm{R}(\boldsymbol{A})=r$,矩阵 $\boldsymbol{B}$ 是 $\boldsymbol{A}$ 经过初等行变换化为的最简行阶梯形矩阵. 那么 $\mathrm{R}(\boldsymbol{B})=r$,矩阵 $\boldsymbol{B}$ 有 r 个主元,所以方程组 $\boldsymbol{Ax}=\boldsymbol{0}$ 的解中有 $n-r$ 个自由未知量,也就是 $\dim(\mathrm{null}(\boldsymbol{A}))=n-r$.

定理 4.19　设 $\boldsymbol{A}$ 是 n 阶方阵,那么下列命题是等价的:

①$\boldsymbol{A}$ 是可逆矩阵.

②$\boldsymbol{A}$ 和 n 阶单位矩阵 $\boldsymbol{I}$ 是行等价的.

③$\boldsymbol{A}$ 有 n 个主元.

④$\boldsymbol{Ax}=\boldsymbol{0}$ 只有零解.

⑤对 $\mathbb{R}^n$ 中的任意向量 $\boldsymbol{b}$,$\boldsymbol{Ax}=\boldsymbol{b}$ 有唯一解.

⑥$\boldsymbol{A}^{\mathrm{T}}$ 是可逆矩阵.

⑦$\mathrm{R}(\boldsymbol{A})=\mathrm{R}(\boldsymbol{A}^{\mathrm{T}})=n$.

⑧$\boldsymbol{A}$ 的 n 个列向量是线性无关的.

⑨$\boldsymbol{A}$ 的 n 个行向量是线性无关的.

⑩$\dim(\mathrm{row}(\boldsymbol{A}))=\dim(\mathrm{col}(\boldsymbol{A}))=n$.

⑪$\dim(\mathrm{null}(\boldsymbol{A}))=0$.

证明:前六条已经证明过是相互等价的命题. 通过主元和秩的关系可知③⇔⑦;通过秩和极大线性无关组的关系可知③⇔⑧,③⇔⑨;而根据秩的定义 4.11 可知⑦⇔⑩;再根据定理 4.18 可知⑦⇔⑪. 综上,以上命题都是等价的.

例 4.15　设 $\boldsymbol{A}=\begin{bmatrix}1&1&2&0&7\\-3&4&1&7&0\\2&-1&1&-3&5\\1&4&5&3&16\end{bmatrix}$,求 $\mathrm{R}(\boldsymbol{A})$ 和 $\dim(\mathrm{null}(\boldsymbol{A}))$.

解:将 $\boldsymbol{A}$ 经过初等行变换化为最简行阶梯形矩阵

$$\boldsymbol{A}=\begin{bmatrix}1&1&2&0&7\\-3&4&1&7&0\\2&-1&1&-3&5\\1&4&5&3&16\end{bmatrix}\to\begin{bmatrix}1&1&2&0&7\\0&7&7&7&21\\0&-3&-3&-3&-9\\0&3&3&3&9\end{bmatrix}$$

$$\to\begin{bmatrix}1&1&2&0&7\\0&1&1&1&3\\0&-3&-3&-3&-9\\0&3&3&3&9\end{bmatrix}\to\begin{bmatrix}1&0&1&-1&4\\0&1&1&1&3\\0&0&0&0&0\\0&0&0&0&0\end{bmatrix}.$$

可得 $R(\boldsymbol{A})=2$,而 $R(\boldsymbol{A})+\dim(\text{null}(\boldsymbol{A}))=5\Rightarrow\dim(\text{null}(\boldsymbol{A}))=3$.

例 4.16 设 $\boldsymbol{A}$ 为 $m\times n$ 实矩阵,$\boldsymbol{B}$ 为 $n\times s$ 实矩阵,且满足 $\boldsymbol{AB}=\boldsymbol{0}$,试证明 $R(\boldsymbol{A})+R(\boldsymbol{B})\leqslant n$.

证明:将矩阵 $\boldsymbol{B}$ 按列分块,即 $\boldsymbol{B}=(\boldsymbol{\beta}_1,\boldsymbol{\beta}_2,\cdots,\boldsymbol{\beta}_s)$. 由 $\boldsymbol{AB}=\boldsymbol{0}$ 可得 $\boldsymbol{AB}=\boldsymbol{A}(\boldsymbol{\beta}_1,\boldsymbol{\beta}_2,\cdots,\boldsymbol{\beta}_s)=\boldsymbol{0}$,即 $\boldsymbol{A\beta}_i=\boldsymbol{0}(i=1,2,\cdots,s)$,那么 $\boldsymbol{B}$ 的每一列都是齐次线性方程组 $\boldsymbol{Ax}=\boldsymbol{0}$ 的解,于是有 $\boldsymbol{\beta}_i\in\text{null}(\boldsymbol{A})$. 因此,可以得到 $R(\boldsymbol{B})\leqslant\dim(\text{null}(\boldsymbol{A}))$,所以 $R(\boldsymbol{A})+R(\boldsymbol{B})\leqslant R(\boldsymbol{A})+\dim(\text{null}(\boldsymbol{A}))=n$,也就是 $R(\boldsymbol{A})+R(\boldsymbol{B})\leqslant n$.

定理 4.20 设 $\boldsymbol{A}$ 为 $m\times n$ 实矩阵,那么 $R(\boldsymbol{A})=R(\boldsymbol{A}^{\mathrm{T}}\boldsymbol{A})$.

证明:由于 $\boldsymbol{A}^{\mathrm{T}}\boldsymbol{A}$ 为 $n\times n$ 矩阵,它和 $\boldsymbol{A}$ 具有相同的列数,由定理 4.18 可知 $R(\boldsymbol{A})+\dim(\text{null}(\boldsymbol{A}))=n$,$R(\boldsymbol{A}^{\mathrm{T}}\boldsymbol{A})+\dim(\text{null}(\boldsymbol{A}^{\mathrm{T}}\boldsymbol{A}))=n$,为了证明 $R(\boldsymbol{A})=R(\boldsymbol{A}^{\mathrm{T}}\boldsymbol{A})$,只需证明 $\dim(\text{null}(\boldsymbol{A}))=\dim(\text{null}(\boldsymbol{A}^{\mathrm{T}}\boldsymbol{A}))$ 即可. 设 $\text{null}(\boldsymbol{A})$ 中的向量 $\boldsymbol{x}$,即 $\boldsymbol{x}$ 满足 $\boldsymbol{Ax}=\boldsymbol{0}$,于是 $\boldsymbol{A}^{\mathrm{T}}\boldsymbol{Ax}=\boldsymbol{A}^{\mathrm{T}}(\boldsymbol{Ax})=\boldsymbol{A}^{\mathrm{T}}\boldsymbol{0}=\boldsymbol{0}$,即 $\boldsymbol{x}$ 属于 $\text{null}(\boldsymbol{A}^{\mathrm{T}}\boldsymbol{A})$. 再设 $\text{null}(\boldsymbol{A}^{\mathrm{T}}\boldsymbol{A})$ 中的向量 $\boldsymbol{y}$ 和 $\boldsymbol{Ay}=\boldsymbol{b}=\begin{bmatrix}b_1\\b_2\\\vdots\\b_m\end{bmatrix}$,

由 $\boldsymbol{A}^{\mathrm{T}}\boldsymbol{Ay}=\boldsymbol{0}$,得 $\boldsymbol{y}^{\mathrm{T}}\boldsymbol{A}^{\mathrm{T}}\boldsymbol{Ay}=\boldsymbol{y}^{\mathrm{T}}\boldsymbol{0}=\boldsymbol{0}$,而

$$\boldsymbol{y}^{\mathrm{T}}\boldsymbol{A}^{\mathrm{T}}\boldsymbol{Ay}=(\boldsymbol{Ay})^{\mathrm{T}}(\boldsymbol{Ay})=[b_1,b_2,\cdots,b_m]\begin{bmatrix}b_1\\b_2\\\vdots\\b_m\end{bmatrix}=b_1^2+b_2^2+\cdots+b_m^2=0.$$

所以有 $\boldsymbol{Ay}=\boldsymbol{0}$,即 $\boldsymbol{y}$ 属于 $\text{null}(\boldsymbol{A})$. 因此 $\text{null}(\boldsymbol{A})=\text{null}(\boldsymbol{A}^{\mathrm{T}}\boldsymbol{A})$,于是

$$\dim(\text{null}(\boldsymbol{A}))=\dim(\text{null}(\boldsymbol{A}^{\mathrm{T}}\boldsymbol{A})).$$

定理得证.

第五节 非齐次线性方程组的解

设非齐次线性方程组 $\boldsymbol{Ax}=\boldsymbol{b}(b\neq0)$ 的所有解的集合为 V,那么 V 不构成子空间,这是因为 $\boldsymbol{A0}=\boldsymbol{0}\neq\boldsymbol{b}$,即 V 中不包含零向量.

如果任取 V 中两个不同的向量 $\boldsymbol{w}_1,\boldsymbol{w}_2$,即 $\boldsymbol{Aw}_1=\boldsymbol{b}$,$\boldsymbol{Aw}_2=\boldsymbol{b}$,那么 $\boldsymbol{A}(\boldsymbol{w}_1-\boldsymbol{w}_2)=\boldsymbol{Aw}_1-\boldsymbol{Aw}_2=\boldsymbol{b}-\boldsymbol{b}=\boldsymbol{0}$,这说明向量 $\boldsymbol{w}_1-\boldsymbol{w}_2$ 是同系数的齐次线性方程 $\boldsymbol{Ax}=\boldsymbol{0}$ 的解,即 $(\boldsymbol{w}_1-\boldsymbol{w}_2)\in\text{null}(\boldsymbol{A})$.

如果任取 V 中的一个向量 $\boldsymbol{w}_0$,那么 V 中的任意向量 $\boldsymbol{w}$ 都可以表示成 $\boldsymbol{w}=\boldsymbol{w}_0+\boldsymbol{u}$,其中 $\boldsymbol{u}\in\text{null}(\boldsymbol{A})$. 这是由于 $\boldsymbol{w}=\boldsymbol{w}_0+(\boldsymbol{w}-\boldsymbol{w}_0)$,通过上述可知 $(\boldsymbol{w}-\boldsymbol{w}_0)\in\text{null}(\boldsymbol{A})$,即 $\boldsymbol{u}=(\boldsymbol{w}-\boldsymbol{w}_0)$.

定理 4.21 如果非齐次线性方程 $\boldsymbol{Ax}=\boldsymbol{b}(b\neq0)$ 有解,且所有解的集合为 V,设 $\boldsymbol{w}_0$ 是它的某个解(一般称为特解),那么 $V=\{\boldsymbol{w}_0+\boldsymbol{u}\mid\boldsymbol{u}\in\text{null}(\boldsymbol{A})\}$.

定理 4.22(非齐次线性方程组解的存在定理) 设 $\boldsymbol{A}$ 为 $m\times n$ 矩阵,$\boldsymbol{b}\in\mathbb{R}^m$ 且不为零向量,那么非齐次线性方程组 $\boldsymbol{Ax}=\boldsymbol{b}$ 的解与增广矩阵 $(\boldsymbol{A}\ \boldsymbol{b})$ 和系数矩阵 $\boldsymbol{A}$,以及未知量的

个数 n 具有如下关系:

①$\boldsymbol{Ax}=\boldsymbol{b}$ 有唯一解$\Leftrightarrow \mathrm{R}(\boldsymbol{A}\ \boldsymbol{b})=\mathrm{R}(\boldsymbol{A})=n$.

②$\boldsymbol{Ax}=\boldsymbol{b}$ 有无穷多解$\Leftrightarrow \mathrm{R}(\boldsymbol{A}\ \boldsymbol{b})=\mathrm{R}(\boldsymbol{A})<n$.

③$\boldsymbol{Ax}=\boldsymbol{b}$ 无解$\Leftrightarrow \mathrm{R}(\boldsymbol{A}\ \boldsymbol{b})\neq \mathrm{R}(\boldsymbol{A})$.

根据上一节的内容,即 $\boldsymbol{Ax}=\boldsymbol{b}$ 有解$\Leftrightarrow \boldsymbol{b}\in \mathrm{col}(\boldsymbol{A})$,$\boldsymbol{Ax}=\boldsymbol{b}$ 无解$\Leftrightarrow \boldsymbol{b}\notin \mathrm{col}(\boldsymbol{A})$,以及秩定理,很容易证明定理 4.22.

例 4.17　求解非齐次线性方程组

$$\begin{cases}2x_1+x_2-x_3+x_4=1,\\x_1+2x_2+x_3-x_4=2,\\x_1+x_2+2x_3+x_4=3.\end{cases}$$

解:用初等行变换将增广矩阵化为最简行阶梯形矩阵

$$[A \vdots b]=\begin{bmatrix}2&1&-1&1&1\\1&2&1&-1&2\\1&1&2&1&3\end{bmatrix}\to\begin{bmatrix}1&1&2&1&3\\0&1&-1&-2&-1\\0&-1&-5&-1&-5\end{bmatrix}$$

$$\to\begin{bmatrix}1&1&2&1&3\\0&1&-1&-2&-1\\0&0&-6&-3&-6\end{bmatrix}\to\begin{bmatrix}1&0&0&\frac{3}{2}&1\\0&1&0&-\frac{3}{2}&0\\0&0&1&\frac{1}{2}&1\end{bmatrix}.$$

还原成等价方程组,可得

$$\begin{cases}x_1=1-\frac{3}{2}x_4,\\x_2=\quad\frac{3}{2}x_4,\\x_3=1-\frac{1}{2}x_4,\\x_4=\quad x_4.\end{cases}$$

即 $\begin{bmatrix}x_1\\x_2\\x_3\\x_4\end{bmatrix}=\begin{bmatrix}1\\0\\1\\0\end{bmatrix}+k_4\begin{bmatrix}-\frac{3}{2}\\\frac{3}{2}\\\frac{1}{2}\\1\end{bmatrix},k_4\in\mathbb{R}.$

其中$\begin{bmatrix}1\\0\\1\\0\end{bmatrix}$是一个特解，$\begin{bmatrix}-\frac{3}{2}\\\frac{3}{2}\\\frac{1}{2}\\1\end{bmatrix}$是 null($\boldsymbol{A}$)的一个基，$k_4\begin{bmatrix}-\frac{3}{2}\\\frac{3}{2}\\\frac{1}{2}\\1\end{bmatrix}$($k_4\in\mathbb{R}$)表示同系数的齐次线性方程组$\boldsymbol{Ax}=\boldsymbol{0}$的通解.

第六节　向量的内积、正交基

向量空间中不止有加法运算和数量乘法运算，类似于$\mathbb{R}^3$空间，还可以考虑向量的长度、距离、夹角、垂直等问题，而$\mathbb{R}^n$空间中的这些概念都是建立在向量内积的基础上的.

1. 向量的内积

设$\mathbb{R}^n$中的任意两个向量$\boldsymbol{\alpha},\boldsymbol{\beta}$，也可以将$\boldsymbol{\alpha},\boldsymbol{\beta}$看作$n\times1$矩阵. 按矩阵乘法原则，$\boldsymbol{\alpha}^{\mathrm{T}}\boldsymbol{\beta}$是一个$1\times1$矩阵，也可以将$\boldsymbol{\alpha}^{\mathrm{T}}\boldsymbol{\beta}$看作一个实数.

定义 4.12　设$\mathbb{R}^n$中的任意两个向量$\boldsymbol{\alpha},\boldsymbol{\beta}$分别为$\boldsymbol{\alpha}=(a_1,a_2,\cdots,a_n)^{\mathrm{T}}$，$\boldsymbol{\beta}=(b_1,b_2,\cdots,b_n)^{\mathrm{T}}$，则$\boldsymbol{\alpha}^{\mathrm{T}}\boldsymbol{\beta}$称为向量$\boldsymbol{\alpha}$和$\boldsymbol{\beta}$的内积，也可以记为$(\boldsymbol{\alpha},\boldsymbol{\beta})$，由此可以得到

$$(\boldsymbol{\alpha},\boldsymbol{\beta})=\boldsymbol{\alpha}^{\mathrm{T}}\boldsymbol{\beta}=a_1b_1+a_2b_2+\cdots+a_nb_n=\sum_{i=1}^{n}a_ib_i. \tag{4.10}$$

例 4.18　如果向量$\boldsymbol{\alpha}=\begin{pmatrix}1\\-2\\3\\2\end{pmatrix}$，$\boldsymbol{\beta}=\begin{pmatrix}2\\3\\-1\\4\end{pmatrix}$，试计算$(\boldsymbol{\alpha},\boldsymbol{\beta})$和$(\boldsymbol{\beta},\boldsymbol{\alpha})$.

解: $(\boldsymbol{\alpha},\boldsymbol{\beta})=\boldsymbol{\alpha}^{\mathrm{T}}\boldsymbol{\beta}=1\times2+(-2)\times3+3\times(-1)+2\times4=1.$

$(\boldsymbol{\beta},\boldsymbol{\alpha})=\boldsymbol{\beta}^{\mathrm{T}}\boldsymbol{\alpha}=2\times1+3\times(-2)+(-1)\times3+4\times2=1.$

在本例中可以看出$(\boldsymbol{\alpha},\boldsymbol{\beta})=(\boldsymbol{\beta},\boldsymbol{\alpha})$，也就是满足交换律. 此外，内积还具有以下性质，它们都可以利用矩阵乘法运算规则进行验证.

定理 4.23　设$\boldsymbol{\alpha},\boldsymbol{\beta},\boldsymbol{\gamma}$是$\mathbb{R}^n$中的向量，$k$为实数，那么

(1) $(\boldsymbol{\alpha},\boldsymbol{\beta})=(\boldsymbol{\beta},\boldsymbol{\alpha})$;

(2) $(\boldsymbol{\alpha}+\boldsymbol{\beta},\boldsymbol{\gamma})=(\boldsymbol{\alpha},\boldsymbol{\gamma})+(\boldsymbol{\beta},\boldsymbol{\gamma})$;

(3) $(k\boldsymbol{\alpha},\boldsymbol{\beta})=k(\boldsymbol{\alpha},\boldsymbol{\beta})=(\boldsymbol{\alpha},k\boldsymbol{\beta})$;

(4) $(\boldsymbol{\alpha},\boldsymbol{\alpha})\geqslant0$，并且$(\boldsymbol{\alpha},\boldsymbol{\alpha})=0\Leftrightarrow\boldsymbol{\alpha}=\boldsymbol{0}$.

由于$(\boldsymbol{\alpha},\boldsymbol{\alpha})\geqslant0$，所以$(\boldsymbol{\alpha},\boldsymbol{\alpha})$的平方根就有意义，类似于三维空间$\mathbb{R}^3$中的向量长度，就可以定义$\mathbb{R}^n$中的向量长度.

定义 4.13　称$\|\boldsymbol{\alpha}\|=\sqrt{(\boldsymbol{\alpha},\boldsymbol{\alpha})}$为向量$\boldsymbol{\alpha}$的长度(或范数). 当$\|\boldsymbol{\alpha}\|=1$时，称$\boldsymbol{\alpha}$为单位向量.

因此，若$\mathbb{R}^n$中的向量$\boldsymbol{\alpha}=(a_1,a_2,\cdots,a_n)^{\mathrm{T}}$，则$\|\boldsymbol{\alpha}\|=\sqrt{(\boldsymbol{\alpha},\boldsymbol{\alpha})}=\sqrt{a_1^2+a_2^2+\cdots+a_n^2}$，对于任

意实数 k,则有 $\|k\boldsymbol{\alpha}\|=\sqrt{(k\boldsymbol{\alpha},k\boldsymbol{\alpha})}=|k|\ \|\boldsymbol{\alpha}\|$. 如果 $\boldsymbol{\alpha}$ 是一个非零向量,它除以自身的长度,就可以得到一个单位化的向量 $\boldsymbol{\beta}=\dfrac{\boldsymbol{\alpha}}{\|\boldsymbol{\alpha}\|}$. 这种把向量 $\boldsymbol{\alpha}$ 化成单位向量 $\boldsymbol{\beta}$ 的过程称为向量 $\boldsymbol{\alpha}$ 的单位化,此时 $\boldsymbol{\alpha}$ 和 $\boldsymbol{\beta}$ 的方向相同.

定义 4.14 若 $\mathbb{R}^n$ 中的任意两个向量 $\boldsymbol{\alpha},\boldsymbol{\beta}$,称 $\|\boldsymbol{\alpha}-\boldsymbol{\beta}\|$ 为向量 $\boldsymbol{\alpha}-\boldsymbol{\beta}$ 的长度,也就是 $\boldsymbol{\alpha}$ 和 $\boldsymbol{\beta}$ 的距离.

例 4.19 如果向量 $\boldsymbol{\alpha}=\begin{bmatrix}1\\-2\\3\\2\end{bmatrix}$,$\boldsymbol{\beta}=\begin{bmatrix}2\\3\\-1\\4\end{bmatrix}$,试计算 $\|\boldsymbol{\alpha}-\boldsymbol{\beta}\|$.

解:由于 $(\boldsymbol{\alpha}-\boldsymbol{\beta})^{\mathrm{T}}(\boldsymbol{\alpha}-\boldsymbol{\beta})=[-1,-5,4,-2]\begin{bmatrix}-1\\-5\\4\\-2\end{bmatrix}=46$,

所以 $\|\boldsymbol{\alpha}-\boldsymbol{\beta}\|=\sqrt{(\boldsymbol{\alpha}-\boldsymbol{\beta})^{\mathrm{T}}(\boldsymbol{\alpha}-\boldsymbol{\beta})}=\sqrt{46}$.

由例 4.19 还可以得到,若 $\mathbb{R}^n$ 的两个向量 $\boldsymbol{\alpha},\boldsymbol{\beta}$ 分别为 $\boldsymbol{\alpha}=(a_1,a_2,\cdots,a_n)^{\mathrm{T}}$,$\boldsymbol{\beta}=(b_1,b_2,\cdots,b_n)^{\mathrm{T}}$,那么 $\|\boldsymbol{\alpha}-\boldsymbol{\beta}\|=\sqrt{(\boldsymbol{\alpha}-\boldsymbol{\beta})^{\mathrm{T}}(\boldsymbol{\alpha}-\boldsymbol{\beta})}=\sqrt{(a_1-b_1)^2+(a_2-b_2)^2+\cdots+(a_n-b_n)^2}$.

2. 向量的正交

如果 $\boldsymbol{\alpha},\boldsymbol{\beta}$ 为 $\mathbb{R}^2$ 的两个非零向量,如图 4.2 所示的三角形,其边长分别是 $\|\boldsymbol{\alpha}\|$, $\|\boldsymbol{\beta}\|$, $\|\boldsymbol{\alpha}-\boldsymbol{\beta}\|$, $\|\boldsymbol{\alpha}\|$ 和 $\|\boldsymbol{\beta}\|$ 之间的夹角为 θ,由余弦定理可知

$$\|\boldsymbol{\alpha}-\boldsymbol{\beta}\|^2=\|\boldsymbol{\alpha}\|^2+\|\boldsymbol{\beta}\|^2-2\|\boldsymbol{\alpha}\|\|\boldsymbol{\beta}\|\cos\theta.$$

将其写成内积形式

$$(\boldsymbol{\alpha}-\boldsymbol{\beta})^{\mathrm{T}}(\boldsymbol{\alpha}-\boldsymbol{\beta})=\boldsymbol{\alpha}^{\mathrm{T}}\boldsymbol{\alpha}+\boldsymbol{\beta}^{\mathrm{T}}\boldsymbol{\beta}-2\|\boldsymbol{\alpha}\|\|\boldsymbol{\beta}\|\cos\theta.$$

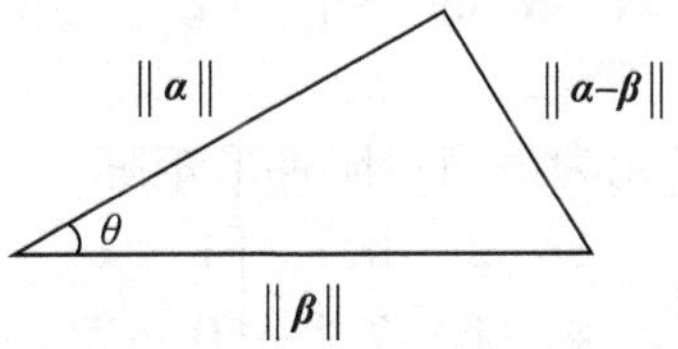

图 4.2 两个向量及其之间的夹角示意图

即
$$\boldsymbol{\alpha}^{\mathrm{T}}\boldsymbol{\alpha}-\boldsymbol{\alpha}^{\mathrm{T}}\boldsymbol{\beta}-\boldsymbol{\beta}^{\mathrm{T}}\boldsymbol{\alpha}+\boldsymbol{\beta}^{\mathrm{T}}\boldsymbol{\beta}=\boldsymbol{\alpha}^{\mathrm{T}}\boldsymbol{\alpha}+\boldsymbol{\beta}^{\mathrm{T}}\boldsymbol{\beta}-2\|\boldsymbol{\alpha}\|\|\boldsymbol{\beta}\|\cos\theta.$$

再根据内积满足交换律可得

$$\boldsymbol{\alpha}^{\mathrm{T}}\boldsymbol{\beta}=\|\boldsymbol{\alpha}\|\|\boldsymbol{\beta}\|\cos\theta.$$

所以,当 $\boldsymbol{\alpha},\boldsymbol{\beta}$ 为非零向量时,有

$$\cos\theta=\frac{\boldsymbol{\alpha}^{\mathrm{T}}\boldsymbol{\beta}}{\|\boldsymbol{\alpha}\|\|\boldsymbol{\beta}\|}=\frac{(\boldsymbol{\alpha},\boldsymbol{\beta})}{\|\boldsymbol{\alpha}\|\|\boldsymbol{\beta}\|}.$$

$\mathbb{R}^3$ 空间也有类似的结论,因此用它来定义 $\mathbb{R}^n$ 两个向量之间的夹角. 在统计学上,$\cos\theta$ 的数值又被统计学家称为相关系数.

定义 4.15 $\mathbb{R}^n$ 两个非零向量 $\boldsymbol{\alpha},\boldsymbol{\beta}$ 的夹角为 θ,规定 $\theta=\arccos\dfrac{(\boldsymbol{\alpha},\boldsymbol{\beta})}{\|\boldsymbol{\alpha}\|\|\boldsymbol{\beta}\|}$.

如果 $(\boldsymbol{\alpha},\boldsymbol{\beta})=0$,那么 $\theta=\dfrac{\pi}{2}$,这时称 $\boldsymbol{\alpha}$ 和 $\boldsymbol{\beta}$ 互相正交,记作 $\boldsymbol{\alpha}\perp\boldsymbol{\beta}$. 显然,零向量和任何向量都正交.

定理 4.24(勾股定理) 向量 $\boldsymbol{\alpha}$ 和 $\boldsymbol{\beta}$ 互相正交 $\Leftrightarrow\|\boldsymbol{\alpha}\|^2+\|\boldsymbol{\beta}\|^2=\|\boldsymbol{\alpha}+\boldsymbol{\beta}\|^2$.

证明:

$$\begin{aligned}\|\boldsymbol{\alpha}+\boldsymbol{\beta}\|^2&=(\boldsymbol{\alpha}+\boldsymbol{\beta},\boldsymbol{\alpha}+\boldsymbol{\beta})\\&=(\boldsymbol{\alpha},\boldsymbol{\alpha})+2(\boldsymbol{\alpha},\boldsymbol{\beta})+(\boldsymbol{\beta},\boldsymbol{\beta}).\end{aligned}$$

由向量 $\boldsymbol{\alpha}$ 和 $\boldsymbol{\beta}$ 互相正交,得 $(\boldsymbol{\alpha},\boldsymbol{\beta})=0$,所以

$$\|\boldsymbol{\alpha}+\boldsymbol{\beta}\|^2=(\boldsymbol{\alpha},\boldsymbol{\alpha})+(\boldsymbol{\beta},\boldsymbol{\beta})=\|\boldsymbol{\alpha}\|^2+\|\boldsymbol{\beta}\|^2.$$

3. 正交补

定义 4.16 如果向量 $\boldsymbol{\alpha}$ 与 $\mathbb{R}^n$ 空间的子空间 S 中任意向量都正交,则称 $\boldsymbol{\alpha}$ 正交于 S. 与 S 正交的向量全体组成的集合,称为 S 的正交补,记作 $S^{\perp}$.

例 4.20 若 $\boldsymbol{A}=\begin{bmatrix}1&1&2&0\\-3&4&1&7\\2&-1&1&-3\end{bmatrix}$,试证明齐次线性方程组 $\boldsymbol{Ax}=\boldsymbol{0}$ 的一个解 $\boldsymbol{\xi}$ 正交于 $\mathrm{row}(\boldsymbol{A})$.

证明: 记 $\boldsymbol{\beta}_1=\begin{bmatrix}1\\1\\2\\0\end{bmatrix},\boldsymbol{\beta}_2=\begin{bmatrix}-3\\4\\1\\7\end{bmatrix},\boldsymbol{\beta}_3=\begin{bmatrix}2\\-1\\1\\-3\end{bmatrix}$,那么 $\mathrm{row}(\boldsymbol{A})=\mathrm{span}\{\boldsymbol{\beta}_1,\boldsymbol{\beta}_2,\boldsymbol{\beta}_3\}$,再根据 $\boldsymbol{\xi}$ 为 $\boldsymbol{Ax}=\boldsymbol{0}$ 的一个解,所以有 $\boldsymbol{\beta}_1^{\mathrm{T}}\boldsymbol{\xi}=0,\boldsymbol{\beta}_2^{\mathrm{T}}\boldsymbol{\xi}=0,\boldsymbol{\beta}_3^{\mathrm{T}}\boldsymbol{\xi}=0$,即 $(\boldsymbol{\beta}_1,\boldsymbol{\xi})=0,(\boldsymbol{\beta}_2,\boldsymbol{\xi})=0,(\boldsymbol{\beta}_3,\boldsymbol{\xi})=0$,进而 $\boldsymbol{\xi}$ 和 $\boldsymbol{\beta}_1,\boldsymbol{\beta}_2,\boldsymbol{\beta}_3$ 的任意线性组合也正交,这是因为

$$(k_1\boldsymbol{\beta}_1+k_2\boldsymbol{\beta}_2+k_3\boldsymbol{\beta}_3,\boldsymbol{\xi})=k_1(\boldsymbol{\beta}_1,\boldsymbol{\xi})+k_2(\boldsymbol{\beta}_2,\boldsymbol{\xi})+k_3(\boldsymbol{\beta}_3,\boldsymbol{\xi})=0.$$

因此,齐次线性方程组 $\boldsymbol{Ax}=\boldsymbol{0}$ 的一个解 $\boldsymbol{\xi}$ 正交于 $\mathrm{row}(\boldsymbol{A})$,进而还可以得到 $(\mathrm{row}(\boldsymbol{A}))^{\perp}=\mathrm{null}(\boldsymbol{A})$.

将矩阵 $\boldsymbol{A}$ 进行初等行变换化为最简行阶梯形矩阵

$$\boldsymbol{A}=\begin{bmatrix}1&1&2&0\\-3&4&1&7\\2&-1&1&-3\end{bmatrix}\to\begin{bmatrix}1&1&2&0\\0&7&7&7\\0&-3&-3&-3\end{bmatrix}$$
$$\to\begin{bmatrix}1&1&2&0\\0&1&1&1\\0&0&0&0\end{bmatrix}\to\begin{bmatrix}1&0&1&-1\\0&1&1&1\\0&0&0&0\end{bmatrix}.$$

由于 x_3,x_4 是自由变量,令 $x_3=k,x_4=t$,所以方程组 $\boldsymbol{Ax}=\boldsymbol{0}$ 的解为

$$\begin{cases}x_1=-k+t,\\x_2=-k-t,\\x_3=k,\\x_4=\quad t.\end{cases}$$

再将解写成列向量形式,有 $\begin{bmatrix}x_1\\x_2\\x_3\\x_4\end{bmatrix}=k\begin{bmatrix}-1\\-1\\1\\0\end{bmatrix}+t\begin{bmatrix}1\\-1\\0\\1\end{bmatrix}$, k,t 是任意实数.

令 $\boldsymbol{\xi}_1=\begin{bmatrix}-1\\-1\\1\\0\end{bmatrix}$, $\boldsymbol{\xi}_2=\begin{bmatrix}1\\-1\\0\\1\end{bmatrix}$. 所以 $(\mathrm{row}(\boldsymbol{A}))^{\perp}=\mathrm{null}(\boldsymbol{A})=\{k\boldsymbol{\xi}_1+t\boldsymbol{\xi}_2, k,t\in\mathbb{R}\}$.

如果将 $\boldsymbol{A}$ 换成 $\boldsymbol{A}^{\mathrm{T}}$,还可以得到 $(\mathrm{row}(\boldsymbol{A}^{\mathrm{T}}))^{\perp}=\mathrm{null}(\boldsymbol{A}^{\mathrm{T}})$,而 $\mathrm{row}(\boldsymbol{A}^{\mathrm{T}})=\mathrm{col}(\boldsymbol{A})$,这样就可以得到以下定理.

定理 4.25　设 $\boldsymbol{A}$ 为 $m\times n$ 矩阵,那么 $\boldsymbol{A}$ 的行空间的正交补空间是 $\boldsymbol{A}$ 的零空间,且 $\boldsymbol{A}$ 的列空间的正交补空间是 $\boldsymbol{A}^{\mathrm{T}}$ 的零空间,即

$$(\mathrm{row}(\boldsymbol{A}))^{\perp}=\mathrm{null}(\boldsymbol{A}) \tag{4.11}$$

$$(\mathrm{col}(\boldsymbol{A}))^{\perp}=\mathrm{null}(\boldsymbol{A}^{\mathrm{T}}) \tag{4.12}$$

由定理 4.25,再结合定理 4.18,而 $\mathrm{R}(\boldsymbol{A})=\dim(\mathrm{row}(\boldsymbol{A}))$,所以 $\mathbb{R}^n$ 可以分解为两个正交的子空间 $\mathrm{row}(\boldsymbol{A})$ 和 $\mathrm{null}(\boldsymbol{A})$. 同理,$\mathbb{R}^m$ 也可以分解为两个正交的子空间 $\mathrm{col}(\boldsymbol{A})$ 和 $\mathrm{null}(\boldsymbol{A}^{\mathrm{T}})$.

4. 正交向量组

定义 4.17　一个非零的两两正交的向量组,称为正交向量组. 如果正交向量组中每个向量都是单位向量,则称为一个单位正交向量组.

例如,$\mathbb{R}^n$ 空间中的向量 $\boldsymbol{\varepsilon}_1=\begin{bmatrix}1\\0\\\vdots\\0\\0\end{bmatrix}$, $\boldsymbol{\varepsilon}_2=\begin{bmatrix}0\\1\\\vdots\\0\\0\end{bmatrix}$, $\cdots$, $\boldsymbol{\varepsilon}_{n-1}=\begin{bmatrix}0\\0\\\vdots\\1\\0\end{bmatrix}$, $\boldsymbol{\varepsilon}_n=\begin{bmatrix}0\\0\\\vdots\\0\\1\end{bmatrix}$ 就是一个正交向量组,而且还是一个单位正交向量组.

定理 4.26　如果 $\boldsymbol{\alpha}_1,\boldsymbol{\alpha}_2,\cdots,\boldsymbol{\alpha}_m$ 是 $\mathbb{R}^n$ 的正交向量组,则 $\boldsymbol{\alpha}_1,\boldsymbol{\alpha}_2,\cdots,\boldsymbol{\alpha}_m$ 是线性无关的.

证明: 设 $k_1\boldsymbol{\alpha}_1+k_2\boldsymbol{\alpha}_2+\cdots+k_m\boldsymbol{\alpha}_m=\boldsymbol{0}$,两侧同时和 $\boldsymbol{\alpha}_i$ 做内积,也就是两侧同时左乘 $\boldsymbol{\alpha}_i^{\mathrm{T}}(i=1,2,\cdots,m)$,得

$$k_i(\boldsymbol{\alpha}_i,\boldsymbol{\alpha}_i)=k_i\|\boldsymbol{\alpha}_i\|^2=0.$$

由于 $\boldsymbol{\alpha}_i\neq\boldsymbol{0}$,并且当 $i\neq j$ 时有 $(\boldsymbol{\alpha}_i,\boldsymbol{\alpha}_j)=0$,从而有 $k_i=0(i=1,2,\cdots,m)$,即 $\boldsymbol{\alpha}_1,\boldsymbol{\alpha}_2,\cdots,\boldsymbol{\alpha}_m$ 线性无关.

需要注意的是,该定理的逆命题不一定成立,例如 $\boldsymbol{\alpha}=\begin{pmatrix}1\\0\end{pmatrix}$, $\boldsymbol{\beta}=\begin{pmatrix}-1\\1\end{pmatrix}$ 是线性无关的,但它们不是正交向量组.

5. 正交基和正交化方法

定义 4.18　在 $\mathbb{R}^n$ 空间的子空间 S 中,由正交向量组构成的基,称为 S 的正交基;由单

位正交向量组构成的基,称为 S 的标准正交基.

设 $\boldsymbol{\alpha}_1,\boldsymbol{\alpha}_2,\cdots,\boldsymbol{\alpha}_m(m<n)$ 为 $\mathbb{R}^n$ 中的任意一个正交向量组,构造矩阵

$$\boldsymbol{A}=\begin{bmatrix}\boldsymbol{\alpha}_1^{\mathrm{T}}\\ \boldsymbol{\alpha}_2^{\mathrm{T}}\\ \vdots\\ \boldsymbol{\alpha}_m^{\mathrm{T}}\end{bmatrix}_{m\times n}.$$

于是,$\mathbb{R}^n$ 可以分解为两个正交的子空间 $\mathrm{row}(\boldsymbol{A})$ 和 $\mathrm{null}(\boldsymbol{A})$,那么 $\mathrm{row}(\boldsymbol{A})$ 和 $\mathrm{null}(\boldsymbol{A})$ 中的正交基就构成了 $\mathbb{R}^n$ 中的一个正交基. 因此可以得到以下定理.

定理 4.27 $\mathbb{R}^n$ 中的任意一个正交向量组都可以扩充为 $\mathbb{R}^n$ 的一个正交基.

通过下面的定理表明正交基比其他的基更具有优越性,线性组合的系数(这组基下的坐标)更容易计算.

定理 4.28 在 $\mathbb{R}^n$ 空间的子空间 S 中的一个正交基为 $\boldsymbol{\alpha}_1,\boldsymbol{\alpha}_2,\cdots,\boldsymbol{\alpha}_m$,那么对 S 中的任意向量 $\boldsymbol{\beta}$,线性组合 $\boldsymbol{\beta}=k_1\boldsymbol{\alpha}_1+k_2\boldsymbol{\alpha}_2+\cdots+k_m\boldsymbol{\alpha}_m$ 的系数为 $k_i=\dfrac{(\boldsymbol{\alpha}_i,\boldsymbol{\beta})}{(\boldsymbol{\alpha}_i,\boldsymbol{\alpha}_i)}$.

证明:对线性组合 $\boldsymbol{\beta}=k_1\boldsymbol{\alpha}_1+k_2\boldsymbol{\alpha}_2+\cdots+k_m\boldsymbol{\alpha}_m$,两侧同时和 $\boldsymbol{\alpha}_i$ 做内积,也就是两侧同时左乘 $\boldsymbol{\alpha}_i^{\mathrm{T}}(i=1,2,\cdots,m)$,得

$$(\boldsymbol{\alpha}_i,\boldsymbol{\beta})=k_1(\boldsymbol{\alpha}_i,\boldsymbol{\alpha}_1)+\cdots+k_i(\boldsymbol{\alpha}_i,\boldsymbol{\alpha}_i)+\cdots+k_m(\boldsymbol{\alpha}_i,\boldsymbol{\alpha}_m),\tag{4.13}$$

又 $\boldsymbol{\alpha}_1,\boldsymbol{\alpha}_2,\cdots,\boldsymbol{\alpha}_m$ 为正交基,从而 $\boldsymbol{\alpha}_i\neq\boldsymbol{0}$,并且当 $i\neq j$ 时有 $(\boldsymbol{\alpha}_i,\boldsymbol{\alpha}_j)=0$,所以式(4.13)可以写为

$$(\boldsymbol{\alpha}_i,\boldsymbol{\beta})=k_i(\boldsymbol{\alpha}_i,\boldsymbol{\alpha}_i),\tag{4.14}$$

此时可以计算出对应的系数为 $k_i=\dfrac{(\boldsymbol{\alpha}_i,\boldsymbol{\beta})}{(\boldsymbol{\alpha}_i,\boldsymbol{\alpha}_i)}$.

由此,子空间 S 中的任意一个基都可以化为正交基,进而再化为标准正交基;或更一般的情况,将一个线性无关向量组改化为和它能相互线性表出的一个单位正交向量组.

设 $\boldsymbol{\beta}_1,\boldsymbol{\beta}_2,\cdots,\boldsymbol{\beta}_m$ 为 S 中的一个线性无关向量组,令

$$\boldsymbol{\alpha}_1=\boldsymbol{\beta}_1,\tag{4.15}$$

$$\boldsymbol{\beta}_2=\boldsymbol{\alpha}_2+k_{21}\boldsymbol{\alpha}_1.\tag{4.16}$$

根据定理 4.28 可知由 $\boldsymbol{\alpha}_1,\boldsymbol{\alpha}_2$ 正交 $k_{21}=\dfrac{(\boldsymbol{\alpha}_1,\boldsymbol{\beta}_2)}{(\boldsymbol{\alpha}_1,\boldsymbol{\alpha}_1)}$,因此得到

$$\boldsymbol{\alpha}_2=\boldsymbol{\beta}_2-\frac{(\boldsymbol{\alpha}_1,\boldsymbol{\beta}_2)}{(\boldsymbol{\alpha}_1,\boldsymbol{\alpha}_1)}\boldsymbol{\alpha}_1.\tag{4.17}$$

再令 $\boldsymbol{\beta}_3=\boldsymbol{\alpha}_3+k_{32}\boldsymbol{\alpha}_2+k_{31}\boldsymbol{\alpha}_1$,而由 $\boldsymbol{\alpha}_1,\boldsymbol{\alpha}_2,\boldsymbol{\alpha}_3$ 正交,可得 $k_{32}=\dfrac{(\boldsymbol{\alpha}_2,\boldsymbol{\beta}_3)}{(\boldsymbol{\alpha}_2,\boldsymbol{\alpha}_2)}$,$k_{31}=\dfrac{(\boldsymbol{\alpha}_1,\boldsymbol{\beta}_3)}{(\boldsymbol{\alpha}_1,\boldsymbol{\alpha}_1)}$,因此

$$\boldsymbol{\alpha}_3=\boldsymbol{\beta}_3-\frac{(\boldsymbol{\alpha}_1,\boldsymbol{\beta}_3)}{(\boldsymbol{\alpha}_1,\boldsymbol{\alpha}_1)}\boldsymbol{\alpha}_1-\frac{(\boldsymbol{\alpha}_2,\boldsymbol{\beta}_3)}{(\boldsymbol{\alpha}_2,\boldsymbol{\alpha}_2)}\boldsymbol{\alpha}_2.\tag{4.18}$$

以此类推就可以得到

$$\boldsymbol{\alpha}_m=\boldsymbol{\beta}_m-\frac{(\boldsymbol{\alpha}_1,\boldsymbol{\beta}_m)}{(\boldsymbol{\alpha}_1,\boldsymbol{\alpha}_1)}\boldsymbol{\alpha}_1-\cdots-\frac{(\boldsymbol{\alpha}_{m-1},\boldsymbol{\beta}_m)}{(\boldsymbol{\alpha}_{m-1},\boldsymbol{\alpha}_{m-1})}\boldsymbol{\alpha}_{m-1}.\tag{4.19}$$

式(4.15)至式(4.19)的整个过程称为格拉姆-施密特正交化方法,由此可以得到以下定理(格拉姆-施密特正交化方法).

定理 4.29　设$\boldsymbol{\beta}_1,\boldsymbol{\beta}_2,\cdots,\boldsymbol{\beta}_m$ 为 S 中的一个线性无关向量组,$m\geqslant 2$,令

$$\boldsymbol{\alpha}_1=\boldsymbol{\beta}_1,$$

$$\boldsymbol{\alpha}_2=\boldsymbol{\beta}_2-\frac{(\boldsymbol{\alpha}_1,\boldsymbol{\beta}_2)}{(\boldsymbol{\alpha}_1,\boldsymbol{\alpha}_1)}\boldsymbol{\alpha}_1,$$

$$\cdots\cdots$$

$$\boldsymbol{\alpha}_m=\boldsymbol{\beta}_m-\frac{(\boldsymbol{\alpha}_1,\boldsymbol{\beta}_m)}{(\boldsymbol{\alpha}_1,\boldsymbol{\alpha}_1)}\boldsymbol{\alpha}_1-\cdots-\frac{(\boldsymbol{\alpha}_{m-1},\boldsymbol{\beta}_m)}{(\boldsymbol{\alpha}_{m-1},\boldsymbol{\alpha}_{m-1})}\boldsymbol{\alpha}_{m-1},$$

则 $\boldsymbol{\alpha}_1,\boldsymbol{\alpha}_2,\cdots,\boldsymbol{\alpha}_m$ 是与$\boldsymbol{\beta}_1,\boldsymbol{\beta}_2,\cdots,\boldsymbol{\beta}_m$ 可相互线性表出的正交向量组,再将 $\boldsymbol{\alpha}_i$ 单位化,即

$$\boldsymbol{\eta}_1=\frac{1}{\|\boldsymbol{\alpha}_1\|}\boldsymbol{\alpha}_1,\boldsymbol{\eta}_2=\frac{1}{\|\boldsymbol{\alpha}_2\|}\boldsymbol{\alpha}_2,\cdots,\boldsymbol{\eta}_m=\frac{1}{\|\boldsymbol{\alpha}_m\|}\boldsymbol{\alpha}_m. \tag{4.20}$$

那么 $\boldsymbol{\eta}_1,\boldsymbol{\eta}_2,\cdots,\boldsymbol{\eta}_m$ 就是一个单位正交向量组,它能与$\boldsymbol{\beta}_1,\boldsymbol{\beta}_2,\cdots,\boldsymbol{\beta}_m$ 相互线性表出.

需要注意的是,在格拉姆-施密特正交化方法中,要先施密特正交化,然后再单位化.

例 4.21　利用格拉姆-施密特正交化方法,将向量组 $\boldsymbol{\beta}_1=\begin{bmatrix}1\\-1\\0\end{bmatrix},\boldsymbol{\beta}_2=\begin{bmatrix}0\\1\\-1\end{bmatrix},\boldsymbol{\beta}_3=\begin{bmatrix}0\\0\\1\end{bmatrix}$正交化单位化.

解:令

$$\boldsymbol{\alpha}_1=\boldsymbol{\beta}_1=\begin{bmatrix}1\\-1\\0\end{bmatrix},$$

$$\boldsymbol{\alpha}_2=\boldsymbol{\beta}_2-\frac{(\boldsymbol{\alpha}_1,\boldsymbol{\beta}_2)}{(\boldsymbol{\alpha}_1,\boldsymbol{\alpha}_1)}\boldsymbol{\alpha}_1=\begin{bmatrix}0\\1\\-1\end{bmatrix}-\frac{(-1)}{2}\begin{bmatrix}1\\-1\\0\end{bmatrix}=\begin{bmatrix}\frac{1}{2}\\\frac{1}{2}\\-1\end{bmatrix},$$

$$\begin{aligned}\boldsymbol{\alpha}_3&=\boldsymbol{\beta}_3-\frac{(\boldsymbol{\alpha}_1,\boldsymbol{\beta}_3)}{(\boldsymbol{\alpha}_1,\boldsymbol{\alpha}_1)}\boldsymbol{\alpha}_1-\frac{(\boldsymbol{\alpha}_2,\boldsymbol{\beta}_3)}{(\boldsymbol{\alpha}_2,\boldsymbol{\alpha}_2)}\boldsymbol{\alpha}_2\\&=\begin{bmatrix}0\\0\\1\end{bmatrix}-\frac{0}{2}\begin{bmatrix}1\\-1\\0\end{bmatrix}-\frac{(-1)}{\frac{3}{2}}\begin{bmatrix}\frac{1}{2}\\\frac{1}{2}\\-1\end{bmatrix}=\begin{bmatrix}\frac{1}{3}\\\frac{1}{3}\\\frac{1}{3}\end{bmatrix}.\end{aligned}$$

那么 $\boldsymbol{\alpha}_1,\boldsymbol{\alpha}_2,\boldsymbol{\alpha}_3$ 为正交向量组,再将它们单位化,可得

$$\boldsymbol{\eta}_1=\frac{1}{\|\boldsymbol{\alpha}_1\|}\boldsymbol{\alpha}_1=\begin{bmatrix}\frac{1}{\sqrt{2}}\\ \frac{-1}{\sqrt{2}}\\ 0\end{bmatrix},$$

$$\boldsymbol{\eta}_2=\frac{1}{\|\boldsymbol{\alpha}_2\|}\boldsymbol{\alpha}_2=\begin{bmatrix}\frac{1}{\sqrt{6}}\\ \frac{1}{\sqrt{6}}\\ \frac{-2}{\sqrt{6}}\end{bmatrix},$$

$$\boldsymbol{\eta}_3=\frac{1}{\|\boldsymbol{\alpha}_3\|}\boldsymbol{\alpha}_3=\begin{bmatrix}\frac{1}{\sqrt{3}}\\ \frac{1}{\sqrt{3}}\\ \frac{1}{\sqrt{3}}\end{bmatrix}.$$

因此,$\boldsymbol{\eta}_1,\boldsymbol{\eta}_2,\boldsymbol{\eta}_3$ 就是一个单位正交向量组.

第七节　正交矩阵

本节内容所涉及的数与向量都在实数域范围内.

定义 4.19　若 n 阶实方阵满足 $\boldsymbol{Q}^{\mathrm{T}}\boldsymbol{Q}=\boldsymbol{Q}\boldsymbol{Q}^{\mathrm{T}}=\boldsymbol{I}$,就称 $\boldsymbol{Q}$ 为正交矩阵.

例如单位矩阵 $\boldsymbol{I}$ 为正交矩阵,$\begin{bmatrix}\cos\theta & -\sin\theta\\ \sin\theta & \cos\theta\end{bmatrix}$也是一个正交矩阵. 正交矩阵还具有以下性质.

定理 4.30　如果 n 阶实方阵 $\boldsymbol{Q}$ 为正交矩阵,那么

①$\boldsymbol{Q}^{-1}=\boldsymbol{Q}^{\mathrm{T}}$.

②$\boldsymbol{Q}^{-1}$ 也为正交矩阵.

③$|\boldsymbol{Q}|=1$ 或-1.

④$\boldsymbol{Q}$ 的伴随矩阵 $\boldsymbol{Q}^*$ 也是正交矩阵.

证明:①根据正交矩阵的定义 4.19,有 $\boldsymbol{Q}^{\mathrm{T}}\boldsymbol{Q}=\boldsymbol{Q}\boldsymbol{Q}^{\mathrm{T}}=\boldsymbol{I}$,而

$$\boldsymbol{Q}^{-1}=\boldsymbol{Q}^{-1}(\boldsymbol{Q}\boldsymbol{Q}^{\mathrm{T}})=(\boldsymbol{Q}^{-1}\boldsymbol{Q})\boldsymbol{Q}^{\mathrm{T}}=\boldsymbol{Q}^{\mathrm{T}},$$

所以有 $\boldsymbol{Q}^{-1}=\boldsymbol{Q}^{\mathrm{T}}$.

②由①得 $\boldsymbol{Q}^{-1}=\boldsymbol{Q}^{\mathrm{T}}$,因此 $\boldsymbol{I}=\boldsymbol{Q}^{-1}\boldsymbol{Q}=\boldsymbol{Q}^{-1}(\boldsymbol{Q}^{-1})^{-1}=(\boldsymbol{Q}^{-1})(\boldsymbol{Q}^{\mathrm{T}})^{-1}=(\boldsymbol{Q}^{-1})(\boldsymbol{Q}^{-1})^{\mathrm{T}}$,于是 $\boldsymbol{Q}^{-1}$ 也为正交矩阵.

③根据正交矩阵的定义 4.19,有 $\boldsymbol{Q}^{\mathrm{T}}\boldsymbol{Q}=\boldsymbol{Q}\boldsymbol{Q}^{\mathrm{T}}=\boldsymbol{I}$. 两侧同时取行列式,可得 $|\boldsymbol{Q}^{\mathrm{T}}\boldsymbol{Q}|=|\boldsymbol{Q}^{\mathrm{T}}||\boldsymbol{Q}|=|\boldsymbol{I}|=1$,而 $|\boldsymbol{Q}^{\mathrm{T}}|=|\boldsymbol{Q}|$,因此有 $|\boldsymbol{Q}|^2=1$,从而 $|\boldsymbol{Q}|=1$ 或-1.

④根据 $Q^*=|Q|Q^{-1}$,那么 $(Q^*)^T(Q^*)=(|Q|Q^{-1})^T(|Q|Q^{-1})=|Q|^2(Q^{-1})^T(Q^{-1})$,再根据②和③可知 $|Q|^2=1$ 和 Q^{-1} 为正交矩阵,于是 $(Q^*)(Q^*)^T=I$. 因此,Q 的伴随矩阵 Q^* 也是正交矩阵.

此外,如果 n 阶实方阵 A 和 B 都是正交矩阵,那么 AB 也是正交矩阵,这是因为

$$(AB)^T(AB)=(B^TA^T)(AB)=B^T(A^TA)B=B^TB=I.$$

下面的定理分析正交矩阵的列(行)向量之间的关系.

定理 4.31 n 阶实方阵 A 为正交矩阵的充分必要条件是 A 的列(行)向量组为单位正交向量组.

证明:将方阵 A 按列分块,即 $A=[\alpha_1,\alpha_2,\cdots,\alpha_n]$,

$$A^TA=\begin{bmatrix}\alpha_1^T\\\alpha_2^T\\\vdots\\\alpha_n^T\end{bmatrix}[\alpha_1,\alpha_2,\cdots,\alpha_n]. \tag{4.21}$$

注意:这里的 $\alpha_1^T,\alpha_2^T,\cdots,\alpha_n^T$ 都为行向量,分别对应着 A^T 的第 $1,2,\cdots,n$ 行. 于是,按矩阵乘法原理和内积可得

$$\begin{aligned}A^TA&=\begin{bmatrix}\alpha_1^T\alpha_1 & \alpha_1^T\alpha_2 & \cdots & \alpha_1^T\alpha_n\\ \alpha_2^T\alpha_1 & \alpha_2^T\alpha_2 & \cdots & \alpha_2^T\alpha_n\\ \vdots & \vdots & & \vdots\\ \alpha_n^T\alpha_1 & \alpha_n^T\alpha_2 & \cdots & \alpha_n^T\alpha_n\end{bmatrix}\\ &=\begin{bmatrix}(\alpha_1,\alpha_1) & (\alpha_1,\alpha_2) & \cdots & (\alpha_1,\alpha_n)\\ (\alpha_2,\alpha_1) & (\alpha_2,\alpha_2) & \cdots & (\alpha_2,\alpha_n)\\ \vdots & \vdots & & \vdots\\ (\alpha_n,\alpha_1) & (\alpha_n,\alpha_2) & \cdots & (\alpha_n,\alpha_n)\end{bmatrix}.\end{aligned} \tag{4.22}$$

根据正交矩阵的定义 4.19,A 为正交矩阵 $\Leftrightarrow A^TA=I$

$$\Leftrightarrow\begin{cases}(\alpha_i,\alpha_i)=1 & (i=1,2,\cdots,n),\\ (\alpha_i,\alpha_j)=0 & (i\neq j)\end{cases}$$

$\Leftrightarrow\alpha_1,\alpha_2,\cdots,\alpha_n$ 为单位正交向量组.

由定理 4.28 可知,如果 $\mathbb{R}^n$ 空间一个正交基为 $\alpha_1,\alpha_2,\cdots,\alpha_n$,那么对 S 中的任意向量 β,线性组合 $\beta=k_1\alpha_1+k_2\alpha_2+\cdots+k_n\alpha_n$ 的系数为 $k_i=\dfrac{(\alpha_i,\beta)}{(\alpha_i,\alpha_i)}$,即

$$\beta=\frac{(\alpha_1,\beta)}{(\alpha_1,\alpha_1)}\alpha_1+\frac{(\alpha_2,\beta)}{(\alpha_2,\alpha_2)}\alpha_2+\cdots+\frac{(\alpha_n,\beta)}{(\alpha_n,\alpha_n)}\alpha_n, \tag{4.23}$$

式中,$k_i=\dfrac{(\alpha_i,\beta)}{(\alpha_i,\alpha_i)}$ 也称为向量 β 在基 $\alpha_1,\alpha_2,\cdots,\alpha_n$ 下的坐标.

如果 $\alpha_1,\alpha_2,\cdots,\alpha_n$ 是单位正交向量组,也就是 $\mathbb{R}^n$ 中的一个标准正交基,那么有

$$\beta=(\alpha_1^T\beta)\alpha_1+(\alpha_2^T\beta)\alpha_2+\cdots+(\alpha_n^T\beta)\alpha_n. \tag{4.24}$$

此时 $k_i=(\alpha_i^T\beta)$,即

$$\boldsymbol{\beta}=[\boldsymbol{\alpha}_1,\boldsymbol{\alpha}_2,\cdots,\boldsymbol{\alpha}_n]\begin{pmatrix}\boldsymbol{\alpha}_1^{\mathrm T}\boldsymbol{\beta}\\ \boldsymbol{\alpha}_2^{\mathrm T}\boldsymbol{\beta}\\ \vdots\\ \boldsymbol{\alpha}_n^{\mathrm T}\boldsymbol{\beta}\end{pmatrix}. \tag{4.25}$$

下面再考虑格拉姆-施密特正交化过程的矩阵表达式．如果矩阵 $\boldsymbol{B}=(\boldsymbol{\beta}_1,\boldsymbol{\beta}_2,\cdots,\boldsymbol{\beta}_n)$，其中 $\boldsymbol{\beta}_1,\boldsymbol{\beta}_2,\cdots,\boldsymbol{\beta}_n$ 为$\mathbb{R}^n$ 中的一个线性无关向量组，考虑到施密特正交化过程，那么

$$\boldsymbol{\alpha}_1=\boldsymbol{\beta}_1 \qquad \Rightarrow\boldsymbol{\beta}_1=\boldsymbol{\alpha}_1,$$

$$\boldsymbol{\alpha}_2=\boldsymbol{\beta}_2-\frac{(\boldsymbol{\alpha}_1,\boldsymbol{\beta}_2)}{(\boldsymbol{\alpha}_1,\boldsymbol{\alpha}_1)}\boldsymbol{\alpha}_1 \qquad \Rightarrow\boldsymbol{\beta}_2=\boldsymbol{\alpha}_2+\frac{(\boldsymbol{\alpha}_1,\boldsymbol{\beta}_2)}{(\boldsymbol{\alpha}_1,\boldsymbol{\alpha}_1)}\boldsymbol{\alpha}_1,$$

$$\cdots\cdots$$

$$\boldsymbol{\alpha}_n=\boldsymbol{\beta}_n-\frac{(\boldsymbol{\alpha}_1,\boldsymbol{\beta}_n)}{(\boldsymbol{\alpha}_1,\boldsymbol{\alpha}_1)}\boldsymbol{\alpha}_1-\cdots-\frac{(\boldsymbol{\alpha}_{n-1},\boldsymbol{\beta}_n)}{(\boldsymbol{\alpha}_{n-1},\boldsymbol{\alpha}_{n-1})}\boldsymbol{\alpha}_{n-1}$$

$$\Rightarrow\boldsymbol{\beta}_n=\boldsymbol{\alpha}_n+\frac{(\boldsymbol{\alpha}_1,\boldsymbol{\beta}_n)}{(\boldsymbol{\alpha}_1,\boldsymbol{\alpha}_1)}\boldsymbol{\alpha}_1+\cdots+\frac{(\boldsymbol{\alpha}_{n-1},\boldsymbol{\beta}_n)}{(\boldsymbol{\alpha}_{n-1},\boldsymbol{\alpha}_{n-1})}\boldsymbol{\alpha}_{n-1}.$$

写成矩阵形式有

$$\boldsymbol{B}=[\boldsymbol{\beta}_1,\boldsymbol{\beta}_2,\cdots,\boldsymbol{\beta}_n]=[\boldsymbol{\alpha}_1,\boldsymbol{\alpha}_2,\cdots,\boldsymbol{\alpha}_n]\begin{bmatrix}1 & \frac{(\boldsymbol{\alpha}_1,\boldsymbol{\beta}_2)}{(\boldsymbol{\alpha}_1,\boldsymbol{\alpha}_1)} & \cdots & \frac{(\boldsymbol{\alpha}_1,\boldsymbol{\beta}_n)}{(\boldsymbol{\alpha}_1,\boldsymbol{\alpha}_1)}\\ 0 & 1 & \cdots & \frac{(\boldsymbol{\alpha}_2,\boldsymbol{\beta}_n)}{(\boldsymbol{\alpha}_2,\boldsymbol{\alpha}_2)}\\ \vdots & \vdots & & \vdots\\ 0 & 0 & \cdots & 1\end{bmatrix}, \tag{4.26}$$

式中，$\boldsymbol{\alpha}_1,\boldsymbol{\alpha}_2,\cdots,\boldsymbol{\alpha}_n$ 是一个正交向量组．如果再考虑单位化，那么

$$\begin{aligned}\boldsymbol{B}&=[\boldsymbol{\beta}_1,\boldsymbol{\beta}_2,\cdots,\boldsymbol{\beta}_n]\\ &=\left[\frac{\boldsymbol{\alpha}_1}{\|\boldsymbol{\alpha}_1\|},\frac{\boldsymbol{\alpha}_2}{\|\boldsymbol{\alpha}_2\|},\cdots,\frac{\boldsymbol{\alpha}_n}{\|\boldsymbol{\alpha}_n\|}\right]\begin{bmatrix}\|\boldsymbol{\alpha}_1\| & \frac{(\boldsymbol{\alpha}_1,\boldsymbol{\beta}_2)}{(\boldsymbol{\alpha}_1,\boldsymbol{\alpha}_1)}\|\boldsymbol{\alpha}_1\| & \cdots & \frac{(\boldsymbol{\alpha}_1,\boldsymbol{\beta}_n)}{(\boldsymbol{\alpha}_1,\boldsymbol{\alpha}_1)}\|\boldsymbol{\alpha}_1\|\\ 0 & \|\boldsymbol{\alpha}_2\| & \cdots & \frac{(\boldsymbol{\alpha}_2,\boldsymbol{\beta}_n)}{(\boldsymbol{\alpha}_2,\boldsymbol{\alpha}_2)}\|\boldsymbol{\alpha}_2\|\\ \vdots & \vdots & & \vdots\\ 0 & 0 & \cdots & \|\boldsymbol{\alpha}_n\|\end{bmatrix}.\end{aligned} \tag{4.27}$$

而$\left[\frac{\boldsymbol{\alpha}_1}{\|\boldsymbol{\alpha}_1\|},\frac{\boldsymbol{\alpha}_2}{\|\boldsymbol{\alpha}_2\|},\cdots,\frac{\boldsymbol{\alpha}_n}{\|\boldsymbol{\alpha}_n\|}\right]$为正交矩阵，因此有可逆矩阵的分解 $\boldsymbol{B}=\boldsymbol{QR}$，其中，$\boldsymbol{Q}$ 为正交矩阵，$\boldsymbol{R}$ 为上三角矩阵．

第八节　投入产出模型

20 世纪 30 年代，在美国经济学家里昂惕夫提出的投入产出分析的问题中，线性代数起着重要作用，投入产出分析方法既可以应用于微观经济系统，也可以应用于宏观经济系

统的综合分析．目前,这种分析方法已在世界各国得到了广泛推广和应用．

设某个经济体系分为 n 个部门,这些部门分别生产不同类型的商品或提供服务,例如制造业、农业、服务业等,用 $\mathbb{R}^n$ 中的向量 $\boldsymbol{x}$ 表示产出向量,它的每一个元素代表一个不同类型的产品．另外,用向量 $\boldsymbol{d}$ 代表需求向量,它表示社会需要消耗多少产品．理想情况下,如果要保持生产和消耗相平衡,只需要 $\boldsymbol{x}=\boldsymbol{d}$ 就可以．但实际上,每个部门在生产的同时需要消费,例如农业虽然产出农产品,但是要维持它的运转,也需要消耗一定的制造业、农业、服务业产品．这种额外的消费被称为中间需求,这就使问题变得复杂了．针对这个问题,为了评估各个部门之间的中间需求,里昂惕夫提出了一种建模方法

$$\text{总产出}\ \boldsymbol{x}=\text{中间需求}+\text{最终需求}\ \boldsymbol{d}. \tag{4.28}$$

针对每个部门,都有一个 $\mathbb{R}^n$ 中的单位消费向量,它列出了该部门的单位产出所需要的投入,如表 4.1 所示,每一列代表了这个部门的单位消费向量,其中,制造业、农业、服务业的单位消费向量分别是 $\boldsymbol{c}_1=\begin{bmatrix}0.2\\0.4\\0.1\end{bmatrix}$,$\boldsymbol{c}_2=\begin{bmatrix}0.5\\0.2\\0.1\end{bmatrix}$,$\boldsymbol{c}_3=\begin{bmatrix}0.1\\0.2\\0.3\end{bmatrix}$.

表 4.1　某单位三个部门的生产和需求表

生产部门	单位消费向量		
	制造业	农业	服务业
制造业部门	0.2	0.5	0.1
农业部门	0.4	0.2	0.2
服务业部门	0.1	0.1	0.3

如果制造业部门决定生产 100 个单位产品,那么将消费 $100\boldsymbol{c}_1=100\begin{bmatrix}0.2\\0.4\\0.1\end{bmatrix}=\begin{bmatrix}20\\40\\10\end{bmatrix}$,可知将消耗 20 个单位的制造业产品、40 个单位的农业产品、10 个单位的服务业产品．

由此可以启发如何计算中间需求,假设制造业、农业、服务业分别决定生产 x_1,x_2,x_3 个单位的产出,那么它们的中间需求为

$$x_1\boldsymbol{c}_1+x_2\boldsymbol{c}_2+x_3\boldsymbol{c}_3=\boldsymbol{C}\boldsymbol{x},$$

式中,$\boldsymbol{C}=[\boldsymbol{c}_1,\boldsymbol{c}_2,\boldsymbol{c}_3]$ 为消耗矩阵,所以 $\boldsymbol{C}=\begin{bmatrix}0.2&0.5&0.1\\0.4&0.2&0.2\\0.1&0.1&0.3\end{bmatrix}$. 再由式(4.28)可以得出表达式 $\boldsymbol{x}=\boldsymbol{C}\boldsymbol{x}+\boldsymbol{d}$.

移项得

$$(\boldsymbol{I}-\boldsymbol{C})\boldsymbol{x}=\boldsymbol{d}. \tag{4.29}$$

因此,只要给出最终需求 $\boldsymbol{d}$,就可以得到预算,也就是每个部门的生产量．

例 4.22　假设例 4.21 中,最终需求是制造业 50 个单位、农业 30 个单位、服务业 20 个单位,求生产水平 $\boldsymbol{x}$.

解: $I-C=\begin{bmatrix}1&0&0\\0&1&0\\0&0&1\end{bmatrix}-\begin{bmatrix}0.2&0.5&0.1\\0.4&0.2&0.2\\0.1&0.1&0.3\end{bmatrix}=\begin{bmatrix}0.8&-0.5&-0.1\\-0.4&0.8&-0.2\\-0.1&-0.1&0.7\end{bmatrix}$.

对增广矩阵进行初等行变换,可得

$$\begin{bmatrix}0.8&-0.5&-0.1&50\\-0.4&0.8&-0.2&30\\-0.1&-0.1&0.7&20\end{bmatrix}\to\begin{bmatrix}8&-5&-1&500\\-4&8&-2&300\\-1&-1&7&200\end{bmatrix}\to\cdots\to\begin{bmatrix}1&0&0&153\\0&1&0&131\\0&0&1&69\end{bmatrix}.$$

最后一列是四舍五入得到的整数,所以制造业需要生产约 153 个单位产品、农业 131 个单位产品、服务业 69 个单位产品.

若矩阵 $\boldsymbol{I-C}$ 可逆,则可以使用逆矩阵对 $(\boldsymbol{I-C})\boldsymbol{x}=\boldsymbol{d}$ 两边左乘 $(\boldsymbol{I-C})^{-1}$,可得

$$\boldsymbol{x}=(\boldsymbol{I-C})^{-1}\boldsymbol{d}. \tag{4.30}$$

在大部分实际情况中,$\boldsymbol{C}$ 的每一列的和小于 1,这是由于每个部门生产 1 个单位产品,所需投入的总价值应该小于 1. 通过证明可知 $\boldsymbol{I-C}$ 是可逆的,而且产出向量 $\boldsymbol{x}$ 在经济上也是可行的,就是说 $\boldsymbol{x}$ 的每个元素都是非负的,证明略去.

习题四

1. 若向量 $\boldsymbol{\alpha}_1=\begin{bmatrix}1\\-2\\5\\3\end{bmatrix},\boldsymbol{\alpha}_2=\begin{bmatrix}4\\-7\\6\\-2\end{bmatrix},\boldsymbol{\alpha}_3=\begin{bmatrix}10\\2\\-7\\-3\end{bmatrix},\boldsymbol{\alpha}_4=\begin{bmatrix}1\\3\\-5\\2\end{bmatrix}$,

求(1) $3\boldsymbol{\alpha}_1+2\boldsymbol{\alpha}_2-2\boldsymbol{\alpha}_3+4\boldsymbol{\alpha}_4$;

(2) $5\boldsymbol{\alpha}_1+2\boldsymbol{\alpha}_2-\boldsymbol{\alpha}_3-\boldsymbol{\alpha}_4$.

2. 若向量 $\boldsymbol{\alpha}_1=\begin{bmatrix}3\\2\\7\\8\end{bmatrix},\boldsymbol{\beta}=\begin{bmatrix}1\\5\\-2\\0\end{bmatrix}$.

(1) 如果 $\boldsymbol{\alpha}+\boldsymbol{x}=\boldsymbol{\beta}$,求向量 $\boldsymbol{x}$;

(2) 如果 $3\boldsymbol{x}+\boldsymbol{\alpha}=\boldsymbol{\beta}+5\boldsymbol{x}$,求向量 $\boldsymbol{x}$.

3. 若向量 $\boldsymbol{\alpha}_1=\begin{bmatrix}2\\5\\1\\3\end{bmatrix},\boldsymbol{\alpha}_2=\begin{bmatrix}10\\1\\5\\10\end{bmatrix},\boldsymbol{\alpha}_3=\begin{bmatrix}4\\-1\\1\\1\end{bmatrix}$,如果满足 $3(\boldsymbol{\alpha}_1-\boldsymbol{x})+2(\boldsymbol{\alpha}_2+\boldsymbol{x})=5(\boldsymbol{\alpha}_3+\boldsymbol{x})$,求向量 $\boldsymbol{x}$.

4. 设向量 $\boldsymbol{\alpha}_1=[1\quad 4\quad 0\quad 2]^{\mathrm{T}},\boldsymbol{\alpha}_2=[2\quad 7\quad 1\quad 3]^{\mathrm{T}}$,

$\boldsymbol{\alpha}_3=[0\quad -1\quad 1\quad a]^{\mathrm{T}},\boldsymbol{\beta}=[4\quad 10\quad b\quad 2]^{\mathrm{T}}$.

(1) 求 a,b 取何值时,$\boldsymbol{\beta}$ 不可由 $\boldsymbol{\alpha}_1,\boldsymbol{\alpha}_2,\boldsymbol{\alpha}_3$ 线性表出;

(2) 求 a,b 取何值时,$\boldsymbol{\beta}$ 可由 $\boldsymbol{\alpha}_1,\boldsymbol{\alpha}_2,\boldsymbol{\alpha}_3$ 线性表出,并写出相应的表出式.

5. 判断下列向量组是否线性相关.

(1) $\boldsymbol{\alpha}_1=[3,1,2]^{\mathrm{T}},\boldsymbol{\alpha}_2=[1,-5,-7]^{\mathrm{T}},\boldsymbol{\alpha}_3=[7,13,20]^{\mathrm{T}}$;

(2) $\boldsymbol{\alpha}_1=[1,3,9]^{\mathrm{T}},\boldsymbol{\alpha}_2=[1,-2,4]^{\mathrm{T}},\boldsymbol{\alpha}_3=[1,4,16]^{\mathrm{T}},\boldsymbol{\alpha}_4=[1,-1,1]^{\mathrm{T}}$;

(3) $\boldsymbol{\alpha}_1=[1,1,3,1]^{\mathrm{T}},\boldsymbol{\alpha}_2=[3,-1,2,4]^{\mathrm{T}},\boldsymbol{\alpha}_3=[2,2,7,-1]^{\mathrm{T}}$.

6. 设 n 维向量 $\boldsymbol{\alpha}_1,\boldsymbol{\alpha}_2,\boldsymbol{\beta}_1,\boldsymbol{\beta}_2,\boldsymbol{\beta}_3$ 满足

$$\begin{cases}\boldsymbol{\beta}_1=2\boldsymbol{\alpha}_1-\boldsymbol{\alpha}_2,\\ \boldsymbol{\beta}_2=\boldsymbol{\alpha}_1+\boldsymbol{\alpha}_2,\\ \boldsymbol{\beta}_3=-\boldsymbol{\alpha}_1+3\boldsymbol{\alpha}_2.\end{cases}$$

试证明向量组 $\boldsymbol{\beta}_1,\boldsymbol{\beta}_2,\boldsymbol{\beta}_3$ 线性相关.

7. 如果 n 维向量组 $\boldsymbol{\alpha}_1,\boldsymbol{\alpha}_2,\boldsymbol{\alpha}_3$ 线性无关,试证明

(1) 向量组 $\boldsymbol{\alpha}_1,\boldsymbol{\alpha}_1+\boldsymbol{\alpha}_2,\boldsymbol{\alpha}_1+\boldsymbol{\alpha}_2+\boldsymbol{\alpha}_3$ 也线性无关;

(2) 向量组 $2\boldsymbol{\alpha}_1+3\boldsymbol{\alpha}_2,\boldsymbol{\alpha}_2+4\boldsymbol{\alpha}_3,5\boldsymbol{\alpha}_3+\boldsymbol{\alpha}_1$ 也线性无关.

8. 问实数 k 取何值时,向量组 $\boldsymbol{\alpha}_1=[1,1,k]^{\mathrm{T}},\boldsymbol{\alpha}_2=[1,k,1]^{\mathrm{T}},\boldsymbol{\alpha}_3=[k,1,1]^{\mathrm{T}}$ 线性相关.

9. 判断下列向量组的秩和一个极大线性无关组,并将其余向量用此极大线性无关组线性表出.

(1) $\boldsymbol{\alpha}_1=[1,1,3,1]^{\mathrm{T}}$,
$\boldsymbol{\alpha}_2=[-1,3,1,7]^{\mathrm{T}}$,
$\boldsymbol{\alpha}_3=[1,-1,1,-3]^{\mathrm{T}}$,
$\boldsymbol{\alpha}_4=[5,-2,8,-9]^{\mathrm{T}}$;

(2) $\boldsymbol{\alpha}_1=[1,3,2,-1]^{\mathrm{T}}$,
$\boldsymbol{\alpha}_2=[-2,-1,5,3]^{\mathrm{T}}$,
$\boldsymbol{\alpha}_3=[4,3,7,1]^{\mathrm{T}}$,
$\boldsymbol{\alpha}_4=[-1,11,8,-3]^{\mathrm{T}}$,
$\boldsymbol{\alpha}_5=[2,12,30,6]^{\mathrm{T}}$.

10. 设

$$\begin{aligned}\boldsymbol{\alpha}_1&=(1,1,1,3)^{\mathrm{T}},\\ \boldsymbol{\alpha}_2&=(1,3,-5,-1)^{\mathrm{T}},\\ \boldsymbol{\alpha}_3&=(3,2,-1,\mathrm{t})^{\mathrm{T}},\\ \boldsymbol{\alpha}_4&=(-2,-6,10,t-2)^{\mathrm{T}}.\end{aligned}$$

(1) 实数 t 取何值时,该向量组线性无关?

(2) 实数 t 取何值时,该向量组线性相关?请求出它的秩和一个极大线性无关组.

11. 求解下列齐次线性方程组(求系数矩阵 $\boldsymbol{A}$ 的零空间的一个基).

(1) $\begin{cases}3x_1+4x_2-5x_3+7x_4=0,\\ 6x_1+8x_2-10x_3+14x_4=0,\\ 4x_1+11x_2-13x_3+16x_4=0,\\ 3x_1-13x_2+14x_3-13x_4=0;\end{cases}$

(2) $\begin{cases}x_1+2x_2+4x_3-3x_4=0,\\ 3x_1+5x_2+6x_3-4x_4=0,\\ 4x_1+5x_2-2x_3+3x_4=0,\\ 3x_1+8x_2+24x_3-19x_4=0;\end{cases}$

(3) $\begin{cases} x_1+x_2+x_3+4x_4=0, \\ 2x_1+x_2+3x_3+5x_4=0, \\ x_1-x_2+3x_3-2x_4=0, \\ 3x_1+x_2+5x_3+6x_4=0; \end{cases}$ (4) $\begin{cases} x_1+2x_2+3x_3-x_4=0, \\ x_1+x_2+2x_3+3x_4=0, \\ 3x_1-x_2-x_3-2x_4=0, \\ 2x_1-4x_2-5x_3-x_4=0. \end{cases}$

12. 求下列矩阵的行空间和列空间的一个基.

(1) $\boldsymbol{A}=\begin{bmatrix} 1 & 4 & -2 & -7 \\ 2 & -2 & 1 & 1 \\ 3 & 2 & -1 & -4 \end{bmatrix}$; (2) $\boldsymbol{A}=\begin{bmatrix} 1 & 2 & 1 & -1 & -1 \\ 2 & -1 & -1 & 2 & 3 \\ 3 & 2 & -1 & -1 & 2 \\ 2 & 5 & 1 & -2 & -2 \end{bmatrix}$;

(3) $\boldsymbol{A}=\begin{bmatrix} 1 & 2 & -1 & 2 & -1 \\ 2 & -4 & 1 & 1 & 1 \\ 1 & -2 & 5 & -4 & 5 \\ 3 & 5 & 2 & 4 & -1 \end{bmatrix}$.

13. 求第 12 题中各矩阵的零空间的一个基和零空间的维数.

14. 设 $\boldsymbol{A}_{m\times n}$ 为 $m\times n$ 实矩阵,$\boldsymbol{B}_{n\times m}$ 为 $n\times m$ 实矩阵,且 $m>n$,试证明 $|\boldsymbol{AB}|=0$.

15. 设 $\boldsymbol{A},\boldsymbol{B}$ 均为 $m\times n$ 实矩阵,试证明 $\mathrm{R}(\boldsymbol{A}+\boldsymbol{B})\leqslant\mathrm{R}(\boldsymbol{A})+\mathrm{R}(\boldsymbol{B})$.

16. 设 $\boldsymbol{A}$ 为 n 阶方阵且满足 $\boldsymbol{A}^2=\boldsymbol{A}$,$\boldsymbol{I}$ 为 n 阶单位矩阵,试证明 $\mathrm{R}(\boldsymbol{A})+\mathrm{R}(\boldsymbol{A}-\boldsymbol{I})=n$.

17. 若 $\boldsymbol{A}$ 为 n 阶方阵,$\boldsymbol{I}$ 为 n 阶单位矩阵,a,b 为实数,且满足 $(\boldsymbol{A}+a\boldsymbol{I})(\boldsymbol{A}+b\boldsymbol{I})=\boldsymbol{0}$,其中 $a\neq b$,试证明 $\mathrm{R}(\boldsymbol{A}+a\boldsymbol{I})+\mathrm{R}(\boldsymbol{A}+b\boldsymbol{I})=n$.

18. 设 $\boldsymbol{A}$ 为 $m\times n$ 矩阵且 $\mathrm{R}(\boldsymbol{A})=n$,$\boldsymbol{B}$ 为 n 阶方阵,试证明

(1) 若 $\boldsymbol{AB}=\boldsymbol{0}$,则 $\boldsymbol{B}=\boldsymbol{0}$;

(2) 若 $\boldsymbol{AB}=\boldsymbol{A}$,则 $\boldsymbol{B}=\boldsymbol{I}$.

19. 设 $\boldsymbol{A}$ 为 n 阶方阵($n\geqslant 2$),$\boldsymbol{A}^*$ 为 $\boldsymbol{A}$ 的伴随矩阵,试证明

$$\mathrm{R}(\boldsymbol{A}^*)=\begin{cases} n & \mathrm{R}(\boldsymbol{A})=n, \\ 1 & \mathrm{R}(\boldsymbol{A})=n-1, \\ 0 & \mathrm{R}(\boldsymbol{A})<n-1. \end{cases}$$

20. 检验以下集合是不是子空间.

(1) $V=\{(a \quad 0 \quad 0)\mid a\in\mathbb{R}\}$;

(2) $V=\{(a \quad 0 \quad 1)\mid a\in\mathbb{R}\}$;

(3) $V=\{(a \quad b \quad 0)\mid a,b\in\mathbb{R},a+b=0\}$;

(4) $V=\{(a \quad b \quad 0)\mid a,b\in\mathbb{R},ab=0\}$.

21. 设 $\boldsymbol{\alpha}_1=[-2,1,3]^{\mathrm{T}},\boldsymbol{\alpha}_2=[-1,0,1]^{\mathrm{T}},\boldsymbol{\alpha}_3=[2,5,1]^{\mathrm{T}}$.

(1) 试证明 $\boldsymbol{\alpha}_1,\boldsymbol{\alpha}_2,\boldsymbol{\alpha}_3$ 为 $\mathbb{R}^3$ 的一个基;

(2) 求向量 $\boldsymbol{\beta}=(4 \quad 12 \quad 6)^{\mathrm{T}}$ 在这个基下的坐标.

22. 设 $\boldsymbol{\alpha}_1=\begin{bmatrix} 1 \\ 1 \\ 1 \\ 1 \end{bmatrix},\boldsymbol{\alpha}_2=\begin{bmatrix} 1 \\ -1 \\ 1 \\ -1 \end{bmatrix},\boldsymbol{\alpha}_3=\begin{bmatrix} 1 \\ -1 \\ -1 \\ 1 \end{bmatrix},\boldsymbol{\alpha}_4=\begin{bmatrix} 1 \\ 1 \\ -1 \\ -1 \end{bmatrix}$,试证明 $\boldsymbol{\alpha}_1,\boldsymbol{\alpha}_2,\boldsymbol{\alpha}_3,\boldsymbol{\alpha}_4$ 为 $\mathbb{R}^4$ 的一个

基,并求出$\boldsymbol{\beta}=\begin{bmatrix}1\\2\\1\\1\end{bmatrix}$在这个基下的坐标.

23. 计算向量内积$(\boldsymbol{\alpha},\boldsymbol{\beta})$.

(1) $\boldsymbol{\alpha}=[1,0,3,-1]^{\mathrm{T}}$, $\boldsymbol{\beta}=[4,2,-2,1]^{\mathrm{T}}$;

(2) $\boldsymbol{\alpha}=[1,-2,-3,1]^{\mathrm{T}}$, $\boldsymbol{\beta}=[2,-2,1,1]^{\mathrm{T}}$.

24. 求下列向量的范数$\|\boldsymbol{\alpha}\|$.

(1) $\boldsymbol{\alpha}=[2,-3,0,-1]^{\mathrm{T}}$;

(2) $\boldsymbol{\alpha}=[5,1,3,-1]^{\mathrm{T}}$.

25. 验证下列向量是正交的.

(1) $\boldsymbol{\alpha}=[1,0,3,-1]^{\mathrm{T}}$, $\boldsymbol{\beta}=[4,2,-1,1]^{\mathrm{T}}$;

(2) $\boldsymbol{\alpha}=[1,-1,-1,1]^{\mathrm{T}}$, $\boldsymbol{\beta}=[1,-1,1,-1]^{\mathrm{T}}$.

26. 若向量$\boldsymbol{\beta}$和向量$\boldsymbol{\alpha}_1,\boldsymbol{\alpha}_2,\cdots,\boldsymbol{\alpha}_m$都正交,试证明$\boldsymbol{\beta}$与$\boldsymbol{\alpha}_1,\boldsymbol{\alpha}_2,\cdots,\boldsymbol{\alpha}_m$的任意线性组合也正交.

27. 如果n阶方阵$\boldsymbol{A}$为实反对称矩阵,n维列向量$\boldsymbol{x},\boldsymbol{y}$满足$\boldsymbol{Ax}=\boldsymbol{y}$,试证明$\boldsymbol{x}$和$\boldsymbol{y}$正交.

28. 设矩阵$\boldsymbol{A}=\begin{bmatrix}-\frac{2}{7} & a & \frac{3}{7}\\ b & c & d\\ \frac{3}{7} & -\frac{2}{7} & e\end{bmatrix}$为正交矩阵,试求$a,b,c,d,e$的值.

29. 若矩阵$\boldsymbol{A}$为正交矩阵,试证明$|\boldsymbol{A}|=\pm1$.

30. 如果矩阵$\boldsymbol{A}$为正交矩阵,试证明$\boldsymbol{A}^{\mathrm{T}},\boldsymbol{A}^{-1}$和$\boldsymbol{A}^*$都是正交矩阵.

31. 如果矩阵$\boldsymbol{A}$和$\boldsymbol{B}$都为正交矩阵,试证明$\boldsymbol{AB}$也是正交矩阵.

32. 用格拉姆-施密特正交化方法,将下列向量组正交化单位化.

(1)$\boldsymbol{\alpha}_1=[1,0,0]^{\mathrm{T}},\boldsymbol{\alpha}_2=[1,1,0]^{\mathrm{T}},\boldsymbol{\alpha}_3=[1,1,1]^{\mathrm{T}}$;

(2)$\boldsymbol{\alpha}_1=[1,1,1,1]^{\mathrm{T}},\boldsymbol{\alpha}_2=[1,-2,-3,4]^{\mathrm{T}},\boldsymbol{\alpha}_3=[3,2,2,1]^{\mathrm{T}}$.

33. 已知某经济系统在一个生产周期内消耗系数如下表所示,

经济系统	消耗系数		
	1	2	3
1	0.1	0.1	0.1
2	0.2	0.2	0.1
3	0.1	0.1	0.2

(1)写出消耗矩阵;

(2)如果最终需求是系数1为75个单位,系数2为100个单位,系数3为120个单位,求生产水平$\boldsymbol{x}$.

34. 如果一个包括三个部门的经济系统,已知消耗矩阵为

$$C=\begin{bmatrix}0.2 & 0.2 & 0.3\\ 0.14 & 0.15 & 0.25\\ 0.16 & 0.5 & 0.2\end{bmatrix},$$

(1)如果计划最终产品为$\begin{bmatrix}60\\ 50\\ 100\end{bmatrix}$,求生产水平$\boldsymbol{x}$;

(2)如果计划最终产品为$\begin{bmatrix}75\\ 50\\ 100\end{bmatrix}$,求生产水平$\boldsymbol{x}$.

第五章　矩阵的特征值及相似标准形

第一节　矩阵的特征值和特征向量

在矩阵计算时,方阵 $\boldsymbol{A}$ 左乘向量 $\boldsymbol{x}$,其原理是将向量 $\boldsymbol{x}$ 变为向量 $\boldsymbol{Ax}$,但通常还会存在某些特殊的向量,方阵 $\boldsymbol{A}$ 对这些向量的作用变为 $\boldsymbol{Ax}$,它与向量 $\boldsymbol{x}$ 相互平行.

由于上面讨论的向量都是自由向量,所以向量 $\boldsymbol{Ax}$ 和向量 $\boldsymbol{x}$ 相互平行,也就是说 $\boldsymbol{Ax}$ 和 $\boldsymbol{x}$ 是成比例的. 因此有如下定义

定义 5.1　设 n 阶方阵 $\boldsymbol{A}=(a_{ij})_n$,$\boldsymbol{\alpha}$ 为非零向量,如果存在数 λ 使

$$\boldsymbol{A\alpha}=\lambda\boldsymbol{\alpha}, \tag{5.1}$$

则称 λ 为 $\boldsymbol{A}$ 的一个特征值,$\boldsymbol{\alpha}$ 称为对应于 λ 的特征向量.

例 5.1　设 $\boldsymbol{A}=\begin{bmatrix}3&0\\4&-1\end{bmatrix}$,$\boldsymbol{\alpha}_1=\begin{bmatrix}1\\1\end{bmatrix}$,$\boldsymbol{\alpha}_2=\begin{bmatrix}2\\2\end{bmatrix}$,那么有

$$\boldsymbol{A\alpha}_1=\begin{bmatrix}3&0\\4&-1\end{bmatrix}\begin{bmatrix}1\\1\end{bmatrix}=\begin{bmatrix}3\\3\end{bmatrix}=3\begin{bmatrix}1\\1\end{bmatrix}=3\boldsymbol{\alpha}_1,$$

所以,3 为 $\boldsymbol{A}$ 的一个特征值,$\boldsymbol{\alpha}_1$ 为对应于 3 的特征向量.

$$\boldsymbol{A\alpha}_2=\begin{bmatrix}3&0\\4&-1\end{bmatrix}\begin{bmatrix}2\\2\end{bmatrix}=\begin{bmatrix}6\\6\end{bmatrix}=3\begin{bmatrix}2\\2\end{bmatrix}=3\boldsymbol{\alpha}_2,$$

由此可知,$\boldsymbol{\alpha}_2$ 也为对应于 3 的特征向量.

将特征值的定义 5.1 改写为 $\lambda\boldsymbol{\alpha}-\boldsymbol{A\alpha}=\boldsymbol{0}$,即

$$(\lambda\boldsymbol{I}-\boldsymbol{A})\boldsymbol{\alpha}=\boldsymbol{0}. \tag{5.2}$$

$\boldsymbol{\alpha}$ 为非零向量,也就是说 n 元齐次线性方程组 $(\lambda\boldsymbol{I}-\boldsymbol{A})\boldsymbol{x}=\boldsymbol{0}$ 存在非零解 $\boldsymbol{\alpha}$. 此方程组有非零解的充分必要条件是系数行列式等于零,即

$$|\lambda\boldsymbol{I}-\boldsymbol{A}|=\begin{vmatrix}\lambda-a_{11}&-a_{12}&\cdots&-a_{1n}\\-a_{21}&\lambda-a_{22}&\cdots&-a_{2n}\\\vdots&\vdots&&\vdots\\-a_{n1}&-a_{n2}&\cdots&\lambda-a_{nn}\end{vmatrix}=0. \tag{5.3}$$

定义 5.2　设 n 阶方阵 $\boldsymbol{A}=(a_{ij})_n$,则含有未知量 λ 的矩阵 $\lambda\boldsymbol{I}-\boldsymbol{A}$ 称为 $\boldsymbol{A}$ 的特征矩阵;行列式 $|\lambda\boldsymbol{I}-\boldsymbol{A}|$ 为 λ 的 n 次多项式,称为 $\boldsymbol{A}$ 的特征多项式;$|\lambda\boldsymbol{I}-\boldsymbol{A}|=0$ 称为 $\boldsymbol{A}$ 的特征方程.

因此,如果 $\boldsymbol{A}$ 的特征方程 $|\lambda\boldsymbol{I}-\boldsymbol{A}|=0$ 在实数域没有根,那么 $\boldsymbol{A}$ 就没有实数特征值;如果 $|\lambda\boldsymbol{I}-\boldsymbol{A}|=0$ 在实数域有根,则 $\boldsymbol{A}$ 有特征值. $|\lambda\boldsymbol{I}-\boldsymbol{A}|=0$ 在实数域全部的根就是矩阵 $\boldsymbol{A}$ 的全部实数特征值. 若 λ 是 $|\lambda\boldsymbol{I}-\boldsymbol{A}|=0$ 的 m 重根,则 λ 称为 $\boldsymbol{A}$ 的 m 重特征值. 方程

$(\lambda \boldsymbol{I}-\boldsymbol{A})\boldsymbol{x}=\boldsymbol{0}$ 的每一个非零解,都是对应于 λ 的特征向量. 特征值和特征向量也可以是复数,但本书所讨论的特征值和特征向量仅限实数域,如果涉及复数,将会特别说明.

例 5.2 求矩阵 $\boldsymbol{A}=\begin{bmatrix}3 & 0\\4 & -1\end{bmatrix}$ 的特征值与特征向量.

解: 矩阵 $\boldsymbol{A}$ 的特征方程

$$|\lambda \boldsymbol{I}-\boldsymbol{A}|=\begin{vmatrix}\lambda-3 & 0\\-4 & \lambda+1\end{vmatrix}=0,$$

整理得

$$(\lambda+1)(\lambda-3)=0.$$

所以,$\lambda_1=-1,\lambda_2=3$ 是矩阵 $\boldsymbol{A}$ 的两个不同的特征值.

当 $\lambda_1=-1$ 时,解齐次线性方程组 $(-\boldsymbol{I}-\boldsymbol{A})\boldsymbol{x}=\boldsymbol{0}$,相应的系数矩阵为

$$-\boldsymbol{I}-\boldsymbol{A}=\begin{bmatrix}-4 & 0\\-4 & 0\end{bmatrix}\to\begin{bmatrix}1 & 0\\0 & 0\end{bmatrix}.$$

解空间的基为 $\begin{bmatrix}0\\1\end{bmatrix}$,所以 $\boldsymbol{A}$ 的对应于 $\lambda_1=-1$ 的全部特征向量为 $\boldsymbol{\alpha}_1=t\begin{bmatrix}0\\1\end{bmatrix}$,$t$ 为非零的常数.

当 $\lambda_2=3$ 时,解齐次线性方程组 $(3\boldsymbol{I}-\boldsymbol{A})\boldsymbol{x}=\boldsymbol{0}$,相应的系数矩阵为

$$3\boldsymbol{I}-\boldsymbol{A}=\begin{bmatrix}0 & 0\\-4 & 4\end{bmatrix}\to\begin{bmatrix}1 & -1\\0 & 0\end{bmatrix}.$$

解空间的基为 $\begin{bmatrix}1\\1\end{bmatrix}$,所以 $\boldsymbol{A}$ 的对应于 $\lambda_2=3$ 的全部特征向量为 $\boldsymbol{\alpha}_2=k\begin{bmatrix}1\\1\end{bmatrix}$,$k$ 为非零的常数.

由例 5.2 可以得到以下定理.

定理 5.1 上三角矩阵(或下三角矩阵)的主对角线元素就是它的特征值.

证明: 设 n 阶上三角矩阵 $\boldsymbol{A}=\begin{bmatrix}a_{11} & a_{12} & \cdots & a_{1n}\\0 & a_{22} & \cdots & a_{2n}\\\vdots & \vdots & & \vdots\\0 & 0 & \cdots & a_{nn}\end{bmatrix}$,那么矩阵 $\boldsymbol{A}$ 的特征方程

$$|\lambda \boldsymbol{I}-\boldsymbol{A}|=\begin{vmatrix}\lambda-a_{11} & -a_{12} & \cdots & -a_{1n}\\0 & \lambda-a_{22} & \cdots & -a_{2n}\\\vdots & \vdots & & \vdots\\0 & 0 & \cdots & \lambda-a_{nn}\end{vmatrix}=0,$$

所以,$(\lambda-a_{11})(\lambda-a_{22})\cdots(\lambda-a_{nn})=0$.

因此,$\lambda_1=a_{11},\lambda_2=a_{22},\cdots,\lambda_n=a_{nn}$ 是矩阵 $\boldsymbol{A}$ 的特征值. 同理可以得到下三角矩阵的结论.

例 5.3 求矩阵 $\boldsymbol{A}=\begin{bmatrix}4 & -1 & 0\\1 & 2 & 0\\-5 & 4 & 4\end{bmatrix}$ 的特征值与特征向量.

解:矩阵 $\boldsymbol{A}$ 的特征方程

$$|\lambda \boldsymbol{I}-\boldsymbol{A}|=\begin{vmatrix}\lambda-4 & 1 & 0\\ -1 & \lambda-2 & 0\\ 5 & -4 & \lambda-4\end{vmatrix}=0.$$

按最后一列展开并化简,可得$(\lambda-4)(\lambda-3)^2=0$,所以 $\lambda_1=4,\lambda_2=\lambda_3=3$ 为矩阵 $\boldsymbol{A}$ 的特征值,并且 3 是 $\boldsymbol{A}$ 的二重特征值.

当 $\lambda_1=4$ 时,解齐次线性方程组$(4\boldsymbol{I}-\boldsymbol{A})\boldsymbol{x}=\boldsymbol{0}$,相应的系数矩阵为

$$4\boldsymbol{I}-\boldsymbol{A}=\begin{bmatrix}0 & 1 & 0\\ -1 & -2 & 0\\ 5 & -4 & 0\end{bmatrix}\rightarrow\begin{bmatrix}1 & 0 & 0\\ 0 & 1 & 0\\ 0 & 0 & 0\end{bmatrix}.$$

解空间的基为$\begin{bmatrix}0\\0\\1\end{bmatrix}$,所以 $\boldsymbol{A}$ 的对应于 $\lambda_1=4$ 的全部特征向量为 $\boldsymbol{\alpha}_1=t\begin{bmatrix}0\\0\\1\end{bmatrix}$,$t$ 为非零的常数.

当 $\lambda_2=\lambda_3=3$ 时,解齐次线性方程组$(3\boldsymbol{I}-\boldsymbol{A})\boldsymbol{x}=\boldsymbol{0}$,相应的系数矩阵为

$$3\boldsymbol{I}-\boldsymbol{A}=\begin{bmatrix}-1 & 1 & 0\\ -1 & 1 & 0\\ 5 & -4 & -1\end{bmatrix}\rightarrow\begin{bmatrix}1 & -1 & 0\\ 0 & 1 & -1\\ 0 & 0 & 0\end{bmatrix}\rightarrow\begin{bmatrix}1 & 0 & -1\\ 0 & 1 & -1\\ 0 & 0 & 0\end{bmatrix}.$$

解空间的基为$\begin{bmatrix}1\\1\\1\end{bmatrix}$,所以 $\boldsymbol{A}$ 的对应于 $\lambda_2=\lambda_3=3$ 的全部特征向量为 $\boldsymbol{\alpha}_2=k\begin{bmatrix}1\\1\\1\end{bmatrix}$,$k$ 为非零的常数.

例 5.4　求矩阵 $\boldsymbol{A}=\begin{bmatrix}1 & 2 & 4\\ 2 & -2 & 2\\ 4 & 2 & 1\end{bmatrix}$的特征值与特征向量.

解:矩阵 $\boldsymbol{A}$ 的特征方程

$$|\lambda \boldsymbol{I}-\boldsymbol{A}|=\begin{vmatrix}\lambda-1 & -2 & -4\\ -2 & \lambda+2 & -2\\ -4 & -2 & \lambda-1\end{vmatrix}=0,$$

$$\begin{vmatrix}\lambda-1 & -2 & -4\\ -2 & \lambda+2 & -2\\ 0 & -2\lambda-6 & \lambda+3\end{vmatrix}=\begin{vmatrix}\lambda-1 & -10 & -4\\ -2 & \lambda-2 & -2\\ 0 & 0 & \lambda+3\end{vmatrix}=0.$$

化简可得

$$(\lambda+3)^2(\lambda-6)=0.$$

所以 $\lambda_1=\lambda_2=-3,\lambda_3=6$ 为矩阵 $\boldsymbol{A}$ 的特征值,并且-3 是 $\boldsymbol{A}$ 的二重特征值.

当 $\lambda_1=\lambda_2=-3$ 时,解齐次线性方程组$(-3\boldsymbol{I}-\boldsymbol{A})\boldsymbol{x}=\boldsymbol{0}$,相应的系数矩阵为

$$-3\boldsymbol{I}-\boldsymbol{A}=\begin{bmatrix}-4 & -2 & -4\\ -2 & -1 & -2\\ -4 & -2 & -4\end{bmatrix}\rightarrow\begin{bmatrix}2 & 1 & 2\\ 0 & 0 & 0\\ 0 & 0 & 0\end{bmatrix}.$$

解空间的基为$\begin{bmatrix}1\\-2\\0\end{bmatrix}$,$\begin{bmatrix}0\\-2\\1\end{bmatrix}$,所以 $\boldsymbol{A}$ 的对应于 $\lambda_1=\lambda_2=-3$ 的全部特征向量为 $\boldsymbol{\alpha}_1=t_1\begin{bmatrix}1\\-2\\0\end{bmatrix}+t_2\begin{bmatrix}0\\-2\\1\end{bmatrix}$,$t_1,t_2$ 为不同时为零的常数.

当 $\lambda_3=6$ 时,解齐次线性方程组 $(6\boldsymbol{I}-\boldsymbol{A})\boldsymbol{x}=\boldsymbol{0}$,相应的系数矩阵为

$$6\boldsymbol{I}-\boldsymbol{A}=\begin{bmatrix}5&-2&-4\\-2&8&-2\\-4&-2&5\end{bmatrix}\to\begin{bmatrix}1&0&-1\\0&2&-1\\0&0&0\end{bmatrix}.$$

解空间的基为$\begin{bmatrix}2\\1\\2\end{bmatrix}$,所以 $\boldsymbol{A}$ 的对应于 $\lambda_3=6$ 的全部特征向量为 $\boldsymbol{\alpha}_2=k\begin{bmatrix}2\\1\\2\end{bmatrix}$,$k$ 为非零的常数.

例 5.5 试证明 $\boldsymbol{A}=\begin{bmatrix}0&1\\-1&0\end{bmatrix}$ 没有实数特征值.

证明:矩阵 $\boldsymbol{A}$ 的特征方程

$$|\lambda\boldsymbol{I}-\boldsymbol{A}|=\begin{vmatrix}\lambda&-1\\1&\lambda\end{vmatrix}=0.$$

整理可得 $\lambda^2+1=0$,因此在实数域上没有特征值.

例 5.6 设 λ_A 为 n 阶方阵 $\boldsymbol{A}$ 的一个特征值,试证明:

(1) λ_A 也为 $\boldsymbol{A}^{\mathrm{T}}$ 的一个特征值.

(2) 对任意实数 k,λ_A+k 为矩阵 $\boldsymbol{A}+k\boldsymbol{I}$ 的一个特征值.

(3) λ_A^2 为矩阵 $\boldsymbol{A}^2$ 的特征值.

(4) 若 $\boldsymbol{A}$ 可逆,则$\dfrac{|\boldsymbol{A}|}{\lambda_A}$为矩阵 $\boldsymbol{A}^*$ 的一个特征值,其中 $\boldsymbol{A}^*$ 为矩阵 $\boldsymbol{A}$ 的伴随矩阵.

证明:(1)由已知条件 λ_A 为 n 阶方阵 $\boldsymbol{A}$ 的一个特征值,因此 λ_A 满足 $\boldsymbol{A}$ 的特征方程 $|\lambda_A\boldsymbol{I}-\boldsymbol{A}|=0$;再根据 $|\boldsymbol{A}^{\mathrm{T}}|=|\boldsymbol{A}|$,从而有 $0=|\lambda_A\boldsymbol{I}-\boldsymbol{A}|=|(\lambda_A\boldsymbol{I}-\boldsymbol{A})^{\mathrm{T}}|=|\lambda_A\boldsymbol{I}-\boldsymbol{A}^{\mathrm{T}}|$. 所以,$\lambda_A$ 也为 $\boldsymbol{A}^{\mathrm{T}}$ 的一个特征值.

(2)根据定义 5.1,设 $\boldsymbol{A}$ 的对应于 λ_A 的特征向量为 $\boldsymbol{\alpha}$,那么有 $\boldsymbol{A}\boldsymbol{\alpha}=\lambda_A\boldsymbol{\alpha}$,而 $k\boldsymbol{I}\boldsymbol{\alpha}=k\boldsymbol{\alpha}$,两式相加可得 $(\boldsymbol{A}+k\boldsymbol{I})\boldsymbol{\alpha}=(\lambda_A+k)\boldsymbol{\alpha}$. 所以,$\lambda_A+k$ 为矩阵 $\boldsymbol{A}+k\boldsymbol{I}$ 的一个特征值.

(3)由定义 5.1 $\boldsymbol{A}\boldsymbol{\alpha}=\lambda_A\boldsymbol{\alpha}$,等式两侧左乘 $\boldsymbol{A}$ 得 $\boldsymbol{A}^2\boldsymbol{\alpha}=\lambda_A\boldsymbol{A}\boldsymbol{\alpha}=\lambda_A^2\boldsymbol{\alpha}$,即 λ_A^2 为矩阵 $\boldsymbol{A}^2$ 的特征值.

(4)在 $\boldsymbol{A}\boldsymbol{\alpha}=\lambda_A\boldsymbol{\alpha}$ 两侧左乘 $\boldsymbol{A}^*$,有 $\boldsymbol{A}^*\boldsymbol{A}\boldsymbol{\alpha}=\lambda_A\boldsymbol{A}^*\boldsymbol{\alpha}$,也就是

$$|\boldsymbol{A}|\boldsymbol{\alpha}=\lambda_A\boldsymbol{A}^*\boldsymbol{\alpha}.$$

因为 $\boldsymbol{A}$ 可逆,所以 $|\boldsymbol{A}|\neq0$,而 $\boldsymbol{\alpha}$ 为特征向量,有 $\boldsymbol{\alpha}\neq0$. 从而可知 $\lambda_A\boldsymbol{A}^*\boldsymbol{\alpha}\neq0$,因此 $\lambda_A\neq0$.

于是有 $\boldsymbol{A}^*\boldsymbol{\alpha}=\dfrac{|\boldsymbol{A}|}{\lambda_A}\boldsymbol{\alpha}$,所以$\dfrac{|\boldsymbol{A}|}{\lambda_A}$为矩阵 $\boldsymbol{A}^*$ 的一个特征值.

定理 5.2　设 n 阶方阵 $\boldsymbol{A}$ 互不相同的特征值为 $\lambda_1,\lambda_2,\cdots,\lambda_m$，对应的特征向量为 $\boldsymbol{\alpha}_1,\boldsymbol{\alpha}_2,\cdots,\boldsymbol{\alpha}_m$，则 $\boldsymbol{\alpha}_1,\boldsymbol{\alpha}_2,\cdots,\boldsymbol{\alpha}_m$ 线性无关.

证明：对于特征值的个数 m 用数学归纳法.

当 $m=1$ 时，由于特征向量不为零向量，因此定理成立.

假设矩阵 $\boldsymbol{A}$ 的 $m-1$ 个互不相同的特征值为 $\lambda_1,\lambda_2,\cdots,\lambda_{m-1}$，对应的特征向量 $\boldsymbol{\alpha}_1,\boldsymbol{\alpha}_2,\cdots,\boldsymbol{\alpha}_{m-1}$ 线性无关.

下面证明 m 个互不相同的特征值 $\lambda_1,\lambda_2,\cdots,\lambda_m$，对应的特征向量 $\boldsymbol{\alpha}_1,\boldsymbol{\alpha}_2,\cdots,\boldsymbol{\alpha}_m$ 也是线性无关的.

设

$$k_1\boldsymbol{\alpha}_1+k_2\boldsymbol{\alpha}_2+\cdots+k_{m-1}\boldsymbol{\alpha}_{m-1}+k_m\boldsymbol{\alpha}_m=\boldsymbol{0},\tag{5.4}$$

两侧左乘 $\boldsymbol{A}$，得

$$k_1\boldsymbol{A}\boldsymbol{\alpha}_1+k_2\boldsymbol{A}\boldsymbol{\alpha}_2+\cdots+k_{m-1}\boldsymbol{A}\boldsymbol{\alpha}_{m-1}+k_m\boldsymbol{A}\boldsymbol{\alpha}_m=\boldsymbol{0},\tag{5.5}$$

再由 $\boldsymbol{A}\boldsymbol{\alpha}_i=\lambda_i\boldsymbol{\alpha}_i(i=1,2,\cdots,m)$，有

$$k_1\lambda_1\boldsymbol{\alpha}_1+k_2\lambda_2\boldsymbol{\alpha}_2+\cdots+k_{m-1}\lambda_{m-1}\boldsymbol{\alpha}_{m-1}+k_m\lambda_m\boldsymbol{\alpha}_m=\boldsymbol{0},\tag{5.6}$$

再将式(5.4)两侧乘 λ_m，可得

$$k_1\lambda_m\boldsymbol{\alpha}_1+k_2\lambda_m\boldsymbol{\alpha}_2+\cdots+k_{m-1}\lambda_m\boldsymbol{\alpha}_{m-1}+k_m\lambda_m\boldsymbol{\alpha}_m=\boldsymbol{0},\tag{5.7}$$

式(5.6)减去式(5.7)，消去 $\boldsymbol{\alpha}_m$，可得

$$k_1(\lambda_1-\lambda_m)\boldsymbol{\alpha}_1+k_2(\lambda_2-\lambda_m)\boldsymbol{\alpha}_2+\cdots+k_{m-1}(\lambda_{m-1}-\lambda_m)\boldsymbol{\alpha}_{m-1}=\boldsymbol{0}.$$

由归纳假设可知 $\boldsymbol{\alpha}_1,\boldsymbol{\alpha}_2,\cdots,\boldsymbol{\alpha}_{m-1}$ 线性无关，于是有 $k_i(\lambda_i-\lambda_m)=0(i=1,2,\cdots,m-1)$，注意到 $\lambda_i\neq\lambda_m(i=1,2,\cdots,m-1)$，因此有 $k_i=0(i=1,2,\cdots,m-1)$. 再代回式(5.4)，有 $k_m\boldsymbol{\alpha}_m=\boldsymbol{0}$，而 $\boldsymbol{\alpha}_m\neq\boldsymbol{0}$，所以 $k_m=0$. 这就证明了 $\boldsymbol{\alpha}_1,\boldsymbol{\alpha}_2,\cdots,\boldsymbol{\alpha}_m$ 是线性无关的.

定理 5.3　设 n 阶方阵 $\boldsymbol{A}=(a_{ij})_{n\times n}$，$\boldsymbol{A}$ 的全部特征值为 $\lambda_1,\lambda_2,\cdots,\lambda_n$(其中可能有重根、复数根)，那么有

$$\sum_{i=1}^{n}\lambda_i=\sum_{i=1}^{n}a_{ii},\tag{5.8}$$

$$\prod_{i=1}^{n}\lambda_i=|\boldsymbol{A}|.\tag{5.9}$$

也就是 $\boldsymbol{A}$ 的所有特征值的和等于 $\boldsymbol{A}$ 的主对角线元素之和，所有特征值的乘积等于 $\boldsymbol{A}$ 的行列式.

证明：

$$|\lambda\boldsymbol{I}-\boldsymbol{A}|=\begin{vmatrix}\lambda-a_{11}&-a_{12}&\cdots&-a_{1n}\\-a_{21}&\lambda-a_{22}&\cdots&-a_{2n}\\\vdots&\vdots&&\vdots\\-a_{n1}&-a_{n2}&\cdots&\lambda-a_{nn}\end{vmatrix},$$

由行列式的定义 3.2 可知，这个行列式含有如下的一项

$$\begin{aligned}&(\lambda-a_{11})(\lambda-a_{22})\cdots(\lambda-a_{nn})\\&=\lambda^n-(a_{11}+a_{22}+\cdots+a_{nn})\lambda^{n-1}+\cdots+(-1)^n a_{11}a_{22}\cdots a_{nn}.\end{aligned}$$

行列式中其他的项至多只含有主对角线的 $n-2$ 个元素，这就说明了 $|\lambda\boldsymbol{I}-\boldsymbol{A}|$ 中其他的项中既不包含 λ^n，也不包含 λ^{n-1}. 因此

$$|\lambda \boldsymbol{I}-\boldsymbol{A}|=\lambda^n-(a_{11}+a_{22}+\cdots+a_{nn})\lambda^{n-1}+\cdots+c_0, \tag{5.10}$$

式中,c_0 为常数项. 而将 $\lambda=0$ 代入式(5.10),可得

$$c_0=|-\boldsymbol{A}|=(-1)^n|\boldsymbol{A}|,$$

又因为 $\lambda_1,\lambda_2,\cdots,\lambda_n$ 为 $\boldsymbol{A}$ 的特征值,所以有

$$|\lambda \boldsymbol{I}-\boldsymbol{A}|=(\lambda-\lambda_1)(\lambda-\lambda_2)\cdots(\lambda-\lambda_n). \tag{5.11}$$

对比式(5.10),利用方程的根与系数关系,有

$$\lambda_1+\lambda_2+\cdots+\lambda_n=a_{11}+a_{22}+\cdots+a_{nn}, \tag{5.12}$$

$$\lambda_1\lambda_2\cdots\lambda_n=|\boldsymbol{A}|. \tag{5.13}$$

即

$$\sum_{i=1}^{n}\lambda_i=\sum_{i=1}^{n}a_{ii},$$

$$\prod_{i=1}^{n}\lambda_i=|\boldsymbol{A}|.$$

将 n 阶方阵 $\boldsymbol{A}$ 的主对角线元素之和称为 $\boldsymbol{A}$ 的迹,记为 $\mathrm{tr}\boldsymbol{A}$.

由此定理 5.3 可以得到以下推论.

推论 5.1 n 阶方阵 $\boldsymbol{A}$ 为可逆矩阵的充要条件是 $\boldsymbol{A}$ 的特征值全不为零.

例 5.7 若 n 阶方阵 $\boldsymbol{A}$ 为可逆的,λ_A 为 $\boldsymbol{A}$ 的一个特征值,试证明 λ_A^{-1} 为 $\boldsymbol{A}^{-1}$ 的特征值.

证明:设 $\boldsymbol{A}$ 的对应于 λ_A 的特征向量为 $\boldsymbol{\alpha}$,那么有 $\boldsymbol{A\alpha}=\lambda_A\boldsymbol{\alpha}$,两侧左乘 $\boldsymbol{A}^{-1}$,可得

$$\boldsymbol{A}^{-1}(\boldsymbol{A\alpha})=\boldsymbol{A}^{-1}(\lambda_A\boldsymbol{\alpha}),$$

也就是

$$\boldsymbol{\alpha}=\lambda_A\boldsymbol{A}^{-1}\boldsymbol{\alpha},$$

又因为 $\boldsymbol{A}$ 为可逆的,所以 $\lambda_A\neq 0$,于是有 $\boldsymbol{A}^{-1}\boldsymbol{\alpha}=\lambda_A^{-1}\boldsymbol{\alpha}$,从而 λ_A^{-1} 为 $\boldsymbol{A}^{-1}$ 的特征值.

例 5.8 若 3 阶方阵 $\boldsymbol{A}$ 的三个特征值分别为 $\lambda_1=1,\lambda_2=-3,\lambda_3=5$,试求 $2\boldsymbol{I}+\boldsymbol{A}^2$ 的全部特征值.

解:因为 $\boldsymbol{A}$ 的特征值为 $\lambda_1=1,\lambda_2=-3,\lambda_3=5$,根据例 5.6,所以 $\boldsymbol{A}^2$ 的三个特征值为 $1^2,(-3)^2,5^2$,也就是 1,9,25. 因此 $2\boldsymbol{I}+\boldsymbol{A}^2$ 的特征值为 $2+1,2+9,2+25$,即 3,11,27 为 $2\boldsymbol{I}+\boldsymbol{A}^2$ 的全部特征值.

例 5.9 设 $\boldsymbol{A}=\begin{bmatrix} a & 4 & 3\\ -4 & -6 & -3\\ 3 & 3 & 1\end{bmatrix}$ 的特征值 $\lambda_1=1,\lambda_2=-2$,求 $\boldsymbol{A}$ 的另一个特征值和 a 的值.

解:根据定理 5.3 可知

$$\lambda_1+\lambda_2+\lambda_3=a+(-6)+1,\lambda_1\lambda_2\lambda_3=|\boldsymbol{A}|,$$

注意到

$$|\boldsymbol{A}|=\begin{vmatrix} a & 4 & 3\\ -4 & -6 & -3\\ 3 & 3 & 1\end{vmatrix}=3a-2.$$

因此有

$$\begin{cases} -1+\lambda_3=a-5,\\ -2\lambda_3=3a-2.\end{cases}$$

解得

$$\begin{cases} a=2, \\ \lambda_3=-2. \end{cases}$$

第二节　相似与相似对角矩阵

定义 5.3　设 $\boldsymbol{A},\boldsymbol{B}$ 为 n 阶方阵，如果存在一个 n 阶可逆矩阵 $\boldsymbol{P}$，使得 $\boldsymbol{P}^{-1}\boldsymbol{A}\boldsymbol{P}=\boldsymbol{B}$，则称矩阵 $\boldsymbol{A}$ 与 $\boldsymbol{B}$ 是相似的，记为 $\boldsymbol{A}\sim\boldsymbol{B}$.

例如 $\boldsymbol{A}=\begin{bmatrix}-3 & -2\\ 2 & 2\end{bmatrix}$，$\boldsymbol{B}=\begin{bmatrix}1 & 0\\ 0 & -2\end{bmatrix}$，$\boldsymbol{P}=\begin{bmatrix}-\frac{1}{3} & \frac{2}{3}\\ \frac{2}{3} & -\frac{1}{3}\end{bmatrix}$，则 $\boldsymbol{P}^{-1}=\begin{bmatrix}1 & 2\\ 2 & 1\end{bmatrix}$，

$$\boldsymbol{P}^{-1}\boldsymbol{A}\boldsymbol{P}=\begin{bmatrix}1 & 2\\ 2 & 1\end{bmatrix}\begin{bmatrix}-3 & -2\\ 2 & 2\end{bmatrix}\begin{bmatrix}-\frac{1}{3} & \frac{2}{3}\\ \frac{2}{3} & -\frac{1}{3}\end{bmatrix}=\begin{bmatrix}1 & 0\\ 0 & 2\end{bmatrix}=\boldsymbol{B},$$

所以，$\boldsymbol{A}\sim\boldsymbol{B}$ 也就是 $\begin{bmatrix}-3 & -2\\ 2 & 2\end{bmatrix}\sim\begin{bmatrix}1 & 0\\ 0 & 2\end{bmatrix}$.

相似作为 n 阶方阵之间的一种关系，有以下三条基本性质：

①$A\sim A$（反身性）.

②若 $A\sim B$，则 $B\sim A$（对称性）.

③若 $A\sim B$ 且 $B\sim C$，则 $A\sim C$（传递性）.

这三条基本性质都可以用定义 5.3 来证明，除了这三条基本性质外，还有以下性质.

定理 5.4　如果 n 阶方阵 $\boldsymbol{A},\boldsymbol{B}$ 为相似的，则它们具有相同的特征值.

证明：因为 $\boldsymbol{A}\sim\boldsymbol{B}$，所以存在可逆矩阵 $\boldsymbol{P}$，使得 $\boldsymbol{P}^{-1}\boldsymbol{A}\boldsymbol{P}=\boldsymbol{B}$，设矩阵 $\boldsymbol{B}$ 的特征值为 $\lambda_{\boldsymbol{B}}$，有

$$\begin{aligned}|\lambda_{\boldsymbol{B}}\boldsymbol{I}-\boldsymbol{B}|&=|\lambda_{\boldsymbol{B}}\boldsymbol{I}-\boldsymbol{P}^{-1}\boldsymbol{A}\boldsymbol{P}|=|\boldsymbol{P}^{-1}(\lambda_{\boldsymbol{B}}\boldsymbol{I})\boldsymbol{P}-\boldsymbol{P}^{-1}\boldsymbol{A}\boldsymbol{P}|\\&=|\boldsymbol{P}^{-1}(\lambda_{\boldsymbol{B}}\boldsymbol{I}-\boldsymbol{A})\boldsymbol{P}|=|\boldsymbol{P}^{-1}||\lambda_{\boldsymbol{B}}\boldsymbol{I}-\boldsymbol{A}||\boldsymbol{P}|=|\lambda_{\boldsymbol{B}}\boldsymbol{I}-\boldsymbol{A}|,\end{aligned}$$

所以 $\lambda_{\boldsymbol{B}}$ 也是矩阵 $\boldsymbol{A}$ 的特征值.

由定理 5.3 和定理 5.4 还可以得到，如果矩阵 $\boldsymbol{A}$ 与 $\boldsymbol{B}$ 相似，那么它们的迹相等，行列式的值也相等.

定理 5.5　如果 n 阶方阵 $\boldsymbol{A},\boldsymbol{B}$ 相似，则矩阵 $\boldsymbol{A}$ 与 $\boldsymbol{B}$ 都可逆，或者都不可逆；并且当它们可逆时，有 $\boldsymbol{A}^{-1}\sim\boldsymbol{B}^{-1}$.

证明：由 $\boldsymbol{A}\sim\boldsymbol{B}$，则 $|\boldsymbol{A}|=|\boldsymbol{B}|$，所以 $|\boldsymbol{A}|$ 和 $|\boldsymbol{B}|$ 同时为零或同时不为零，即矩阵 $\boldsymbol{A}$ 与 $\boldsymbol{B}$ 都不可逆或都可逆.

再由 $\boldsymbol{A}\sim\boldsymbol{B}$ 知存在可逆矩阵 $\boldsymbol{P}$，使得 $\boldsymbol{P}^{-1}\boldsymbol{A}\boldsymbol{P}=\boldsymbol{B}$. 根据矩阵 $\boldsymbol{A}$ 和 $\boldsymbol{B}$ 都可逆，于是有 $(\boldsymbol{P}^{-1}\boldsymbol{A}\boldsymbol{P})^{-1}=\boldsymbol{B}^{-1}$，即 $\boldsymbol{P}^{-1}\boldsymbol{A}^{-1}\boldsymbol{P}=\boldsymbol{B}^{-1}$，这说明 $\boldsymbol{A}^{-1}\sim\boldsymbol{B}^{-1}$.

例 5.10　若 n 阶方阵 $\boldsymbol{A},\boldsymbol{B}$ 相似，试证明 $\boldsymbol{A}^m\sim\boldsymbol{B}^m$，其中 m 为正整数.

证明：由 $\boldsymbol{A}\sim\boldsymbol{B}$，则存在可逆矩阵 $\boldsymbol{P}$，使得 $\boldsymbol{P}^{-1}\boldsymbol{A}\boldsymbol{P}=\boldsymbol{B}$. 因此

$$B^m=(P^{-1}AP)^m=\underbrace{(P^{-1}AP)(P^{-1}AP)\cdots(P^{-1}AP)}_{m\text{个}}=P^{-1}A^mP,$$

这就是说 $A^m \sim B^m$.

由此可知,相似矩阵具有很多的共同性质,对于给定的 n 阶方阵 A,一般希望找到一个既简单便于计算又和 A 相似的矩阵．这样,只要研究这个简单的矩阵就可以了解 A 的特征值、可逆、幂次等问题．对角矩阵恰好满足简单且便于计算的条件．因此,针对是否任何矩阵 A 都能相似于一个对角矩阵的问题,经过探究得到定理 5.6.

定理 5.6　n 阶方阵 A 和 n 阶对角矩阵 $\begin{bmatrix}\lambda_1 & & & \\ & \lambda_2 & & \\ & & \ddots & \\ & & & \lambda_n\end{bmatrix}$[也记为 $\mathrm{diag}(\lambda_1,\lambda_2,\cdots,\lambda_n)$]相似的充分必要条件是 n 阶方阵 A 有 n 个线性无关的特征向量.

证明:

充分性:设 $\alpha_1,\alpha_2,\cdots,\alpha_n$ 为 A 的 n 个线性无关的特征向量,它们对应的特征值依次为 $\lambda_1,\lambda_2,\cdots,\lambda_n$,那么有 $A\alpha_i=\lambda_i\alpha_i(i=1,2,\cdots,n)$.

于是

$$\begin{aligned}A[\alpha_1,\alpha_2,\cdots,\alpha_n]&=[A\alpha_1,A\alpha_2,\cdots,A\alpha_n]\\&=[\lambda_1\alpha_1,\lambda_2\alpha_2,\cdots,\lambda_n\alpha_n]\\&=[\alpha_1,\alpha_2,\cdots,\alpha_n]\begin{bmatrix}\lambda_1 & & & \\ & \lambda_2 & & \\ & & \ddots & \\ & & & \lambda_n\end{bmatrix}.\end{aligned}\tag{5.14}$$

令 $P=[\alpha_1,\alpha_2,\cdots,\alpha_n]$,因为 $\alpha_1,\alpha_2,\cdots,\alpha_n$ 为线性无关的,所以 $\mathrm{R}(P)=n$,从而 P 为可逆矩阵．因此,式(5.14)可以写为

$$AP=P\Lambda.$$

式中,$\Lambda=\begin{bmatrix}\lambda_1 & & & \\ & \lambda_2 & & \\ & & \ddots & \\ & & & \lambda_n\end{bmatrix}$.

两侧左乘 P^{-1} 得 $P^{-1}AP=\Lambda$,即矩阵 A 和对角矩阵 Λ 相似.

必要性:如果矩阵 A 和对角矩阵 Λ 相似,则存在可逆矩阵 P,使得 $P^{-1}AP=\Lambda$,两侧左乘 P 得 $AP=P\Lambda$.

设 $P=[\alpha_1,\alpha_2,\cdots,\alpha_n]$,因此有

$$A[\alpha_1,\alpha_2,\cdots,\alpha_n]=[\alpha_1,\alpha_2,\cdots,\alpha_n]\begin{bmatrix}\lambda_1 & & & \\ & \lambda_2 & & \\ & & \ddots & \\ & & & \lambda_n\end{bmatrix}.$$

利用矩阵乘法可知

$$A\boldsymbol{\alpha}_i=\lambda_i\boldsymbol{\alpha}_i,(i=1,2,\cdots,n).$$

因此,$\boldsymbol{\alpha}_i$ 为 $\lambda_i(i=1,2,\cdots,n)$ 对应的特征向量,又 $\boldsymbol{P}$ 为可逆矩阵,所以 $\mathrm{R}(\boldsymbol{P})=n$,于是 $\boldsymbol{\alpha}_1,\boldsymbol{\alpha}_2,\cdots,\boldsymbol{\alpha}_n$ 为线性无关的.

综上可得,$\boldsymbol{A}$ 有 n 个线性无关的特征向量.

推论 5.2　若 n 阶方阵 $\boldsymbol{A}$ 有 n 个互不相同的特征值,那么 $\boldsymbol{A}$ 和 n 阶对角矩阵 $\begin{bmatrix}\lambda_1 & & & \\ & \lambda_2 & & \\ & & \ddots & \\ & & & \lambda_n\end{bmatrix}$ 相似,其中对角线元素为矩阵 $\boldsymbol{A}$ 的特征值.

证明:由不同特征值对应的特征向量是线性无关的,而 $\boldsymbol{A}$ 有 n 个互不相同的特征值.因此,$\boldsymbol{A}$ 有 n 个线性无关的特征向量,所以 $\boldsymbol{A}$ 和 n 阶对角矩阵相似.

注意:推论 5.2 只是 $\boldsymbol{A}$ 和 n 阶对角矩阵相似的充分条件,而不是必要条件.例如 n 阶单位矩阵 $\boldsymbol{I}$ 特征值都是 1,虽然没有 n 个互不相同的特征值,但是 n 阶单位矩阵 $\boldsymbol{I}$ 一定能与对角矩阵相似,这是因为 $\boldsymbol{P}^{-1}\boldsymbol{IP}=\boldsymbol{I}$.

例 5.11　设矩阵 $\boldsymbol{A}=\begin{bmatrix}2&1&1\\1&2&1\\1&1&2\end{bmatrix}$.

(1)试判断 $\boldsymbol{A}$ 是否能与对角矩阵相似,若能则写出对角矩阵 $\boldsymbol{\Lambda}$ 和可逆矩阵 $\boldsymbol{P}$,不能则说明理由.

(2) 计算 $\boldsymbol{A}^{10}$.

(3)若 $\boldsymbol{\beta}=(3,0,0)^{\mathrm{T}}$,计算 $\boldsymbol{A}^k\boldsymbol{\beta}$,$k\geqslant2$ 且为正整数.

解:

(1) $|\lambda\boldsymbol{I}-\boldsymbol{A}|=\begin{vmatrix}\lambda-2&-1&-1\\-1&\lambda-2&-1\\-1&-1&\lambda-2\end{vmatrix}=0$,

$$\begin{vmatrix}\lambda-2&-1&-1\\-1&\lambda-2&-1\\0&1-\lambda&\lambda-1\end{vmatrix}=\begin{vmatrix}\lambda-2&-2&-1\\-1&\lambda-3&-1\\0&0&\lambda-1\end{vmatrix}=0,$$

化简得

$$(\lambda-1)^2(\lambda-4)=0.$$

所以,$\lambda_1=\lambda_2=1$,$\lambda_3=4$ 为矩阵 $\boldsymbol{A}$ 的特征值,并且 1 是 $\boldsymbol{A}$ 的二重特征值.

当 $\lambda_1=\lambda_2=1$ 时,解齐次线性方程组 $(\boldsymbol{I}-\boldsymbol{A})\boldsymbol{x}=\boldsymbol{0}$,相应的系数矩阵为

$$\boldsymbol{I}-\boldsymbol{A}=\begin{bmatrix}-1&-1&-1\\-1&-1&-1\\-1&-1&-1\end{bmatrix}\rightarrow\begin{bmatrix}1&1&1\\0&0&0\\0&0&0\end{bmatrix},$$

解空间的基为 $\begin{bmatrix}-1\\1\\0\end{bmatrix},\begin{bmatrix}-1\\0\\1\end{bmatrix}$,令 $\boldsymbol{\alpha}_1=\begin{bmatrix}-1\\1\\0\end{bmatrix}$,$\boldsymbol{\alpha}_2=\begin{bmatrix}-1\\0\\1\end{bmatrix}$.

当 $\lambda_3=4$ 时,解齐次线性方程组$(4\boldsymbol{I}-\boldsymbol{A})\boldsymbol{x}=\boldsymbol{0}$,相应的系数矩阵为

$$4\boldsymbol{I}-\boldsymbol{A}=\begin{bmatrix}2&-1&-1\\-1&2&-1\\-1&-1&2\end{bmatrix}\rightarrow\begin{bmatrix}1&0&-1\\0&1&-1\\0&0&0\end{bmatrix},$$

解空间的基为$\begin{bmatrix}1\\1\\1\end{bmatrix}$,令 $\boldsymbol{\alpha}_3=\begin{bmatrix}1\\1\\1\end{bmatrix}$.

于是 $\boldsymbol{P}=\begin{bmatrix}-1&-1&1\\1&0&1\\0&1&1\end{bmatrix}$,$\boldsymbol{\Lambda}=\begin{bmatrix}1&&\\&1&\\&&4\end{bmatrix}$.

(2)由问题(1) $\boldsymbol{P}^{-1}\boldsymbol{AP}=\boldsymbol{\Lambda}$,所以 $\boldsymbol{A}=\boldsymbol{P\Lambda P}^{-1}$,于是

$$\begin{aligned}\boldsymbol{A}^{10}&=\boldsymbol{P\Lambda}^{10}\boldsymbol{P}^{-1}\\&=\begin{bmatrix}-1&-1&1\\1&0&1\\0&1&1\end{bmatrix}\begin{bmatrix}1&&\\&1&\\&&4\end{bmatrix}^{10}\begin{bmatrix}-1&-1&1\\1&0&1\\0&1&1\end{bmatrix}^{-1}\\&=\begin{bmatrix}-1&-1&4^{10}\\1&0&4^{10}\\0&1&4^{10}\end{bmatrix}\begin{bmatrix}-\frac{1}{3}&\frac{2}{3}&-\frac{1}{3}\\-\frac{1}{3}&-\frac{1}{3}&\frac{2}{3}\\\frac{1}{3}&\frac{1}{3}&\frac{1}{3}\end{bmatrix}\\&=\frac{1}{3}\begin{bmatrix}4^{10}+2&4^{10}-1&4^{10}-1\\4^{10}-1&4^{10}+2&4^{10}-1\\4^{10}-1&4^{10}-1&4^{10}+2\end{bmatrix}.\end{aligned}$$

(3)设 $x_1\boldsymbol{\alpha}_1+x_2\boldsymbol{\alpha}_2+x_3\boldsymbol{\alpha}_3=\boldsymbol{\beta}$,可得

$$\begin{cases}-x_1-x_2+x_3=3,\\x_1+0x_2+x_3=0,\\0x_1+x_2+x_3=0,\end{cases}$$

解得

$$\begin{cases}x_1=-1,\\x_2=-1,\\x_3=1.\end{cases}$$

所以有 $\boldsymbol{A\beta}=\boldsymbol{A}(-\boldsymbol{\alpha}_1-\boldsymbol{\alpha}_2+\boldsymbol{\alpha}_3)$.

于是
$$\begin{aligned}\boldsymbol{A}^k\boldsymbol{\beta}&=\boldsymbol{A}^k(-\boldsymbol{\alpha}_1-\boldsymbol{\alpha}_2+\boldsymbol{\alpha}_3)\\&=-\boldsymbol{A}^k\boldsymbol{\alpha}_1-\boldsymbol{A}^k\boldsymbol{\alpha}_2+\boldsymbol{A}^k\boldsymbol{\alpha}_3\\&=-\lambda_1^k\alpha_1-\lambda_2^k\alpha_2+\lambda_3^k\alpha_3\\&=-\begin{bmatrix}-1\\1\\0\end{bmatrix}-\begin{bmatrix}-1\\0\\1\end{bmatrix}+4^k\begin{bmatrix}1\\1\\1\end{bmatrix}=\begin{bmatrix}4^k+2\\4^k-1\\4^k-1\end{bmatrix}.\end{aligned}$$

推论 5.3　n 阶方阵 $\boldsymbol{A}$ 和 n 阶对角矩阵相似的充分必要条件是每一个 m_i 重特征值 λ_i，矩阵 $\lambda_i\boldsymbol{I}-\boldsymbol{A}$ 的秩 $\mathrm{R}(\lambda_i\boldsymbol{I}-\boldsymbol{A})=n-m_i$.

证明：充分性：设 λ_i 为 A 的 m_i 重特征值，且 $\mathrm{R}(\lambda_i\boldsymbol{I}-\boldsymbol{A})=n-m_i$，由秩定理 4.18 可知 $(\lambda_i\boldsymbol{I}-\boldsymbol{A})$ 的零空间的维数为 $n-(n-m_i)=m_i$，即

$$\dim(\mathrm{null}(\lambda_i\boldsymbol{I}-\boldsymbol{A}))=m_i,$$

也就是说 m_i 重特征值有 m_i 个线性无关的特征向量，因此 $\boldsymbol{A}$ 有 n 个线性无关的特征向量，所以 n 阶方阵 $\boldsymbol{A}$ 和对角矩阵相似.

必要性：若 n 阶方阵 $\boldsymbol{A}$ 和 n 阶对角矩阵相似，那么 $\boldsymbol{A}$ 要有 n 个线性无关的特征向量. 不同特征值对应的特征向量是线性无关的. 于是，若 λ_i 为 $\boldsymbol{A}$ 的 m_i 重特征值，则 λ_i 对应的线性无关的特征向量必有 m_i 个，这意味着 $(\lambda_i\boldsymbol{I}-\boldsymbol{A})$ 的零空间的维数为 m_i，所以 $\mathrm{R}(\lambda_i\boldsymbol{I}-\boldsymbol{A})=n-m_i$.

例 5.12　若 $\boldsymbol{A}$ 是 3 阶实方阵，$\boldsymbol{\alpha}_1,\boldsymbol{\alpha}_2,\boldsymbol{\alpha}_3$ 是线性无关的 3 维实列向量，且满足 $\boldsymbol{A\alpha}_1=-\boldsymbol{\alpha}_1+3\boldsymbol{\alpha}_2+3\boldsymbol{\alpha}_3$，$\boldsymbol{A\alpha}_2=3\boldsymbol{\alpha}_1-\boldsymbol{\alpha}_2+3\boldsymbol{\alpha}_3$，$\boldsymbol{A\alpha}_3=3\boldsymbol{\alpha}_1+3\boldsymbol{\alpha}_2-\boldsymbol{\alpha}_3$，

(1)求 $\boldsymbol{A}$ 的特征值.

(2)若 $\boldsymbol{\alpha}_1=(1,-1,0)^{\mathrm{T}}$，$\boldsymbol{\alpha}_2=(0,1,-1)^{\mathrm{T}}$，$\boldsymbol{\alpha}_3=(1,1,1)^{\mathrm{T}}$，试确定矩阵 $\boldsymbol{A}$.

解：(1)由 $\boldsymbol{A\alpha}_1=-\boldsymbol{\alpha}_1+3\boldsymbol{\alpha}_2+3\boldsymbol{\alpha}_3$，$\boldsymbol{A\alpha}_2=3\boldsymbol{\alpha}_1-\boldsymbol{\alpha}_2+3\boldsymbol{\alpha}_3$，$\boldsymbol{A\alpha}_3=3\boldsymbol{\alpha}_1+3\boldsymbol{\alpha}_2-\boldsymbol{\alpha}_3$ 可得

$$\boldsymbol{A}[\boldsymbol{\alpha}_1,\boldsymbol{\alpha}_2,\boldsymbol{\alpha}_3]=[\boldsymbol{\alpha}_1,\boldsymbol{\alpha}_2,\boldsymbol{\alpha}_3]\begin{bmatrix}-1&3&3\\3&-1&3\\3&3&-1\end{bmatrix}.$$

令 $\boldsymbol{P}=(\boldsymbol{\alpha}_1,\boldsymbol{\alpha}_2,\boldsymbol{\alpha}_3)$，$\boldsymbol{B}=\begin{bmatrix}-1&3&3\\3&-1&3\\3&3&-1\end{bmatrix}$，而 $\boldsymbol{\alpha}_1,\boldsymbol{\alpha}_2,\boldsymbol{\alpha}_3$ 是线性无关的 3 维实列向量，故矩阵 $\boldsymbol{P}$ 可逆，因此有 $\boldsymbol{P}^{-1}\boldsymbol{AP}=\boldsymbol{B}$，即 $\boldsymbol{A}\sim\boldsymbol{B}$，所以矩阵 $\boldsymbol{A}$ 的特征值和 $\boldsymbol{B}$ 的特征值相同.

$$|\lambda\boldsymbol{I}-\boldsymbol{B}|=\begin{vmatrix}\lambda+1&-3&-3\\-3&\lambda+1&-3\\-3&-3&\lambda+1\end{vmatrix}=0,$$

$$\begin{vmatrix}\lambda+1&-3&-3\\-3&\lambda+1&-3\\0&-\lambda-4&\lambda+4\end{vmatrix}=\begin{vmatrix}\lambda+1&-6&-3\\-3&\lambda-2&-3\\0&0&\lambda+4\end{vmatrix}=0,$$

化简得

$$(\lambda+4)^2(\lambda-5)=0.$$

所以，$\lambda_1=\lambda_2=-4$，$\lambda_3=5$ 为矩阵 $\boldsymbol{B}$ 的特征值，也是矩阵 $\boldsymbol{A}$ 的特征值.

(2) 由问题(1)知 $\boldsymbol{AP}=\boldsymbol{PB}$，两侧右乘 P^{-1} 得 $\boldsymbol{A}=\boldsymbol{PBP}^{-1}$.

所以

$$A=\begin{bmatrix}1&0&1\\-1&1&1\\0&-1&1\end{bmatrix}\begin{bmatrix}-1&3&3\\3&-1&3\\3&3&-1\end{bmatrix}\begin{bmatrix}1&0&1\\-1&1&1\\0&-1&1\end{bmatrix}^{-1}$$

$$=\begin{bmatrix}4&2&-4\\4&-3&-2\\0&0&-4\end{bmatrix}.$$

例 5.13 判断矩阵 $A=\begin{bmatrix}2&1\\0&2\end{bmatrix}$ 是否可以与对角矩阵相似.

解:$|\lambda I-A|=\begin{vmatrix}\lambda-2&-1\\0&\lambda-2\end{vmatrix}=(\lambda-2)^2$,所以 $\lambda_1=\lambda_2=2$ 是矩阵 A 的二重特征值.

当 $\lambda_1=\lambda_2=2$ 时,解齐次线性方程组 $(2I-A)x=0$,相应的系数矩阵为

$$\begin{bmatrix}0&1\\0&0\end{bmatrix},$$

解空间的基为 $\begin{bmatrix}1\\0\end{bmatrix}$,而 $\lambda_1=\lambda_2=2$ 是矩阵 A 的二重特征值,只有一个线性无关的特征向量,故 A 不能与对角矩阵相似.

第三节 若尔当形矩阵

定义 5.4 若 n 阶方阵

$$J_1=\begin{bmatrix}\lambda_1&1&0&\cdots&0&0\\0&\lambda_1&1&\cdots&0&0\\0&0&\lambda_1&\cdots&0&0\\\vdots&\vdots&\vdots&&\vdots&\vdots\\0&0&0&\cdots&\lambda_1&1\\0&0&0&\cdots&0&\lambda_1\end{bmatrix},\tag{5.15}$$

则称 J_1 为若尔当块矩阵;如果一个分块对角矩阵的所有子块都是若尔当块,即

$$J=\begin{bmatrix}J_1&&&\\&J_2&&\\&&\ddots&\\&&&J_m\end{bmatrix},\tag{5.16}$$

式中,$J_i,i=1,2,\cdots,m$ 都是若尔当块,称 J 为若尔当形矩阵.

例如 $\begin{bmatrix}-1&1&0\\0&-1&1\\0&0&-1\end{bmatrix}$,$\begin{bmatrix}0&1&0&0\\0&0&1&0\\0&0&0&1\\0&0&0&0\end{bmatrix}$,$\begin{bmatrix}2&1\\0&2\end{bmatrix}$ 都是若尔当块,而

$$\begin{bmatrix} 2 & 1 & 0 & 0 & 0 & 0 \\ 0 & 2 & 0 & 0 & 0 & 0 \\ 0 & 0 & -1 & 1 & 0 & 0 \\ 0 & 0 & 0 & -1 & 1 & 0 \\ 0 & 0 & 0 & 0 & -1 & 0 \\ 0 & 0 & 0 & 0 & 0 & 3 \end{bmatrix}$$为一个若尔当形矩阵.

对于一个 m 阶的若尔当块矩阵,当 $m>1$ 时,它不可相似对角矩阵. 这是因为 $|\lambda \boldsymbol{I}-\boldsymbol{J}_i|=(\lambda-\lambda_i)^m$,所以 λ_i 为 m 重特征值,而矩阵$(\lambda \boldsymbol{I}-\boldsymbol{J}_i)$的秩为 $m-1$,从而$(\lambda \boldsymbol{I}-\boldsymbol{J}_i)\boldsymbol{x}=\boldsymbol{0}$ 的解空间维数为 1,即 $\boldsymbol{J}_i$ 只有 1 个线性无关的特征向量,所以 $\boldsymbol{J}_i$ 不能相似对角矩阵. 需要注意的是,1 阶的若尔当块矩阵就是 1 阶矩阵,因此若尔当形矩阵也包含了对角矩阵.

定理 5.7 在复数域上,任意一个 n 阶方阵 $\boldsymbol{A}$ 都与一个若尔当形矩阵 $\boldsymbol{J}$ 相似,即存在可逆矩阵 $\boldsymbol{P}$,使得 $\boldsymbol{P}^{-1}\boldsymbol{A}\boldsymbol{P}=\boldsymbol{J}$;并且这个若尔当形矩阵除去若尔当块矩阵的排列次序外,由矩阵 $\boldsymbol{A}$ 唯一决定,它也被称为 $\boldsymbol{A}$ 的若尔当标准形.

证明略.

第四节 实对称矩阵的对角化

上一节已表明能相似对角矩阵的矩阵具有很多性质,本节介绍一类一定能相似对角矩阵的矩阵——实对称矩阵. 首先介绍它的特征值和特征向量的一些性质.

定理 5.8 若 n 阶方阵 $\boldsymbol{A}$ 为实对称矩阵,则它的特征值都是实数.

证明:设 λ 为矩阵 $\boldsymbol{A}$ 任意特征值,$\boldsymbol{\alpha}$ 为相应的特征向量. 那么有

$$\boldsymbol{A}\boldsymbol{\alpha}=\lambda\boldsymbol{\alpha}, \tag{5.17}$$

令 $\bar{\lambda}$ 为 λ 的共轭复数,$\bar{\boldsymbol{\alpha}}$ 为 $\boldsymbol{\alpha}$ 的共轭向量,对式(5.17)两边取共轭得

$$\overline{\boldsymbol{A}\boldsymbol{\alpha}}=\overline{\lambda\boldsymbol{\alpha}}, \tag{5.18}$$

也就是 $\overline{\boldsymbol{A}\boldsymbol{\alpha}}=\overline{\lambda\boldsymbol{\alpha}}$,而 $\boldsymbol{A}$ 为实矩阵,因此有 $\bar{\boldsymbol{A}}=\boldsymbol{A}$,从而有

$$\boldsymbol{A}\ \bar{\boldsymbol{\alpha}}=\overline{\lambda\boldsymbol{\alpha}}, \tag{5.19}$$

再对式(5.17)两边取转置,可得

$$\boldsymbol{\alpha}^{\mathrm{T}}\boldsymbol{A}^{\mathrm{T}}=\lambda\boldsymbol{\alpha}^{\mathrm{T}},$$

又 $\boldsymbol{A}$ 为对称矩阵,所以 $\boldsymbol{A}^{\mathrm{T}}=\boldsymbol{A}$,从而

$$\boldsymbol{\alpha}^{\mathrm{T}}\boldsymbol{A}=\lambda\boldsymbol{\alpha}^{\mathrm{T}}, \tag{5.20}$$

对式(5.19)两侧左乘 $\boldsymbol{\alpha}^{\mathrm{T}}$,可得

$$\boldsymbol{\alpha}^{\mathrm{T}}(\boldsymbol{A}\ \bar{\boldsymbol{\alpha}})=\boldsymbol{\alpha}^{\mathrm{T}}(\overline{\lambda\boldsymbol{\alpha}}), \tag{5.21}$$

式(5.20)和式(5.21)联立,可得

$$\bar{\lambda}(\boldsymbol{\alpha}^{\mathrm{T}}\ \bar{\boldsymbol{\alpha}})=\boldsymbol{\alpha}^{\mathrm{T}}(\boldsymbol{A}\ \bar{\boldsymbol{\alpha}})=(\boldsymbol{\alpha}^{\mathrm{T}}\boldsymbol{A})\bar{\boldsymbol{\alpha}}=\lambda(\boldsymbol{\alpha}^{\mathrm{T}}\bar{\boldsymbol{\alpha}}), \tag{5.22}$$

即

$$(\bar{\lambda}-\lambda)(\boldsymbol{\alpha}^{\mathrm{T}}\ \bar{\boldsymbol{\alpha}})=\boldsymbol{0}, \tag{5.23}$$

在式(5.23)中,因为 $\boldsymbol{\alpha}\neq\boldsymbol{0}$,所以 $\boldsymbol{\alpha}^{\mathrm{T}}\bar{\boldsymbol{\alpha}}\neq\boldsymbol{0}$,故 $\bar{\lambda}=\lambda$,即 λ 为一个实数.

由定理 5.8 可知,既然实对称矩阵的特征值都是实数,那么对应的特征向量也必然是实向量.

定理 5.9 若 n 阶方阵 $\boldsymbol{A}$ 为实对称矩阵,则它的不同特征值的特征向量一定正交.

证明:设 λ_1,λ_2 为实对称矩阵 $\boldsymbol{A}$ 的两个不同的特征值,$\boldsymbol{\alpha}_1,\boldsymbol{\alpha}_2$ 分别是属于 λ_1,λ_2 的特征向量,则有 $\boldsymbol{A\alpha}_1=\lambda_1\boldsymbol{\alpha}_1,\boldsymbol{A\alpha}_2=\lambda_2\boldsymbol{\alpha}_2$,而

$$\lambda_1\boldsymbol{\alpha}_2^{\mathrm{T}}\boldsymbol{\alpha}_1=\boldsymbol{\alpha}_2^{\mathrm{T}}(\lambda_1\boldsymbol{\alpha}_1)=\boldsymbol{\alpha}_2^{\mathrm{T}}(\boldsymbol{A\alpha}_1)=(\boldsymbol{\alpha}_2^{\mathrm{T}}\boldsymbol{A})\boldsymbol{\alpha}_1=(\boldsymbol{A\alpha}_2)^{\mathrm{T}}\boldsymbol{\alpha}_1=\lambda_2\boldsymbol{\alpha}_2^{\mathrm{T}}\boldsymbol{\alpha}_1,$$

即

$$(\lambda_1-\lambda_2)\boldsymbol{\alpha}_2^{\mathrm{T}}\boldsymbol{\alpha}_1=\boldsymbol{0},\tag{5.24}$$

在式(5.24)中,因为 $\lambda_1\neq\lambda_2$,从而 $\boldsymbol{\alpha}_2^{\mathrm{T}}\boldsymbol{\alpha}_1=\boldsymbol{0}$,也就是 $(\boldsymbol{\alpha}_1,\boldsymbol{\alpha}_2)=0$,即 $\boldsymbol{\alpha}_1,\boldsymbol{\alpha}_2$ 彼此正交.

定理 5.10 若 n 阶方阵 $\boldsymbol{A}$ 为实对称矩阵,那么存在一个 n 阶正交矩阵 $\boldsymbol{Q}$,使得 $\boldsymbol{Q}^{\mathrm{T}}\boldsymbol{AQ}$ 为对角矩阵.

证明:对于实对称矩阵的级数 n 用数学归纳法.

当 $n=1$ 时,结论显然成立.

假设 $n-1$ 时,结论成立,即 $n-1$ 阶实对称矩阵都能正交相似对角矩阵. 下面考虑 n 的情形.

已知 $\boldsymbol{A}$ 为实对称矩阵,根据定理 5.8 可知,$\boldsymbol{A}$ 的特征值都是实数. 设 λ_1 是 $\boldsymbol{A}$ 的一个特征值,$\boldsymbol{\alpha}_1$ 是属于 λ_1 的特征向量. 由定理 4.27 可知,$\boldsymbol{\alpha}_1$ 可扩充为 $\mathbb{R}^n$ 的一个单位正交向量组 $\boldsymbol{\alpha}_1,\boldsymbol{\alpha}_2,\cdots,\boldsymbol{\alpha}_n$,令 $\boldsymbol{Q}_1=(\boldsymbol{\alpha}_1,\boldsymbol{\alpha}_2,\cdots,\boldsymbol{\alpha}_n)$,则 $\boldsymbol{Q}_1$ 为一个 n 阶正交矩阵,且有

$$\begin{aligned}\boldsymbol{Q}_1^{-1}\boldsymbol{AQ}_1=\boldsymbol{Q}_1^{\mathrm{T}}\boldsymbol{AQ}_1&=\begin{bmatrix}\boldsymbol{\alpha}_1^{\mathrm{T}}\\\boldsymbol{\alpha}_2^{\mathrm{T}}\\\vdots\\\boldsymbol{\alpha}_n^{\mathrm{T}}\end{bmatrix}\boldsymbol{A}[\boldsymbol{\alpha}_1,\boldsymbol{\alpha}_2,\cdots,\boldsymbol{\alpha}_n]\\&=\begin{bmatrix}\boldsymbol{\alpha}_1^{\mathrm{T}}\\\boldsymbol{\alpha}_2^{\mathrm{T}}\\\vdots\\\boldsymbol{\alpha}_n^{\mathrm{T}}\end{bmatrix}[\boldsymbol{A\alpha}_1,\boldsymbol{A\alpha}_2,\cdots,\boldsymbol{A\alpha}_n]\qquad(5.25)\\&=\begin{bmatrix}\boldsymbol{\alpha}_1^{\mathrm{T}}\\\boldsymbol{\alpha}_2^{\mathrm{T}}\\\vdots\\\boldsymbol{\alpha}_n^{\mathrm{T}}\end{bmatrix}[\lambda_1\boldsymbol{\alpha}_1,\boldsymbol{A\alpha}_2,\cdots,\boldsymbol{A\alpha}_n],\end{aligned}$$

又 $\boldsymbol{Q}_1$ 为正交矩阵,所以 $\boldsymbol{Q}_1^{\mathrm{T}}\boldsymbol{Q}_1=\boldsymbol{I}$,于是 $\boldsymbol{Q}_1^{-1}\boldsymbol{AQ}_1$ 的第一列为 $\begin{bmatrix}\lambda_1\\0\\\vdots\\0\end{bmatrix}$,而 $\boldsymbol{A}$ 为实对称矩阵,显然 $\boldsymbol{Q}_1^{\mathrm{T}}\boldsymbol{AQ}_1$ 也是实对称矩阵,因而

$$Q_1^{-1}AQ_1=\begin{bmatrix}\lambda_1 & 0 & \cdots & 0\\ 0 & & & \\ \cdots & & B & \\ 0 & & & \end{bmatrix}=\begin{bmatrix}\lambda_1 & 0\\ 0 & B\end{bmatrix}. \tag{5.26}$$

式(5.26)中的矩阵 B 为 $n-1$ 阶实对称矩阵．由归纳假设，存在 $n-1$ 阶正交矩阵 Q_2，使得

$$Q_2^{-1}BQ_2=Q_2^{T}BQ_2=\begin{bmatrix}\lambda_2 & & & \\ & \lambda_3 & & \\ & & \ddots & \\ & & & \lambda_n\end{bmatrix}, \tag{5.27}$$

令 $Q=Q_1\begin{bmatrix}1 & 0\\ 0 & Q_2\end{bmatrix}$，显然 Q 是 n 阶正交矩阵，并且有

$$\begin{aligned}Q^{-1}AQ&=\begin{bmatrix}1 & 0\\ 0 & Q_2\end{bmatrix}^{-1}Q_1^{T}AQ_1\begin{bmatrix}1 & 0\\ 0 & Q_2\end{bmatrix}\\&=\begin{bmatrix}1 & 0\\ 0 & Q_2\end{bmatrix}^{-1}\begin{bmatrix}\lambda_1 & 0\\ 0 & B\end{bmatrix}\begin{bmatrix}1 & 0\\ 0 & Q_2\end{bmatrix}\\&=\begin{bmatrix}1 & 0\\ 0 & Q_2^{-1}\end{bmatrix}\begin{bmatrix}\lambda_1 & 0\\ 0 & B\end{bmatrix}\begin{bmatrix}1 & 0\\ 0 & Q_2\end{bmatrix}\\&=\begin{bmatrix}\lambda_1 & 0\\ 0 & Q_2^{-1}BQ_2\end{bmatrix}\\&=\mathrm{diag}(\lambda_1,\lambda_2,\cdots,\lambda_n).\end{aligned}$$

由数学归纳法可知，对任意实对称矩阵 A，结论都成立．

通过定理 5.10 可知，实对称矩阵 A 一定是能相似对角矩阵的，并且能找到一个正交矩阵 Q，使得 $Q^{T}AQ$ 为对角矩阵．具体步骤如下：

①求出 A 的所有特征值，并且设 $\lambda_1,\lambda_2,\cdots,\lambda_m$ 为它的不同特征值．

②对于每个 λ_i，求出齐次线性方程组 $(\lambda_i I-A)x=0$ 的解空间的一个基，也就是 $\mathrm{null}(\lambda_i I-A)$ 的一个基 $\alpha_{i1},\alpha_{i2},\cdots,\alpha_{ik_i}$，然后将 $\alpha_{i1},\alpha_{i2},\cdots,\alpha_{ik_i}$ 进行施密特正交化和单位化，得一个单位正交基 $\eta_{i1},\eta_{i2},\cdots,\eta_{ik_i}$．

③因为 $\lambda_1,\lambda_2,\cdots,\lambda_m$ 互不相同，因此向量组 $\eta_{11},\eta_{12},\cdots,\eta_{1k_1},\cdots,\eta_{m1},\eta_{m2},\cdots,\eta_{mk_m}$ 也是单位正交向量组，令 $Q=(\eta_{11},\eta_{12},\cdots,\eta_{1k_1},\cdots,\eta_{m1},\eta_{m2},\cdots,\eta_{mk_m})$，因此

$$Q^{-1}AQ=\mathrm{diag}(\underbrace{\lambda_1,\cdots,\lambda_1}_{k_1\text{个}},\cdots,\underbrace{\lambda_m,\cdots,\lambda_m}_{k_m\text{个}}),$$

式中，λ_i 有 k_i 个，$i=1,2,\cdots,m$.

例 5.14 设实对称矩阵 $A=\begin{bmatrix}1 & -2 & 4\\ -2 & 4 & 2\\ 4 & 2 & 1\end{bmatrix}$，求正交矩阵 Q，使得 $Q^{T}AQ$ 为对角矩阵．

解: $|\lambda\boldsymbol{I}-\boldsymbol{A}|=\begin{vmatrix}\lambda-1 & 2 & -4\\ 2 & \lambda-4 & -2\\ -4 & -2 & \lambda-1\end{vmatrix}$

$$=\begin{vmatrix}\lambda-1 & 2 & -4\\ 2 & \lambda-4 & -2\\ 0 & 2\lambda-10 & \lambda-5\end{vmatrix}=\begin{vmatrix}\lambda-1 & 10 & -4\\ 2 & \lambda & -2\\ 0 & 0 & \lambda-5\end{vmatrix},$$

化简得

$$(\lambda-5)^2(\lambda+4)=0.$$

所以 $\lambda_1=\lambda_2=5,\lambda_3=-4$ 为矩阵 $\boldsymbol{A}$ 的特征值,并且 5 是 $\boldsymbol{A}$ 的二重特征值.

当 $\lambda_1=\lambda_2=5$ 时,解齐次线性方程组 $(5\boldsymbol{I}-\boldsymbol{A})\boldsymbol{x}=\boldsymbol{0}$,相应的系数矩阵为

$$5\boldsymbol{I}-\boldsymbol{A}=\begin{bmatrix}4 & 2 & -4\\ 2 & 1 & -2\\ -4 & -2 & 4\end{bmatrix}\to\begin{bmatrix}2 & 1 & -2\\ 0 & 0 & 0\\ 0 & 0 & 0\end{bmatrix},$$

解空间的基为 $\begin{bmatrix}1\\0\\1\end{bmatrix},\begin{bmatrix}1\\-2\\0\end{bmatrix}$,令 $\boldsymbol{\alpha}_1=\begin{bmatrix}1\\0\\1\end{bmatrix},\boldsymbol{\alpha}_2=\begin{bmatrix}1\\-2\\0\end{bmatrix}$.

令 $\boldsymbol{\beta}_1=\boldsymbol{\alpha}_1$

$$\boldsymbol{\beta}_2=\boldsymbol{\alpha}_2-\frac{(\boldsymbol{\alpha}_2,\boldsymbol{\beta}_1)}{(\boldsymbol{\beta}_1,\boldsymbol{\beta}_1)}\boldsymbol{\beta}_1=\begin{bmatrix}1\\-2\\0\end{bmatrix}-\frac{1}{2}\begin{bmatrix}1\\0\\1\end{bmatrix}=\begin{bmatrix}\frac{1}{2}\\-2\\-\frac{1}{2}\end{bmatrix}.$$

再令

$$\boldsymbol{\eta}_1=\frac{\boldsymbol{\beta}_1}{\|\boldsymbol{\beta}_1\|}=\begin{bmatrix}\frac{\sqrt{2}}{2}\\0\\\frac{\sqrt{2}}{2}\end{bmatrix},$$

$$\boldsymbol{\eta}_2=\frac{\boldsymbol{\beta}_2}{\|\boldsymbol{\beta}_2\|}=\begin{bmatrix}\frac{\sqrt{2}}{6}\\-\frac{2\sqrt{2}}{3}\\-\frac{\sqrt{2}}{6}\end{bmatrix}.$$

当 $\lambda_3=-4$ 时,解齐次线性方程组 $(-4\boldsymbol{I}-\boldsymbol{A})\boldsymbol{x}=\boldsymbol{0}$,相应的系数矩阵为

$$-4\boldsymbol{I}-\boldsymbol{A}=\begin{bmatrix}-5 & 2 & -4\\ 2 & -8 & -2\\ -4 & -2 & -5\end{bmatrix}\to\begin{bmatrix}1 & 0 & 1\\ 0 & 2 & 1\\ 0 & 0 & 0\end{bmatrix},$$

解空间的基为$\begin{bmatrix}-2\\-1\\2\end{bmatrix}$，令 $\boldsymbol{\alpha}_3=\begin{bmatrix}-2\\-1\\2\end{bmatrix}$.

$$\boldsymbol{\eta}_3=\frac{\boldsymbol{\alpha}_3}{\|\boldsymbol{\alpha}_3\|}=\begin{bmatrix}-\frac{2}{3}\\-\frac{1}{3}\\\frac{2}{3}\end{bmatrix},$$

于是 $\boldsymbol{Q}=\begin{bmatrix}\frac{\sqrt{2}}{2}&\frac{\sqrt{2}}{6}&-\frac{2}{3}\\0&-\frac{2\sqrt{2}}{3}&-\frac{1}{3}\\\frac{\sqrt{2}}{2}&-\frac{\sqrt{2}}{6}&\frac{2}{3}\end{bmatrix}$，则 $\boldsymbol{Q}$ 为正交矩阵，且满足 $\boldsymbol{Q}^{\mathrm{T}}\boldsymbol{A}\boldsymbol{Q}=\boldsymbol{\Lambda}=\begin{bmatrix}5&&\\&5&\\&&-4\end{bmatrix}$.

第五节　马尔可夫链的应用

本节介绍的马尔可夫链，在许多学科如生物学、化学、工程学等领域有着广泛的应用．该模型习惯上用来描述用同一种方法进行多次试验或测量，试验中的每次结果仅依赖于最接近的前一次的测试．

例如，若要每年统计一个城市及其郊区的人口，如 $\boldsymbol{x}_0=\begin{bmatrix}0.7\\0.3\end{bmatrix}$表示有 70％的人口居住在城市，有 30％的人口居住在郊区．$\boldsymbol{x}_0$ 的小数加起来等于 1，表示这个地区的总人口数的 100％．一个具有非负分量且各分量的数值相加起来等于 1 的向量称为概率向量；随机矩阵就是各列向量均为概率向量的方阵；马尔可夫链就是一个概率向量序列 $\boldsymbol{x}_0,\boldsymbol{x}_1,\cdots,\boldsymbol{x}_k$ 和一个随机矩阵 $\boldsymbol{P}$，使得 $\boldsymbol{x}_1=\boldsymbol{P}\boldsymbol{x}_0,\boldsymbol{x}_2=\boldsymbol{P}\boldsymbol{x}_1,\boldsymbol{x}_3=\boldsymbol{P}\boldsymbol{x}_2\cdots$

于是，马尔可夫链可用一个递推方程来刻画

$$\boldsymbol{x}_{k+1}=\boldsymbol{P}\boldsymbol{x}_k(k=0,1,2,\cdots).\tag{5.28}$$

例 5.15　这是人口在城市与郊区之间移动的模型，在城市的两部分之间，每年的移民由矩阵 $\boldsymbol{P}$ 来控制

$$\begin{matrix}&\text{由}\ \text{城市}\ \ \text{郊区}&\text{去}\\\boldsymbol{P}=&\begin{bmatrix}0.7&0.2\\0.3&0.8\end{bmatrix}&\begin{matrix}\text{城市}\\\text{郊区}\end{matrix}\end{matrix}.$$

也就是说每年有 30％的城市人口流动到郊区，有 20％的郊区人口流动到城市．$\boldsymbol{P}$ 的列向量是概率向量，所以 $\boldsymbol{P}$ 是一个随机矩阵．假设 2015 年这个地区的城市人口为 80 万人，郊区人口为 20 万人，那么 2016 年人口如何分布？2017 年呢？

解：根据题目，设 2015 年人口向量为 $\boldsymbol{x}_0=\begin{bmatrix}800\ 000\\200\ 000\end{bmatrix}$，那么一年后

$$\begin{bmatrix}0.7 & 0.2\\0.3 & 0.8\end{bmatrix}\begin{bmatrix}80\\20\end{bmatrix}=\begin{bmatrix}60\\40\end{bmatrix},$$

两年后

$$\boldsymbol{x}_2=\boldsymbol{P}\boldsymbol{x}_1=\begin{bmatrix}0.7 & 0.2\\0.3 & 0.8\end{bmatrix}\begin{bmatrix}60\\40\end{bmatrix}=\begin{bmatrix}50\\50\end{bmatrix},$$

以此类推,可以得到后续任何一年的人口分布.

如果用总人口数除以方程的两侧,可得

$$\boldsymbol{x}_1=\boldsymbol{P}\boldsymbol{x}_0=\begin{bmatrix}0.7 & 0.2\\0.3 & 0.8\end{bmatrix}\begin{bmatrix}0.80\\0.20\end{bmatrix}=\begin{bmatrix}0.60\\0.40\end{bmatrix},$$

$$\boldsymbol{x}_2=\boldsymbol{P}\boldsymbol{x}_1=\begin{bmatrix}0.7 & 0.2\\0.3 & 0.8\end{bmatrix}\begin{bmatrix}0.60\\0.40\end{bmatrix}=\begin{bmatrix}0.50\\0.50\end{bmatrix}.$$

向量 $\boldsymbol{x}_1$ 给出了 2016 年的人口分布,即 60%住在城市,40%住在郊区;类似地,向量 $\boldsymbol{x}_2$ 给出了 2017 年的人口分布,50%住在城市,50%住在郊区.

那么从长远来看,这个城市的人口分布将会出现什么结果?这也是马尔可夫链有趣的方面之一.

定义 5.5 若 $\boldsymbol{P}$ 是一个 n 阶随机矩阵,则 $\boldsymbol{P}$ 的稳定向量是一个满足 $\boldsymbol{P}\boldsymbol{q}=\boldsymbol{q}$ 的概率向量 $\boldsymbol{q}$.

通过定义 5.1 可知,稳定向量 $\boldsymbol{q}$ 就是 $\boldsymbol{P}$ 的属于特征值为 1 的特征向量. 所以,计算稳定向量 $\boldsymbol{q}$ 就是求解线性方程组 $(\boldsymbol{I}-\boldsymbol{P})\boldsymbol{x}=\boldsymbol{0}$ 的解空间的向量,这个向量要满足所有分量是非负的,且各分量的数值加起来等于 1.

例 5.15 令 $\boldsymbol{P}=\begin{bmatrix}0.7 & 0.2\\0.3 & 0.8\end{bmatrix}$,求 $\boldsymbol{P}$ 的稳定向量 $\boldsymbol{q}$.

解: $(\boldsymbol{I}-\boldsymbol{P})\boldsymbol{x}=\boldsymbol{0}$ 的系数矩阵为

$$\boldsymbol{I}-\boldsymbol{P}=\begin{bmatrix}0.3 & -0.2\\-0.3 & 0.2\end{bmatrix}\to\begin{bmatrix}3 & -2\\0 & 0\end{bmatrix},$$

所以,解空间的基为 $\begin{bmatrix}2\\3\end{bmatrix}$,所求的稳定向量 $\boldsymbol{q}=\dfrac{1}{2+3}\begin{bmatrix}2\\3\end{bmatrix}=\begin{bmatrix}0.4\\0.6\end{bmatrix}$.

由此可知例 5.14 中,城市人口最终的稳定状态为,城市人口占总人口的 40%,郊区人口占总人口的 60%.

再仔细研究一下随机矩阵 $\boldsymbol{P}$ 的特征值

$$|\lambda\boldsymbol{I}-\boldsymbol{P}|=\begin{vmatrix}\lambda-0.7 & -0.2\\-0.3 & \lambda-0.8\end{vmatrix}=\lambda^2-1.5\lambda+0.5.$$

分解可得 $(\lambda-1)(\lambda-0.5)=0$,所以 1 是随机矩阵 $\boldsymbol{P}$ 的最大特征值.

定理 5.11 若 $\boldsymbol{P}$ 是一个 n 阶随机矩阵,则它的最大特征值为 1.

证明: 因为 $\boldsymbol{P}$ 和 $\boldsymbol{P}^{\mathrm{T}}$ 具有相同的特征值,只要证明 $\boldsymbol{P}^{\mathrm{T}}$ 的最大特征值为 1 即可. 假设 $\boldsymbol{P}^{\mathrm{T}}$ 有大于 1 的特征值,那么 $\boldsymbol{P}^{\mathrm{T}}\boldsymbol{\alpha}=\lambda\boldsymbol{\alpha}$,其中 $\boldsymbol{\alpha}$ 为对应的特征向量. 由于可以使 $\boldsymbol{\alpha}$ 的每个分量都是不小于 0 的数,设 a_i 为 $\boldsymbol{\alpha}$ 的分量最大的元素,又 $\boldsymbol{P}^{\mathrm{T}}$ 的每一行元素之和等于 1,且 $\boldsymbol{P}^{\mathrm{T}}$ 的元素不小于 0,于是等式 $\lambda\boldsymbol{\alpha}=\boldsymbol{P}^{\mathrm{T}}\boldsymbol{\alpha}$ 的第 k 个分量为

$$\lambda a_k = \sum_{j=1}^{n} p_{kj} a_j \leqslant a_i. \tag{5.29}$$

式(5.29)对于 $k=1,2,\cdots,n$ 都成立，但是 $\lambda>1$，所以有 $\lambda a_i \geqslant a_i$，这与式(5.29)矛盾．所以 $\boldsymbol{P}$ 的最大特征值为 1.

定理 5.12　若 $\boldsymbol{P}$ 是一个 n 阶随机矩阵，则 $\boldsymbol{P}^k$ 仍是随机矩阵，其中 k 为自然数．

证明：令 $\boldsymbol{P}=\boldsymbol{P}^{\mathrm{T}}$，也就是 $\boldsymbol{P}$ 是一个行随机矩阵，每一行的元素之和等于 1. 设 $\boldsymbol{e}$ 是一个元素全为 1 的 n 维列向量，那么 $\boldsymbol{Pe}=\boldsymbol{e}$，两边同时左乘 $\boldsymbol{P}$ 得 $\boldsymbol{P}(\boldsymbol{Pe})=\boldsymbol{P}^2\boldsymbol{e}=\boldsymbol{Pe}=\boldsymbol{e}$，由此可得 $\boldsymbol{P}^2$ 也是一个行随机矩阵．以此类推，所以 $\boldsymbol{P}^k$ 也是一个行随机矩阵．再利用乘幂和矩阵转置的运算关系，对于列随机矩阵也成立．

为了解释随机矩阵的稳定向量，还要先介绍向量序列和矩阵序列的极限概念．

向量的极限：设给定的 n 维列向量序列 $\boldsymbol{x}^{(1)},\boldsymbol{x}^{(2)},\cdots,\boldsymbol{x}^{(k)},\cdots$，其中

$$\boldsymbol{x}^{(1)}=[x_1^{(1)},x_2^{(1)},\cdots,x_n^{(1)}]^{\mathrm{T}},$$
$$\boldsymbol{x}^{(2)}=[x_1^{(2)},x_2^{(2)},\cdots,x_n^{(2)}]^{\mathrm{T}},$$
$$\cdots\cdots$$
$$\boldsymbol{x}^{(k)}=[x_1^{(k)},x_2^{(k)},\cdots,x_n^{(k)}]^{\mathrm{T}},$$
$$\cdots\cdots$$

如果每一个分量序列都有极限，即 $\lim\limits_{k\to\infty} x_i^{(k)}=x_i\ (i=1,2,\cdots,n)$，则称向量 $\boldsymbol{x}=(x_1,x_2,\cdots,x_n)^{\mathrm{T}}$ 为向量序列 $\boldsymbol{x}^{(1)},\boldsymbol{x}^{(2)},\cdots,\boldsymbol{x}^{(k)},\cdots$ 的极限，记为 $\lim\limits_{k\to\infty}\boldsymbol{x}^{(k)}=\boldsymbol{x}$ 或 $\boldsymbol{x}^{(k)}\to\boldsymbol{x}\ (k\to\infty)$.

类似地，可以定义矩阵极限：设给定的 $m\times n$ 矩阵序列 $\boldsymbol{A}^{(1)},\boldsymbol{A}^{(2)},\cdots,\boldsymbol{A}^{(k)},\cdots$，其中

$$\boldsymbol{A}^{(1)}=\begin{bmatrix} a_{11}^{(1)} & a_{12}^{(1)} & \cdots & a_{1n}^{(1)} \\ a_{21}^{(1)} & a_{22}^{(1)} & \cdots & a_{2n}^{(1)} \\ \vdots & \vdots & & \vdots \\ a_{m1}^{(1)} & a_{m2}^{(1)} & \cdots & a_{mn}^{(1)} \end{bmatrix},$$

$$\boldsymbol{A}^{(2)}=\begin{bmatrix} a_{11}^{(2)} & a_{12}^{(2)} & \cdots & a_{1n}^{(2)} \\ a_{21}^{(2)} & a_{22}^{(2)} & \cdots & a_{2n}^{(2)} \\ \vdots & \vdots & & \vdots \\ a_{m1}^{(2)} & a_{m2}^{(2)} & \cdots & a_{mn}^{(2)} \end{bmatrix},$$

$$\cdots\cdots$$

$$\boldsymbol{A}^{(k)}=\begin{bmatrix} a_{11}^{(k)} & a_{12}^{(k)} & \cdots & a_{1n}^{(k)} \\ a_{21}^{(k)} & a_{22}^{(k)} & \cdots & a_{2n}^{(k)} \\ \vdots & \vdots & & \vdots \\ a_{m1}^{(k)} & a_{m2}^{(k)} & \cdots & a_{mn}^{(k)} \end{bmatrix},$$

$$\cdots\cdots$$

如果每一个元素序列都有极限，即 $\lim\limits_{k\to\infty} a_{ij}^{(k)}=a_{ij}(i=1,2,\cdots,m;j=1,2,\cdots,n)$，则称矩阵 $\boldsymbol{A}=(a_{ij})_{m\times n}$ 为矩阵序列 $\boldsymbol{A}^{(1)},\boldsymbol{A}^{(2)},\cdots,\boldsymbol{A}^{(k)},\cdots$ 的极限，记为 $\lim\limits_{k\to\infty}\boldsymbol{A}^{(k)}=\boldsymbol{A}$ 或 $\boldsymbol{A}^{(k)}\to\boldsymbol{A}$，

$(k\to\infty)$.

设 n 阶方阵 $\boldsymbol{A}$ 的特征值满足 $|\lambda_1|>|\lambda_2|\geqslant\cdots\geqslant|\lambda_n|\geqslant0,\boldsymbol{\alpha}_1,\boldsymbol{\alpha}_2,\cdots,\boldsymbol{\alpha}_n$ 为分别属于特征值 $\lambda_1,\lambda_2,\cdots,\lambda_n$ 的特征向量．则对于任意的非零向量 $\boldsymbol{\beta}^{(0)}\in\mathbb{R}^n$ 可以用特征向量线性表出 $\boldsymbol{\beta}^{(0)}=t_1\boldsymbol{\alpha}_1+t_2\boldsymbol{\alpha}_2+\cdots+t_n\boldsymbol{\alpha}_n$.

用矩阵 $\boldsymbol{A}$ 左乘,得

$$\begin{aligned}\boldsymbol{\beta}^{(1)}=\boldsymbol{A}\boldsymbol{\beta}^{(0)}&=t_1\boldsymbol{A}\boldsymbol{\alpha}_1+t_2\boldsymbol{A}\boldsymbol{\alpha}_2+\cdots+t_n\boldsymbol{A}\boldsymbol{\alpha}_n\\&=t_1\lambda_1\boldsymbol{\alpha}_1+t_2\lambda_2\boldsymbol{\alpha}_2+\cdots+t_n\lambda_n\boldsymbol{\alpha}_n.\end{aligned}\tag{5.30}$$

若进行 k 次左乘 $\boldsymbol{A}(k\geqslant2)$,得

$$\begin{aligned}\boldsymbol{\beta}^{(k)}=\boldsymbol{A}^k\boldsymbol{\beta}^{(0)}&=t_1\boldsymbol{A}^k\boldsymbol{\alpha}_1+t_2\boldsymbol{A}^k\boldsymbol{\alpha}_2+\cdots+t_n\boldsymbol{A}^k\boldsymbol{\alpha}_n\\&=t_1\lambda_1^k\boldsymbol{\alpha}_1+t_2\lambda_2^k\boldsymbol{\alpha}_2+\cdots+t_n\lambda_n^k\boldsymbol{\alpha}_n\\&=\lambda_1^k\left(t_1\boldsymbol{\alpha}_1+t_2\frac{\lambda_2^k}{\lambda_1^k}\boldsymbol{\alpha}_2+\cdots+t_n\frac{\lambda_n^k}{\lambda_1^k}\boldsymbol{\alpha}_n\right).\end{aligned}\tag{5.31}$$

由于 $|\lambda_1|>|\lambda_2|\geqslant\cdots\geqslant|\lambda_n|\geqslant0$,因此当 $k\to\infty$ 时,由式(5.31)可以得到 $\boldsymbol{\beta}^{(k)}=t_1\lambda_1^k\boldsymbol{\alpha}_1$,并且 λ_1 是 $\boldsymbol{\beta}^{(k)}$ 和 $\boldsymbol{\beta}^{(k-1)}$ 的某个分量的比值,即 $\lambda_1=\dfrac{[\boldsymbol{\beta}^{(k)}]_i}{[\boldsymbol{\beta}^{(k-1)}]_i}$.

若 n 阶随机矩阵 $\boldsymbol{P}$ 的特征值满足 $1=\lambda_1>|\lambda_2|\geqslant\cdots\geqslant|\lambda_n|\geqslant0,\boldsymbol{\alpha}_1,\boldsymbol{\alpha}_2,\cdots,\boldsymbol{\alpha}_n$ 为分别属于特征值 $\lambda_1,\lambda_2,\cdots,\lambda_n$ 的特征向量．则对于任意的非零向量 $\boldsymbol{\beta}^{(0)}\in\mathbb{R}^n$ 可以用特征向量线性表出

$$\boldsymbol{\beta}^{(0)}=t_1\boldsymbol{\alpha}_1+t_2\boldsymbol{\alpha}_2+\cdots+t_n\boldsymbol{\alpha}_n.\tag{5.32}$$

用随机矩阵 $\boldsymbol{P}$ 左乘 k 次$(k\geqslant2)$,得

$$\begin{aligned}\boldsymbol{\beta}^{(k)}=\boldsymbol{P}^k\boldsymbol{\beta}^{(0)}&=t_1\boldsymbol{P}^k\boldsymbol{\alpha}_1+t_2\boldsymbol{P}^k\boldsymbol{\alpha}_2+\cdots+t_n\boldsymbol{P}^k\boldsymbol{\alpha}_n\\&=t_1\lambda_1^k\boldsymbol{\alpha}_1+t_2\lambda_2^k\boldsymbol{\alpha}_2+\cdots+t_n\lambda_n^k\boldsymbol{\alpha}_n\\&=\lambda_1^k\left(t_1\boldsymbol{\alpha}_1+t_2\frac{\lambda_2^k}{\lambda_1^k}\boldsymbol{\alpha}_2+\cdots+t_n\frac{\lambda_n^k}{\lambda_1^k}\boldsymbol{\alpha}_n\right).\end{aligned}\tag{5.33}$$

由于 $1=\lambda_1$,所以 $\boldsymbol{\beta}^{(k)}=t_1\lambda_1^k\boldsymbol{\alpha}_1=t_1\boldsymbol{\alpha}_1$. 若 $\boldsymbol{\beta}^{(0)}$ 和 $\boldsymbol{\alpha}_1,\boldsymbol{\alpha}_2,\cdots,\boldsymbol{\alpha}_n$ 都是概率向量,那么当 $k\to\infty$ 时,由式(5.33)可得 $\boldsymbol{\beta}^{(k)}=\boldsymbol{\alpha}_1$. 结合定义 5.5,$\boldsymbol{\alpha}_1$ 也称为随机矩阵 $\boldsymbol{P}$ 的稳定向量 $\boldsymbol{q}$. 因此,若 n 阶随机矩阵 $\boldsymbol{P}$ 可相似对角矩阵,那么对任意的概率向量 $\boldsymbol{\beta}$,有 $\lim\limits_{k\to\infty}\boldsymbol{P}^k\boldsymbol{\beta}=\boldsymbol{q}$,其中概率向量 $\boldsymbol{q}$ 也是随机矩阵 $\boldsymbol{P}$ 的稳定向量．

习题五

1. 求下列矩阵的特征值和特征向量．

(1)$\boldsymbol{A}=\begin{bmatrix}1&2\\2&1\end{bmatrix}$;　　(2)$\boldsymbol{A}=\begin{bmatrix}3&1\\5&-1\end{bmatrix}$;

(3)$\boldsymbol{A}=\begin{bmatrix}0&0&1\\0&1&0\\1&0&0\end{bmatrix}$;　　(4)$\boldsymbol{A}=\begin{bmatrix}3&-1&1\\2&0&1\\1&-1&2\end{bmatrix}$;

(5) $A=\begin{bmatrix}2&-2&0\\-2&1&-2\\0&-2&1\end{bmatrix}$；　　(6) $A=\begin{bmatrix}3&1&1\\1&3&1\\1&1&3\end{bmatrix}$；

(7) $A=\begin{bmatrix}1&-3&1\\-3&1&-1\\1&-1&5\end{bmatrix}$；　　(8) $A=\begin{bmatrix}1&2&4\\2&-2&2\\4&2&1\end{bmatrix}$.

2. 如果矩阵 $A=\begin{bmatrix}7&4&-1\\4&7&-1\\-4&-4&a\end{bmatrix}$ 的三个特征值分别为 3,3,12,试求实数 a 的值,并求对应的特征向量.

3. 若 n 阶实方阵 A 满足 $A^2=A$,试证明 A 的特征值只能为 1 或 0.

4. 如果 n 阶实方阵 A 满足 $A^m=0$,$m\geqslant 2$ 且为正整数,试证明 A 的特征值全为 0.

5. 如果三阶实方阵 A 的三个特征值为 1,2,3,矩阵 B 满足 $B=2A^2+A-I$,试求 B 的特征值,并计算 $|B|$.

6. 设 α_1,α_2 分别为实矩阵 A 的对应于 λ_1,λ_2 的特征向量,如果 $\lambda_1\neq\lambda_2$,试证明 $\alpha_1+\alpha_2$ 不是矩阵 A 的特征向量.

7. 判断题 1 中各矩阵是否与对角矩阵相似,若相似则写出可逆矩阵 P 和对角矩阵 Λ.

8. 如果 n 阶实方阵 A 与 B 相似,试证明 A^k 与 B^k 相似,其中 k 为正整数.

9. 已知 $A=\begin{bmatrix}5&a\\3&b\end{bmatrix}$,$B=\begin{bmatrix}2&0\\0&4\end{bmatrix}$,如果 A 与 B 相似,求实数 a,b 的值.

10. 若 $A=\begin{bmatrix}2&0&0\\0&0&1\\0&1&x\end{bmatrix}$ 与 $B=\begin{bmatrix}2&0&0\\0&3&4\\0&-2&y\end{bmatrix}$ 相似,求实数 x,y 的值.

11. 如果 A 为三阶实方阵,且 $I+A$,$I+3A$ 和 $3I-A$ 都不可逆,试证明 A 能相似对角矩阵,并计算 $|A|$.

12. 如果矩阵 $A=\begin{bmatrix}1&-1&1\\2&4&-2\\-3&-3&a\end{bmatrix}$ 与矩阵 $B=\begin{bmatrix}2&&\\&2&\\&&b\end{bmatrix}$ 相似,求实数 a,b 的值,并确定可逆矩阵 P,使得 $P^{-1}AP=B$.

13. 如果 n 阶实方阵 A 满足 $A^2=0$,且 $A\neq 0$,证明 A 不能相似对角矩阵.

14. 如果 n 阶实方阵 A 为正交矩阵,证明

(1)若 A 有实特征值,则特征值必为 1 或−1;

(2)当 $|A|=-1$ 时,则−1 为 A 的一个特征值.

15. 求正交矩阵 Q 和对角矩阵 Λ,使 $Q^{-1}AQ=\Lambda$.

(1) $A=\begin{bmatrix}1&1&1\\1&1&1\\1&1&1\end{bmatrix}$；　　(2) $A=\begin{bmatrix}1&2&4\\2&-2&2\\4&2&1\end{bmatrix}$；

(3)$A=\begin{bmatrix}3&2&4\\2&0&2\\4&2&3\end{bmatrix}$;　　(4)$A=\begin{bmatrix}1&-3&1\\-3&1&-1\\1&-1&5\end{bmatrix}$.

16. 设 A 相似对角矩阵 Λ,其中 $A=\begin{bmatrix}1&a&1\\a&1&b\\1&b&1\end{bmatrix}$,$\Lambda=\begin{bmatrix}0&&\\&1&\\&&2\end{bmatrix}$,

(1)求实数 a,b 的值;

(2)求正交矩阵 Q,使 $Q^{-1}AQ=\Lambda$.

17. 设三阶实对称矩阵 A 的三个特征值为 1,2,4,对应于特征值 1,2 的特征向量分别是 $\alpha_1=[-1,-1,1]^T$,$\alpha_2=[1,2,3]^T$,

(1)求矩阵 A 对应于特征值 4 的特征向量 α_3;

(2)求矩阵 A.

18. 设三阶实对称矩阵 A 的三个特征值为 1,1,-2,且对应于特征值-2 的特征向量是 $\alpha_1=(1,1,-1)^T$,试求矩阵 A.

19. 设矩阵 $A=\begin{bmatrix}3&-5\\1&-3\end{bmatrix}$,求 A^{100}.

20. 如果随机矩阵 $P=\begin{bmatrix}0.6&0.25\\0.4&0.75\end{bmatrix}$,求 P 的稳定向量 q.

第六章　二次型

第一节　二次型的定义及其矩阵

二次型的型指齐次多项式，即二次型就是二次齐次多项式．它常常出现在线性代数在工程和信号处理的应用中，也常出现在物理学、微分几何、经济学和统计学中，某些这类应用问题的数学背景很容易转化为对对称矩阵的研究．

定义 6.1　含有 n 个变量 $x_1,x_2,\cdots,x_n$ 的二次齐次多项式

$$\begin{aligned}f(x_1,x_2,\cdots,x_n)=&a_{11}x_1^2+2a_{12}x_1x_2+2a_{13}x_1x_3\cdots+2a_{1n}x_1x_n+\\&a_{22}x_2^2+2a_{23}x_2x_3+\cdots+2a_{2n}x_2x_n+\cdots+\\&a_{nn}x_n^2\end{aligned}\tag{6.1}$$

称为 n 元二次型，简称二次型．当 $a_{ij}(i,j=1,2,\cdots,n)$ 为实数时，二次型称为实二次型；当 $a_{ij}(i,j=1,2,\cdots,n)$ 为复数时，二次型称为复二次型．本书主要讨论实二次型问题．

令 $a_{ij}=a_{ji}$，则 $2a_{ij}x_ix_j=a_{ij}x_ix_j+a_{ji}x_jx_i$，于是式(6.1)可以写成

$$\begin{aligned}f(x_1,x_2,\cdots,x_n)=&a_{11}x_1^2+a_{12}x_1x_2+a_{13}x_1x_3\cdots+a_{1n}x_1x_n\\&+a_{21}x_2x_1+a_{22}x_2^2+a_{23}x_2x_3+\cdots+a_{2n}x_2x_n\\&+\cdots\\&+a_{n1}x_nx_1+a_{n2}x_nx_2+a_{n3}x_nx_3+\cdots+a_{nn}x_n^2,\end{aligned}\tag{6.2}$$

即 $f(x_1,x_2,\cdots,x_n)=\sum\limits_{i=1}^{n}\sum\limits_{j=1}^{n}a_{ij}x_ix_j$，则用矩阵形式可以表示为

$$f(\boldsymbol{x})=\boldsymbol{x}^{\mathrm{T}}\boldsymbol{A}\boldsymbol{x},\tag{6.3}$$

式中，$\boldsymbol{A}=\begin{bmatrix}a_{11}&a_{12}&\cdots&a_{1n}\\a_{21}&a_{22}&\cdots&a_{2n}\\\vdots&\vdots&&\vdots\\a_{n1}&a_{n2}&\cdots&a_{nn}\end{bmatrix}$，$\boldsymbol{x}=\begin{bmatrix}x_1\\x_2\\\vdots\\x_n\end{bmatrix}$.

由于 $a_{ij}=a_{ji}(i,j=1,2,\cdots,n)$，所以 $\boldsymbol{A}$ 为对称矩阵．由式(6.3)可知二次型与一个对称矩阵建立了一一对应关系．因此称对称矩阵 $\boldsymbol{A}$ 为二次型 $f(x)$ 的矩阵．矩阵 $\boldsymbol{A}$ 的秩称为二次型 $f(x)$ 的秩．

例 6.1　写出下列二次型的矩阵．

$$f(x_1,x_2,x_3,x_4)=x_1^2+4x_1x_2-2x_1x_3+2x_2^2+2x_2x_3+8x_2x_4-3x_3^2+3x_3x_4+x_4^2.$$

解:由已知的二次型系数,可得矩阵的元素为

$$a_{11}=1,a_{22}=2,a_{33}=-3,a_{44}=1,$$
$$a_{12}=a_{21}=2,a_{13}=a_{31}=-1,a_{14}=a_{41}=0,$$
$$a_{23}=a_{32}=1,a_{24}=a_{42}=4,a_{34}=a_{43}=\frac{3}{2},$$

所以,二次型 $f(x)$ 的矩阵 $\boldsymbol{A}$ 为

$$\boldsymbol{A}=\begin{bmatrix}1&2&-1&0\\2&2&1&4\\-1&1&-3&\frac{3}{2}\\0&4&\frac{3}{2}&1\end{bmatrix},$$

且

$$f(x_1,x_2,x_3,x_4)=(x_1,x_2,x_3,x_4)\begin{bmatrix}1&2&-1&0\\2&2&1&4\\-1&1&-3&\frac{3}{2}\\0&4&\frac{3}{2}&1\end{bmatrix}\begin{bmatrix}x_1\\x_2\\x_3\\x_4\end{bmatrix}.$$

第二节　二次型的标准形

1. 矩阵的合同关系

定义 6.2　设 $x_1,x_2,\cdots,x_n;y_1,y_2,\cdots,y_n$ 为两组变量,关系式

$$\begin{cases}x_1=c_{11}y_1+c_{12}y_2+\cdots+c_{1n}y_n,\\x_2=c_{21}y_1+c_{22}y_2+\cdots+c_{2n}y_n,\\\quad\cdots\cdots\\x_n=c_{n1}y_1+c_{n2}y_2+\cdots+c_{nn}y_n\end{cases}\tag{6.4}$$

称为由变量 $x_1,x_2,\cdots,x_n$ 到 $y_1,y_2,\cdots,y_n$ 的一个线性替换,简称线性变换(或线性替换),特别是当 $c_{ij}(i,j=1,2,\cdots,n)$ 为实数时,称为实线性变换. 矩阵

$$\boldsymbol{C}=\begin{bmatrix}c_{11}&c_{12}&\cdots&c_{1n}\\c_{21}&c_{22}&\cdots&c_{2n}\\\vdots&\vdots&&\vdots\\c_{n1}&c_{n2}&\cdots&c_{nn}\end{bmatrix}$$

称为线性变换式(6.4)的矩阵. 若 $|\boldsymbol{C}|\neq0$,则称线性变换式(6.4)为非退化的线性变换或可逆的线性变换.

例如,考虑平面上的旋转变换

$$\begin{cases}x=x'\cos\theta-y'\sin\theta,\\ y=x'\sin\theta+y'\cos\theta\end{cases}$$

是变量 x,y 到 x',y' 的线性变换,并且变换矩阵的行列式 $|\boldsymbol{C}|=\begin{vmatrix}\cos\theta & -\sin\theta\\ \sin\theta & \cos\theta\end{vmatrix}=1\neq0$,所以这个线性变换是一个可逆的线性变换.

容易看出,当把线性变换式(6.4)代入二次型 $f(x_1,x_2,\cdots,x_n)$ 得到的关于 $y_1,y_2,\cdots,y_n$ 的多项式仍然是二次的齐次多项式.下面来考虑经过可逆的线性变换后得到的二次型和原二次型之间的关系,由于二次型和对称矩阵之间有一一对应关系,所以只要找出经过线性变换后的新二次型的矩阵和原二次型的矩阵之间的关系即可.

设 $\boldsymbol{x}=\begin{bmatrix}x_1\\x_2\\\vdots\\x_n\end{bmatrix},\boldsymbol{y}=\begin{bmatrix}y_1\\y_2\\\vdots\\y_n\end{bmatrix}$ 是两个 n 元变量,则线性变换式(6.4)可以写成矩阵形式 $\boldsymbol{x}=\boldsymbol{C}\boldsymbol{y}$,当 $|\boldsymbol{C}|\neq0$ 时,也就是线性变换为可逆的线性变换时,有 $\boldsymbol{y}=\boldsymbol{C}^{-1}\boldsymbol{x}$,将 $\boldsymbol{x}=\boldsymbol{C}\boldsymbol{y}$ 代入二次型的矩阵表达式 $f(\boldsymbol{x})=\boldsymbol{x}^{\mathrm{T}}\boldsymbol{A}\boldsymbol{x}$,其中,$\boldsymbol{A}$ 为对称矩阵,可得

$$\boldsymbol{x}^{\mathrm{T}}\boldsymbol{A}\boldsymbol{x}=(\boldsymbol{C}\boldsymbol{y})^{\mathrm{T}}\boldsymbol{A}(\boldsymbol{C}\boldsymbol{y})=\boldsymbol{y}^{\mathrm{T}}(\boldsymbol{C}^{\mathrm{T}}\boldsymbol{A}\boldsymbol{C})\boldsymbol{y}=\boldsymbol{y}^{\mathrm{T}}\boldsymbol{B}\boldsymbol{y},\tag{6.5}$$

式中,$\boldsymbol{B}=\boldsymbol{C}^{\mathrm{T}}\boldsymbol{A}\boldsymbol{C}$. 注意到 $\boldsymbol{B}^{\mathrm{T}}=(\boldsymbol{C}^{\mathrm{T}}\boldsymbol{A}\boldsymbol{C})^{\mathrm{T}}=\boldsymbol{C}^{\mathrm{T}}\boldsymbol{A}\boldsymbol{C}=\boldsymbol{B}$,因此 $\boldsymbol{y}^{\mathrm{T}}\boldsymbol{B}\boldsymbol{y}$ 就是以 $\boldsymbol{B}$ 为矩阵的 $\boldsymbol{y}$ 的二次型.

定义 6.3　若 $\boldsymbol{A},\boldsymbol{B}$ 为 n 阶方阵,如果存在可逆矩阵 $\boldsymbol{C}$,使得 $\boldsymbol{B}=\boldsymbol{C}^{\mathrm{T}}\boldsymbol{A}\boldsymbol{C}$,则称矩阵 $\boldsymbol{A}$ 和 $\boldsymbol{B}$ 是合同的,记为 $\boldsymbol{A}\simeq\boldsymbol{B}$.

合同也是矩阵之间的一种关系,它具有以下基本性质,这些性质都可以利用定义 6.3 得到

①$\boldsymbol{A}\simeq\boldsymbol{A}$ (自反性).

②若 $\boldsymbol{A}\simeq\boldsymbol{B}$,则 $\boldsymbol{B}\simeq\boldsymbol{A}$ (对称性).

③若 $\boldsymbol{A}\simeq\boldsymbol{B}$ 且 $\boldsymbol{B}\simeq\boldsymbol{C}$,则 $\boldsymbol{A}\simeq\boldsymbol{C}$(传递性).

④设 $\boldsymbol{A}$ 和 $\boldsymbol{B}$ 是合同的,则 $\mathrm{R}(\boldsymbol{A})=\mathrm{R}(\boldsymbol{B})$.

⑤设 $\boldsymbol{A}$ 和 $\boldsymbol{B}$ 是合同的,如果矩阵 $\boldsymbol{A}$ 是对称的,那么 $\boldsymbol{B}$ 也是对称的.

2. 二次型的标准形

如果线性变换式(6.4)是可逆的线性变换,并且二次型 $\boldsymbol{y}^{\mathrm{T}}\boldsymbol{B}\boldsymbol{y}$ 具有如下形式

$$d_1y_1^2+d_2y_2^2+\cdots+d_ry_r^2,\tag{6.6}$$

式中,$d_i\neq0,i=1,2,\cdots,r,r\leqslant n$,也就是只含平方项,不含交叉项的二次型,称它为二次型 $f(x_1,x_2,\cdots,x_n)$ 的一个标准形.

因此,可以将二次型通过可逆的线性变换化为它的一个标准形,通过对这个标准形的性质的研究来推知原二次型的性质.下面来介绍用可逆线性变换将一个二次型化为它的标准形的问题.

(1)方法一:用配方法化二次型为标准形.

配方法是利用中学代数配平方的方法来达到逐次消去混合项,最后只剩下平方项,从而化为标准形的一种方法.

例 6.2 用配方法化二次型

$$f(x_1,x_2,x_3)=x_1^2+2x_2^2+6x_3^2+2x_1x_2+4x_1x_3-2x_2x_3$$

为标准形,并写出所用的可逆的线性变换.

解:先对变量 x_1 配方,消去所有含 x_1 的项:x_1^2,x_1x_2,x_1x_3,

$$\begin{aligned}f(x_1,x_2,x_3)&=x_1^2+2x_2^2+6x_3^2+2x_1x_2+4x_1x_3-2x_2x_3\\&=(x_1+x_2+2x_3)^2-(x_2+2x_3)^2+2x_2^2+6x_3^2-2x_2x_3\\&=(x_1+x_2+2x_3)^2+x_2^2+2x_3^2-6x_2x_3.\end{aligned}\tag{6.7}$$

在式(6.7)中,除去$(x_1+x_2+2x_3)^2$ 项,剩余的为 x_2,x_3 的二次型 $x_2^2+2x_3^2-6x_2x_3$,再对剩余项中的变量 x_2 配方,消去剩余项中含 x_2 的项 x_2^2,x_2x_3,

$$\begin{aligned}f(x_1,x_2,x_3)&=(x_1+x_2+2x_3)^2+x_2^2+2x_3^2-6x_2x_3\\&=(x_1+x_2+2x_3)^2+(x_2-3x_3)^2-(3x_3)^2+2x_3^2\\&=(x_1+x_2+2x_3)^2+(x_2-3x_3)^2-7x_3^2,\end{aligned}\tag{6.8}$$

作线性变换,令

$$\begin{cases}y_1=x_1+x_2+2x_3,\\y_2=\qquad x_2-3x_3,\\y_3=\qquad\qquad x_3\end{cases}\text{或}\begin{cases}x_1=y_1-y_2-5y_3,\\x_2=\qquad y_2+3y_3,\\x_3=\qquad\qquad y_3,\end{cases}$$

则

$$f(x_1,x_2,x_3)=y_1^2+y_2^2-7y_3^2,$$

并且

$$\begin{vmatrix}1&-1&-5\\0&1&3\\0&0&1\end{vmatrix}=1\neq0,$$

所以,所作的线性变换为可逆的线性变换.

例 6.3 用配方法化二次型

$$f(x_1,x_2,x_3)=2x_1x_2+2x_1x_3-6x_2x_3$$

为标准形,并写出所用的可逆的线性变换.

解:为了在二次型中出现平方项,先进行可逆的线性变换

$$\begin{cases}x_1=y_1+y_2,\\x_2=y_1-y_2,\\x_3=\qquad\qquad y_3,\end{cases}\tag{6.9}$$

则

$$\begin{aligned}f(x_1,x_2,x_3)&=2(y_1+y_2)(y_1-y_2)+2(y_1+y_2)y_3-6(y_1-y_2)y_3\\&=2y_1^2-2y_2^2+2y_1y_3+2y_2y_3-6y_1y_3+6y_2y_3\\&=2y_1^2-2y_2^2-4y_1y_3+8y_2y_3,\end{aligned}\tag{6.10}$$

于是可以利用上例方法,在式(6.10)中,先对 y_1 配方,再对 y_2 配方

$$\begin{aligned} f(x_1,x_2,x_3) &= 2y_1^2-2y_2^2-4y_1y_3+8y_2y_3 \\ &= 2(y_1-y_3)^2-2y_3^2-2y_2^2+8y_2y_3 \\ &= 2(y_1-y_3)^2-2(y_2-2y_3)^2+6y_3^2, \end{aligned} \tag{6.11}$$

进行线性变换

$$\begin{cases} z_1=y_1 \quad -y_3, \\ z_2= \quad y_2-2y_3, \\ z_3= \quad y_3 \end{cases} \text{或} \begin{cases} y_1=z_1 \quad +z_3, \\ y_2= \quad z_2+2z_3, \\ y_3= \quad z_3, \end{cases}$$

则

$$f(x_1,x_2,x_3)=2z_1^2-2z_2^2+6z_3^2,$$

所用的线性变换

$$\begin{aligned} \begin{bmatrix} x_1 \\ x_2 \\ x_3 \end{bmatrix} &= \begin{bmatrix} 1 & 1 & 0 \\ 1 & -1 & 0 \\ 0 & 0 & 1 \end{bmatrix} \begin{bmatrix} y_1 \\ y_2 \\ y_3 \end{bmatrix} \\ &= \begin{bmatrix} 1 & 1 & 0 \\ 1 & -1 & 0 \\ 0 & 0 & 1 \end{bmatrix} \begin{bmatrix} 1 & 0 & 1 \\ 0 & 1 & 2 \\ 0 & 0 & 1 \end{bmatrix} \begin{bmatrix} z_1 \\ z_2 \\ z_3 \end{bmatrix} \\ &= \begin{bmatrix} 1 & 1 & 3 \\ 1 & -1 & -1 \\ 0 & 0 & 1 \end{bmatrix} \begin{bmatrix} z_1 \\ z_2 \\ z_3 \end{bmatrix}. \end{aligned}$$

由

$$\begin{vmatrix} 1 & 1 & 3 \\ 1 & -1 & -1 \\ 0 & 0 & 1 \end{vmatrix} = -2 \neq 0$$

可知,所作的线性变换是可逆的.

注意:在本例中第一个线性变换是为了在二次型中出现平方项,即利用公式

$$(a+b)(a-b)=a^2-b^2,$$

但是这个线性变换并不唯一,比如也可以使用

$$\begin{cases} x_1=y_1, \\ x_2= \quad y_2+y_3, \\ x_3= \quad y_2-y_3 \end{cases}$$

等类似的形式.

上述两个例题是具有代表性的,所使用的方法适用于一般二次型,若 $a_{ij}=a_{ji}$,则二次型可以表示为

$$f(x_1,x_2,\cdots,x_n)=\sum_{i=1}^{n}\sum_{j=1}^{n}a_{ij}x_ix_j. \tag{6.12}$$

情形 1 如果 $a_{11}\neq 0$,对变量 x_1 配方,消去所有含 x_1 的项,即

$$f(x_1,x_2,\cdots,x_n)=a_{11}^{-1}(a_{11}x_1+a_{12}x_2+\cdots+a_{1n}x_n)^2+\sum_{i=2}^{n}\sum_{j=2}^{n}b_{ij}x_ix_j, \tag{6.13}$$

式中,$b_{ij}=a_{ij}-a_{11}^{-1}a_{1i}a_{1j}$,而 $a_{ij}=a_{ji}$,故 $b_{ij}=b_{ji}$,于是 $\sum\limits_{i=2}^{n}\sum\limits_{j=2}^{n}b_{ij}x_ix_j$ 就是一个 $n-1$ 元的二次型.如果 $b_{22}\neq 0$,重复上述步骤,在式(6.13)中对变量 x_2 配方;如此重复若干次,依次对 $x_3,x_4,\cdots,x_n$ 配方,就可以得到二次型的一个标准形,并且所作的线性变换是可逆的.

情形 2 如果 $a_{11}=a_{22}=\cdots=a_{nn}=0$,但至少有一个混合项系数 $a_{ij}\neq 0$,比如说 $a_{12}\neq 0$,则可先作可逆的线性变换

$$\begin{cases}x_1=y_1+y_2,\\ x_2=y_1-y_2,\\ x_3=\qquad\quad y_3,\\ \quad\cdots\cdots\\ x_n=\qquad\quad\ y_n,\end{cases} \tag{6.14}$$

得到

$$\begin{aligned}f(x_1,x_2,\cdots,x_n)&=2a_{12}(y_1+y_2)(y_1-y_2)+2a_{13}(y_1+y_2)y_3+\cdots\\&=2a_{12}y_1^2-2a_{12}y_2^2+2a_{13}y_1y_3+2a_{13}y_2y_3+\cdots\end{aligned} \tag{6.15}$$

然后,再用情形 1 的方法逐个对 $y_1,y_2,\cdots,y_n$ 配方,就可以得到二次型的一个标准形,并且所作的线性变换是可逆的.

综上所述,可得到以下定理.

定理 6.1 任何一个二次型都可以通过可逆的线性变换化为标准形.

二次型的标准形是一个只含平方项的二次型,因此标准形的二次型矩阵为对角矩阵 $\boldsymbol{\Lambda}$,换句话说,若 $f(\boldsymbol{x})=\boldsymbol{x}^{\mathrm{T}}\boldsymbol{A}\boldsymbol{x}$ 为一个二次型,$\boldsymbol{x}=\boldsymbol{C}\boldsymbol{y}$ 为一个可逆的线性变换,那么有

$$f(\boldsymbol{x})=\boldsymbol{x}^{\mathrm{T}}\boldsymbol{A}\boldsymbol{x}=(\boldsymbol{C}\boldsymbol{y})^{\mathrm{T}}\boldsymbol{A}(\boldsymbol{C}\boldsymbol{y})=\boldsymbol{y}^{\mathrm{T}}(\boldsymbol{C}^{\mathrm{T}}\boldsymbol{A}\boldsymbol{C})\boldsymbol{y}=\boldsymbol{y}^{\mathrm{T}}\boldsymbol{\Lambda}\boldsymbol{y},$$

所以,用矩阵语言可以将定理 6.1 叙述为定理 6.2.

定理 6.2 对任意的 n 阶对称矩阵 $\boldsymbol{A}$,存在可逆矩阵 $\boldsymbol{C}$,使得 $\boldsymbol{C}^{\mathrm{T}}\boldsymbol{A}\boldsymbol{C}$ 为对角矩阵 $\boldsymbol{\Lambda}$. 即任意一个对称矩阵都合同于一个对角矩阵.

(2)方法二:用初等变换法化二次型为标准形.

由第二章的推论 2.2 可知,可逆矩阵可以表示为若干个初等矩阵的乘积,对矩阵左(右)乘一个初等矩阵,相当于对该矩阵作相应的初等行(列)变换.因此,若 $\boldsymbol{C}$ 为可逆矩阵,设 $\boldsymbol{C}=\boldsymbol{P}_1\boldsymbol{P}_2\cdots\boldsymbol{P}_k$,其中 $\boldsymbol{P}_i(i=1,2,\cdots,k)$ 为初等矩阵,如 $\boldsymbol{C}^{\mathrm{T}}\boldsymbol{A}\boldsymbol{C}$ 为对角矩阵 $\boldsymbol{\Lambda}$,则

$$\boldsymbol{C}^{\mathrm{T}}\boldsymbol{A}\boldsymbol{C}=\boldsymbol{P}_k^{\mathrm{T}}\cdots\boldsymbol{P}_2^{\mathrm{T}}\boldsymbol{P}_1^{\mathrm{T}}\boldsymbol{A}\boldsymbol{P}_1\boldsymbol{P}_2\cdots\boldsymbol{P}_k=\boldsymbol{\Lambda}. \tag{6.16}$$

于是,可以得到化二次型为标准形的另一种方法:对于 n 元二次型 $f(\boldsymbol{x})=\boldsymbol{x}^{\mathrm{T}}\boldsymbol{A}\boldsymbol{x}$,考虑 $2n\times n$ 矩阵,

$$\begin{bmatrix}\boldsymbol{A}\\ \text{----}\\ \boldsymbol{I}\end{bmatrix}_{2n\times n}\xrightarrow[\text{对 }\boldsymbol{I}\text{ 只作其中的初等列变换}]{\text{对 }\boldsymbol{A}\text{ 作成对的初等行列变换}}\begin{bmatrix}\boldsymbol{\Lambda}\\ \text{----}\\ \boldsymbol{C}\end{bmatrix}_{2n\times n}, \tag{6.17}$$

式中,$\boldsymbol{\Lambda}$ 为对角矩阵,$\boldsymbol{C}$ 为可逆矩阵,所求的可逆线性变换为 $\boldsymbol{x}=\boldsymbol{C}\boldsymbol{y}$.

例 6.4　求可逆矩阵 $\boldsymbol{C}$,使 $\boldsymbol{C}^{\mathrm{T}}\boldsymbol{A}\boldsymbol{C}$ 为对角矩阵 $\boldsymbol{\Lambda}$,

$$\boldsymbol{A}=\begin{bmatrix}1&1&2\\1&2&1\\2&1&1\end{bmatrix}.$$

解:

$$\begin{bmatrix}\boldsymbol{A}\\ \cdots\\ \boldsymbol{I}\end{bmatrix}=\begin{bmatrix}1&1&2\\1&2&1\\2&1&1\\ \hdashline 1&0&0\\0&1&0\\0&0&1\end{bmatrix}\xrightarrow{r_2+(-1)r_1}\begin{bmatrix}1&1&2\\0&1&-1\\2&1&1\\ \hdashline 1&0&0\\0&1&0\\0&0&1\end{bmatrix}\xrightarrow[c_2+(-1)c_1]{}\begin{bmatrix}1&0&2\\0&1&-1\\2&-1&1\\ \hdashline 1&-1&0\\0&1&0\\0&0&1\end{bmatrix}$$

$$\xrightarrow{r_3+(-2)r_1}\begin{bmatrix}1&0&2\\0&1&-1\\0&-1&-3\\ \hdashline 1&-1&0\\0&1&0\\0&0&1\end{bmatrix}\xrightarrow[c_3+(-2)c_1]{}\begin{bmatrix}1&0&0\\0&1&-1\\0&-1&-3\\ \hdashline 1&-1&-2\\0&1&0\\0&0&1\end{bmatrix}$$

$$\xrightarrow{r_3+r_2}\begin{bmatrix}1&0&0\\0&1&-1\\0&0&-4\\ \hdashline 1&-1&-2\\0&1&0\\0&0&1\end{bmatrix}\xrightarrow[c_3+c_2]{}\begin{bmatrix}1&0&0\\0&1&0\\0&0&-4\\ \hdashline 1&-1&-3\\0&1&1\\0&0&1\end{bmatrix},$$

因此,$\boldsymbol{\Lambda}=\begin{bmatrix}1&0&0\\0&1&0\\0&0&4\end{bmatrix}$,$\boldsymbol{C}=\begin{bmatrix}1&-1&-3\\0&1&1\\0&0&1\end{bmatrix}$.

例 6.5　用初等变换法,化二次型 $f(x_1,x_2,x_3)=2x_1x_2+2x_1x_3-6x_2x_3$ 为标准形,并求出所用的可逆线性变换.

解:二次型的矩阵

$$\boldsymbol{A}=\begin{bmatrix}0&1&1\\1&0&-3\\1&-3&0\end{bmatrix}.$$

$$\text{于是}\begin{bmatrix} A \\ \hdashline I \end{bmatrix}=\begin{bmatrix} 0 & 1 & 1 \\ 1 & 0 & -3 \\ 1 & -3 & 0 \\ \hdashline 1 & 0 & 0 \\ 0 & 1 & 0 \\ 0 & 0 & 1 \end{bmatrix}\xrightarrow{r_2+r_1}\begin{bmatrix} 1 & 1 & -2 \\ 1 & 0 & -3 \\ 1 & -3 & 0 \\ \hdashline 1 & 0 & 0 \\ 0 & 1 & 0 \\ 0 & 0 & 1 \end{bmatrix}\xrightarrow{c_2+c_1}\begin{bmatrix} 2 & 1 & -2 \\ 1 & 0 & -3 \\ -2 & -3 & 0 \\ \hdashline 1 & 0 & 0 \\ 1 & 1 & 0 \\ 0 & 0 & 1 \end{bmatrix}$$

$$\xrightarrow{r_2+\left(-\frac{1}{2}\right)r_1}\begin{bmatrix} 2 & 1 & -2 \\ 0 & -\frac{1}{2} & -2 \\ -2 & -3 & 0 \\ \hdashline 1 & 0 & 0 \\ 1 & 1 & 0 \\ 0 & 0 & 1 \end{bmatrix}\xrightarrow{c_2+\left(-\frac{1}{2}\right)c_1}\begin{bmatrix} 2 & 0 & -2 \\ 0 & -\frac{1}{2} & -2 \\ -2 & -2 & 0 \\ \hdashline 1 & -\frac{1}{2} & 0 \\ 1 & \frac{1}{2} & 0 \\ 0 & 0 & 1 \end{bmatrix}$$

$$\xrightarrow{r_3+r_1}\begin{bmatrix} 2 & 0 & -2 \\ 0 & -\frac{1}{2} & -2 \\ 0 & -2 & -2 \\ \hdashline 1 & -\frac{1}{2} & 0 \\ 1 & \frac{1}{2} & 0 \\ 0 & 0 & 1 \end{bmatrix}\xrightarrow{c_3+c_1}\begin{bmatrix} 2 & 0 & 0 \\ 0 & -\frac{1}{2} & -2 \\ 0 & -2 & -2 \\ \hdashline 1 & -\frac{1}{2} & 1 \\ 1 & \frac{1}{2} & 1 \\ 0 & 0 & 1 \end{bmatrix}$$

$$\xrightarrow{r_3+(-4)r_2}\begin{bmatrix} 2 & 0 & 0 \\ 0 & -\frac{1}{2} & -2 \\ 0 & 0 & 6 \\ \hdashline 1 & -\frac{1}{2} & 1 \\ 1 & \frac{1}{2} & 1 \\ 0 & 0 & 1 \end{bmatrix}\xrightarrow{c_3+(-4)c_2}\begin{bmatrix} 2 & 0 & 0 \\ 0 & -\frac{1}{2} & 0 \\ 0 & 0 & 6 \\ \hdashline 1 & -\frac{1}{2} & 3 \\ 1 & \frac{1}{2} & -1 \\ 0 & 0 & 1 \end{bmatrix},$$

因此,$\boldsymbol{\Lambda}=\begin{bmatrix}2&0&0\\0&-\frac{1}{2}&0\\0&0&6\end{bmatrix}$,$\boldsymbol{C}=\begin{bmatrix}1&-\frac{1}{2}&3\\1&\frac{1}{2}&-1\\0&0&1\end{bmatrix}$.

所以,二次型 f 的标准形为

$$f(x_1,x_2,x_3)=2y_1^2-\frac{1}{2}y_2^2+6y_3^2,$$

所用的可逆线性变换为 $\boldsymbol{x}=\boldsymbol{C}\boldsymbol{y}$,即

$$\begin{cases}x_1=y_1-\frac{1}{2}y_2+3y_3,\\x_2=y_1+\frac{1}{2}y_2-y_3,\\x_3=\qquad\qquad y_3.\end{cases}$$

(3)方法三:用正交变换法化二次型为标准形.

如果一个可逆的线性变换的系数矩阵为正交矩阵,那么称它为正交变换. 由于二次型的矩阵为一个实对称矩阵,由定理5.10可知,一个二次型一定可以经过正交变换化为标准形.

定理6.3　对于一个 n 元二次型 $f(\boldsymbol{x})=\boldsymbol{x}^{\mathrm{T}}\boldsymbol{A}\boldsymbol{x}$,一定存在一个正交矩阵 $\boldsymbol{Q}$,使得经过正交变换 $\boldsymbol{x}=\boldsymbol{Q}\boldsymbol{y}$ 能把它化为标准形

$$\begin{aligned}f(\boldsymbol{x})=\boldsymbol{x}^{\mathrm{T}}\boldsymbol{A}\boldsymbol{x}&=\boldsymbol{y}^{\mathrm{T}}(\boldsymbol{Q}^{\mathrm{T}}\boldsymbol{A}\boldsymbol{Q})\boldsymbol{y}\\&=\lambda_1y_1^2+\lambda_2y_2^2+\cdots+\lambda_ny_n^2,\end{aligned}\tag{6.18}$$

式中,$\lambda_i(i=1,2,\cdots,n)$为二次型矩阵 $\boldsymbol{A}$ 的全部特征值.

证明:因为 $\boldsymbol{A}$ 为二次型矩阵,所以 $\boldsymbol{A}$ 为实对称矩阵. 由定理5.10可知,存在正交矩阵 $\boldsymbol{Q}$,使得

$$\boldsymbol{Q}^{\mathrm{T}}\boldsymbol{A}\boldsymbol{Q}=\boldsymbol{Q}^{-1}\boldsymbol{A}\boldsymbol{Q}=\begin{bmatrix}\lambda_1&0&\cdots&0\\0&\lambda_2&\cdots&0\\\vdots&\vdots&&\vdots\\0&0&\cdots&\lambda_n\end{bmatrix},\tag{6.19}$$

式中,$\lambda_i(i=1,2,\cdots,n)$为矩阵 $\boldsymbol{A}$ 的全部特征值.

进行正交变换 $\boldsymbol{x}=\boldsymbol{Q}\boldsymbol{y}$,所得的新二次型的矩阵就是 $\boldsymbol{Q}^{\mathrm{T}}\boldsymbol{A}\boldsymbol{Q}$,因此新二次型为

$$f=\boldsymbol{y}^{\mathrm{T}}(\boldsymbol{Q}^{\mathrm{T}}\boldsymbol{A}\boldsymbol{Q})\boldsymbol{y}=\lambda_1y_1^2+\lambda_2y_2^2+\cdots+\lambda_ny_n^2.$$

例6.6　用正交变换将下面的二次型化为标准形,并写出所作的正交变换,

$$f(x_1,x_2,x_3)=2x_1^2+x_2^2-4x_1x_2-4x_2x_3.$$

解:二次型的矩阵为

$$\boldsymbol{A}=\begin{bmatrix}2&-2&0\\-2&1&-2\\0&-2&0\end{bmatrix},$$

于是

$$|\lambda\boldsymbol{I}-\boldsymbol{A}|=\begin{vmatrix}\lambda-2 & 2 & 0\\ 2 & \lambda-1 & 2\\ 0 & 2 & \lambda\end{vmatrix}=(\lambda-2)(\lambda-1)\lambda-4\lambda-4(\lambda-2),$$

化简得

$$(\lambda-1)(\lambda+2)(\lambda-4)=0,$$

所以 $\lambda_1=1,\lambda_2=-2,\lambda_3=4$ 为矩阵 $\boldsymbol{A}$ 的特征值.

当 $\lambda_1=1$ 时,求解线性方程组 $(\boldsymbol{I}-\boldsymbol{A})\boldsymbol{x}=\boldsymbol{0}$,

$$\boldsymbol{I}-\boldsymbol{A}=\begin{bmatrix}-1 & 2 & 0\\ 2 & 0 & 2\\ 0 & 2 & 1\end{bmatrix}\to\begin{bmatrix}1 & 0 & 1\\ 0 & 2 & 1\\ 0 & 0 & 0\end{bmatrix},$$

得对应的特征向量

$$\boldsymbol{\alpha}_1=\begin{bmatrix}-2\\ -1\\ 2\end{bmatrix},$$

当 $\lambda_2=-2$ 时,求解线性方程组 $(-2\boldsymbol{I}-\boldsymbol{A})\boldsymbol{x}=\boldsymbol{0}$,

$$-2\boldsymbol{I}-\boldsymbol{A}=\begin{bmatrix}-4 & 2 & 0\\ 2 & -3 & 2\\ 0 & 2 & -2\end{bmatrix}\to\begin{bmatrix}2 & 0 & -1\\ 0 & 1 & -1\\ 0 & 0 & 0\end{bmatrix},$$

得对应的特征向量

$$\boldsymbol{\alpha}_2=\begin{bmatrix}1\\ 2\\ 2\end{bmatrix}.$$

当 $\lambda_3=4$ 时,求解线性方程组 $(4\boldsymbol{I}-\boldsymbol{A})\boldsymbol{x}=\boldsymbol{0}$,

$$4\boldsymbol{I}-\boldsymbol{A}=\begin{bmatrix}2 & 2 & 0\\ 2 & 3 & 2\\ 0 & 2 & 4\end{bmatrix}\to\begin{bmatrix}1 & 0 & -2\\ 0 & 1 & 2\\ 0 & 0 & 0\end{bmatrix},$$

得对应的特征向量

$$\boldsymbol{\alpha}_3=\begin{bmatrix}2\\ -2\\ 1\end{bmatrix}.$$

由于 $\boldsymbol{\alpha}_1,\boldsymbol{\alpha}_2,\boldsymbol{\alpha}_3$ 是属于不同特征值的特征向量,它们已经正交,只需要单位化就可以,

令 $\boldsymbol{\beta}_1=\dfrac{\boldsymbol{\alpha}_1}{\|\boldsymbol{\alpha}_1\|}=\begin{bmatrix}-\dfrac{2}{3}\\ -\dfrac{1}{3}\\ \dfrac{2}{3}\end{bmatrix},\boldsymbol{\beta}_2=\dfrac{\boldsymbol{\alpha}_2}{\|\boldsymbol{\alpha}_2\|}=\begin{bmatrix}\dfrac{1}{3}\\ \dfrac{2}{3}\\ \dfrac{2}{3}\end{bmatrix},\boldsymbol{\beta}_3=\dfrac{\boldsymbol{\alpha}_3}{\|\boldsymbol{\alpha}_3\|}=\begin{bmatrix}\dfrac{2}{3}\\ -\dfrac{2}{3}\\ \dfrac{1}{3}\end{bmatrix}$,

记

$$Q=\begin{bmatrix}-\frac{2}{3} & \frac{1}{3} & \frac{2}{3}\\ -\frac{1}{3} & \frac{2}{3} & -\frac{2}{3}\\ \frac{2}{3} & \frac{2}{3} & \frac{1}{3}\end{bmatrix},$$

所以，Q 就是所用的正交变换 $x=Qy$ 的矩阵．二次型的一个标准形为 $y_1^2-2y_2^2+4y_3^2$.

注意：如果用配方法来计算本例题的标准形，可得

$$\begin{aligned}f(x_1,x_2,x_3)&=2x_1^2+x_2^2-4x_1x_2-4x_2x_3\\&=2(x_1^2-2x_1x_2+x_2^2)-2x_2^2+x_2^2-4x_2x_3\\&=2(x_1-x_2)^2-(x_2^2+4x_2x_3+4x_3^2)+4x_3^2\\&=2(x_1-x_2)^2-(x_2+2x_3)^2+4x_3^2,\end{aligned}$$

令

$$\begin{cases}y_1=x_1-x_2,\\ y_2=\quad x_2+2x_3,\\ y_3=\qquad x_3,\end{cases}\quad 或 \quad \begin{cases}x_1=y_1+y_2-2y_3,\\ x_2=\quad y_2-2y_3,\\ x_3=\qquad y_3,\end{cases}$$

此时，二次型的一个标准形为 $2y_1^2-y_2^2+4y_3^2$.

由此表明，二次型的标准形不是唯一的，但是这些不同的标准形有其共性．

第三节　二次型的规范形

定理 6.4　对于一个 n 元二次型 $f(x)$ 的标准形中，系数不为零的平方项个数等于二次型矩阵的秩．

证明：设二次型 $f(\boldsymbol{x})=\boldsymbol{x}^{\mathrm{T}}\boldsymbol{A}\boldsymbol{x}$ 的矩阵为 $\boldsymbol{A}$，它经可逆的线性变换 $\boldsymbol{x}=\boldsymbol{C}\boldsymbol{y}$ 化为标准形，即

$$\begin{aligned}f(x_1,x_2,\cdots,x_n)&=\boldsymbol{x}^{\mathrm{T}}\boldsymbol{A}\boldsymbol{x}=\boldsymbol{y}^{\mathrm{T}}(\boldsymbol{C}^{\mathrm{T}}\boldsymbol{A}\boldsymbol{C})\boldsymbol{y}\\&=d_1y_1^2+d_2y_2^2+\cdots+d_ry_r^2,\end{aligned}\tag{6.20}$$

式中，$d_i\neq0,i=1,2,\cdots,r,r\leqslant n$. 显然 $r=\mathrm{R}(\boldsymbol{C}^{\mathrm{T}}\boldsymbol{A}\boldsymbol{C})$，而矩阵 $\boldsymbol{C}^{\mathrm{T}}\boldsymbol{A}\boldsymbol{C}$ 和 $\boldsymbol{A}$ 为合同的，所以 $\mathrm{R}(\boldsymbol{A})=\mathrm{R}(\boldsymbol{C}^{\mathrm{T}}\boldsymbol{A}\boldsymbol{C})$．综上所述，$\mathrm{R}(\boldsymbol{A})=\mathrm{R}(\boldsymbol{C}^{\mathrm{T}}\boldsymbol{A}\boldsymbol{C})=r$.

定理 6.4 表明标准形中所含平方项的个数等于二次型 $f(x_1,x_2,\cdots,x_n)$ 的秩，虽然二次型化为不同的标准形，但是这些标准形中不为零的平方项的个数都是二次型矩阵 $\boldsymbol{A}$ 的秩，与所作的可逆线性变换无关．

下面来考虑实二次型标准形的唯一性问题．设 n 元二次型 $f(x_1,x_2,\cdots,x_n)$ 是秩为 r 的实二次型，则它可以经过可逆线性变换化为标准形，在标准形中不为零的 r 个平方项的系数或正或负，调整排列的次序可以得到

$$f(x_1,x_2,\cdots,x_n)=d_1y_1^2+d_2y_2^2+\cdots+d_py_p^2-d_{p+1}y_{p+1}^2-\cdots-d_ry_r^2,\tag{6.21}$$

式中，$d_i>0(i=1,2,\cdots,r)$.

再作一个非可逆的线性变换

$$\begin{cases} y_i = \dfrac{1}{\sqrt{d_i}} z_i & (i=1,2,\cdots,r), \\ y_i = z_i & (i=r+1,r+2,\cdots,n), \end{cases} \tag{6.22}$$

则得

$$f(x_1,x_2,\cdots,x_n) = z_1^2+z_2^2+\cdots+z_p^2-z_{p+1}^2-\cdots-z_r^2.$$

这种形式得到的二次型称为实二次型 $f(x_1,x_2,\cdots,x_n)$ 的规范形．因此有以下定理．

定理 6.5(惯性定理) 任意一个秩为 r 的实二次型 $f(x_1,x_2,\cdots,x_n)$ 都可以通过可逆的线性变换化为规范形,且规范形是由实二次型 $f(x_1,x_2,\cdots,x_n)$ 唯一确定的,与所作的可逆线性变换无关．

证明:定理 6.5 的前半部分已经在上面证明了,下面来证明唯一性．

设实二次型 $f(x_1,x_2,\cdots,x_n)$ 经过可逆线性变换 $\boldsymbol{x}=\boldsymbol{By}$ 化为规范形

$$f(x_1,x_2,\cdots,x_n) = y_1^2+y_2^2+\cdots+y_p^2-y_{p+1}^2-\cdots-y_r^2, \tag{6.23}$$

经过另一个可逆线性变换 $\boldsymbol{x}=\boldsymbol{Cz}$ 化为规范形

$$f(x_1,x_2,\cdots,x_n) = z_1^2+z_2^2+\cdots+z_q^2-z_{q+1}^2-\cdots-z_r^2. \tag{6.24}$$

需要证明 $p=q$,利用反证法,不妨设 $p>q$,由以上的假设有

$$\begin{aligned} f(x_1,x_2,\cdots,x_n) &= y_1^2+y_2^2+\cdots+y_p^2-y_{p+1}^2-\cdots-y_r^2 \\ &= z_1^2+z_2^2+\cdots+z_q^2-z_{q+1}^2-\cdots-z_r^2. \end{aligned}$$

即

$$y_1^2+y_2^2+\cdots+y_p^2-y_{p+1}^2-\cdots-y_r^2 = z_1^2+z_2^2+\cdots+z_q^2-z_{q+1}^2-\cdots-z_r^2, \tag{6.25}$$

而 $\boldsymbol{x}=\boldsymbol{By}=\boldsymbol{Cz}$,所以 $\boldsymbol{z}=\boldsymbol{C}^{-1}\boldsymbol{By}$.

令

$$\boldsymbol{C}^{-1}\boldsymbol{B} = \begin{bmatrix} a_{11} & a_{12} & \cdots & a_{1n} \\ a_{21} & a_{22} & \cdots & a_{2n} \\ \vdots & \vdots & & \vdots \\ a_{n1} & a_{n2} & \cdots & a_{nn} \end{bmatrix},$$

因此,$\boldsymbol{z}=\boldsymbol{C}^{-1}\boldsymbol{By}$ 的变量形式为

$$\begin{cases} z_1 = a_{11}y_1+a_{12}y_2+\cdots+a_{1n}y_n, \\ z_2 = a_{21}y_1+a_{22}y_2+\cdots+a_{2n}y_n, \\ \qquad \cdots\cdots \\ z_n = a_{n1}y_1+a_{n2}y_2+\cdots+a_{nn}y_n. \end{cases} \tag{6.26}$$

考虑齐次线性方程组

$$\begin{cases} z_1 = 0, \\ \cdots\cdots \\ z_q = 0, \\ y_{p+1} = 0, \\ \cdots\cdots \\ y_n = 0, \end{cases} \tag{6.27}$$

利用$z=C^{-1}By$,齐次线性方程组有如下形式

$$\begin{cases} a_{11}y_1+a_{12}y_2+\cdots+a_{1n}y_n=0, \\ a_{21}y_1+a_{22}y_2+\cdots+a_{2n}y_n=0, \\ \cdots\cdots \\ a_{q1}y_1+a_{q2}y_2+\cdots+a_{qn}y_n=0, \\ y_{p+1}=0, \\ \cdots\cdots \\ y_n=0. \end{cases} \tag{6.28}$$

齐次线性方程组式(6.28)中含有 n 个未知量,有 $q+(n-p)=n-(p-q)<n$ 个方程,因此式(6.28)有非零解,令

$$\begin{cases} y_1=k_1, \\ \cdots\cdots \\ y_q=k_p, \\ y_{p+1}=k_{p+1}, \\ \cdots\cdots \\ y_n=k_n, \end{cases} \tag{6.29}$$

显然,$k_i=0(i=p+1,p+2,\cdots,n)$. 将式(6.29)的非零解代入式(6.25),有

$$y_1^2+y_2^2+\cdots+y_p^2-y_{p+1}^2-\cdots-y_r^2=k_1^2+k_2^2+\cdots+k_p^2>0, \tag{6.30}$$

而

$$z_1^2+z_2^2+\cdots+z_q^2-z_{q+1}^2-\cdots-z_r^2=-z_{q+1}^2-\cdots-z_r^2\leqslant 0, \tag{6.31}$$

式(6.30)与式(6.31)矛盾, 所以假设 $p>q$ 不成立,于是有 $p\leqslant q$.

同理可证 $q\leqslant p$,因而 $p=q$,也就是说规范形是唯一的.

定义 6.4 在实二次型$f(x_1,x_2,\cdots,x_n)$的规范形中,正平方项的个数 p 称为二次型的正惯性指数;负平方项的个数 $r-p$ 称为二次型的负惯性指数;它们的差 $p-(r-p)=2p-r$ 称为二次型的符号差.

将定理 6.5 用矩阵表示,可以得到定理 6.6.

定理 6.6 任意 n 阶秩为 r 的实对称矩阵 $\boldsymbol{A}$ 与 n 阶对角矩阵

$$\begin{bmatrix} \boldsymbol{I}_p & 0 & 0 \\ 0 & -\boldsymbol{I}_{r-p} & 0 \\ 0 & 0 & 0 \end{bmatrix}$$

合同. 即存在 n 阶可逆矩阵 $\boldsymbol{C}$,使得

$$\boldsymbol{C}^{\mathrm{T}}\boldsymbol{A}\boldsymbol{C}=\begin{bmatrix} \boldsymbol{I}_p & 0 & 0 \\ 0 & -\boldsymbol{I}_{r-p} & 0 \\ 0 & 0 & 0 \end{bmatrix}, \tag{6.32}$$

式中,p 由实对称矩阵 $\boldsymbol{A}$ 唯一确定.

若 n 阶实对称矩阵 $\boldsymbol{A}$ 为二次型$f(\boldsymbol{x})=\boldsymbol{x}^{\mathrm{T}}\boldsymbol{A}\boldsymbol{x}$ 的矩阵,那么将二次型的正(负)惯性指数称为二次型矩阵 $\boldsymbol{A}$ 的正(负)惯性指数.

由于 $\boldsymbol{A}$ 是实对称矩阵,根据定理 5.10 可知存在正交矩阵 $\boldsymbol{Q}$,使得

$$\boldsymbol{Q}^{\mathrm{T}}\boldsymbol{A}\boldsymbol{Q}=\begin{bmatrix}\lambda_1 & 0 & \cdots & 0\\ 0 & \lambda_2 & \cdots & 0\\ \vdots & \vdots & & \vdots\\ 0 & 0 & \cdots & \lambda_n\end{bmatrix},$$

式中,$\lambda_1,\lambda_2,\cdots,\lambda_n$ 为 $\boldsymbol{A}$ 的全部特征值. 因此有

①$\boldsymbol{A}$ 的秩就是 $\boldsymbol{A}$ 的不为零的特征值的个数;

②$\boldsymbol{A}$ 的正惯性指数就是 $\boldsymbol{A}$ 的正特征值的个数;

③$\boldsymbol{A}$ 的负惯性指数就是 $\boldsymbol{A}$ 的负特征值的个数.

由于实对称矩阵 $\boldsymbol{A}$ 的正(负)特征值的个数是由矩阵 $\boldsymbol{A}$ 唯一确定的,所以 $\boldsymbol{A}$ 的正(负)惯性指数也是由矩阵 $\boldsymbol{A}$ 唯一确定.

定理 6.7 若 $\boldsymbol{A},\boldsymbol{B}$ 为 n 阶实对称矩阵,则 $\boldsymbol{A}$ 与 $\boldsymbol{B}$ 合同的充要条件是 $\boldsymbol{A},\boldsymbol{B}$ 具有相同的秩和相同的正惯性指数.

证明:

充分性:若 $\mathrm{R}(\boldsymbol{A})=\mathrm{R}(\boldsymbol{B})=r$,且 $\boldsymbol{A}$ 与 $\boldsymbol{B}$ 的正惯性指数都是 p. 根据定理 6.5 可知,存在可逆矩阵 $\boldsymbol{C}_1,\boldsymbol{C}_2$,使得

$$\boldsymbol{C}_1^{\mathrm{T}}\boldsymbol{A}\boldsymbol{C}_1=\begin{bmatrix}\boldsymbol{I}_p & 0 & 0\\ 0 & -\boldsymbol{I}_{r-p} & 0\\ 0 & 0 & 0\end{bmatrix},\boldsymbol{C}_2^{\mathrm{T}}\boldsymbol{B}\boldsymbol{C}_2=\begin{bmatrix}\boldsymbol{I}_p & 0 & 0\\ 0 & -\boldsymbol{I}_{r-p} & 0\\ 0 & 0 & 0\end{bmatrix},$$

因此

$$\boldsymbol{C}_1^{\mathrm{T}}\boldsymbol{A}\boldsymbol{C}_1=\boldsymbol{C}_2^{\mathrm{T}}\boldsymbol{B}\boldsymbol{C}_2\,. \tag{6.33}$$

两侧左乘$(\boldsymbol{C}_2^{\mathrm{T}})^{-1}$、右乘$(\boldsymbol{C}_2)^{-1}$ 得

$$(\boldsymbol{C}_2^{\mathrm{T}})^{-1}(\boldsymbol{C}_1^{T}\boldsymbol{A}\boldsymbol{C}_1)(\boldsymbol{C}_2)^{-1}=\boldsymbol{B},$$

即

$$(\boldsymbol{C}_1\boldsymbol{C}_2^{-1})^{\mathrm{T}}\boldsymbol{A}(\boldsymbol{C}_1\boldsymbol{C}_2^{-1})=\boldsymbol{B}, \tag{6.34}$$

由式(6.34)可知,$\boldsymbol{A}$ 与 $\boldsymbol{B}$ 合同.

必要性:设实对称矩阵 $\boldsymbol{A}$ 与 $\boldsymbol{B}$ 的秩分别为 r_1,r_2,正惯性指数分别为 p_1,p_2. 由 $\boldsymbol{A}$ 与 $\boldsymbol{B}$ 合同,则存在可逆矩阵 $\boldsymbol{C}$,使得 $\boldsymbol{C}^{\mathrm{T}}\boldsymbol{A}\boldsymbol{C}=\boldsymbol{B}$.

考虑二次型 $f(x_1,x_2,\cdots,x_n)=\boldsymbol{x}^{\mathrm{T}}\boldsymbol{A}\boldsymbol{x}$,由二次型可以化为规范形,可知二次型 $f(\boldsymbol{x})$ 的秩也是实对称矩阵 $\boldsymbol{A}$ 的秩 r_1,二次型 $f(\boldsymbol{x})$ 的正惯性指数也是 $\boldsymbol{A}$ 的正惯性指数 p_1. 再对二次型 $f(x)$ 作可逆的线性变换 $\boldsymbol{x}=\boldsymbol{C}\boldsymbol{y}$,于是

$$f(x_1,x_2,\cdots,x_n)=\boldsymbol{x}^{\mathrm{T}}\boldsymbol{A}\boldsymbol{x}=\boldsymbol{y}^{\mathrm{T}}(\boldsymbol{C}^{\mathrm{T}}\boldsymbol{A}\boldsymbol{C})\boldsymbol{y}=\boldsymbol{y}^{\mathrm{T}}\boldsymbol{B}\boldsymbol{y}.$$

将二次型 $\boldsymbol{y}^{\mathrm{T}}\boldsymbol{B}\boldsymbol{y}$ 化为规范形后,可知二次型 $f(x)$ 的秩为实对称矩阵 $\boldsymbol{B}$ 的秩 r_2,二次型 $f(x)$ 的正惯性指数为 $\boldsymbol{B}$ 的正惯性指数 p_2. 再根据惯性定理 6.5 可知

$$r_1=r_2,p_1=p_2,$$

所以,$\boldsymbol{A}$ 和 $\boldsymbol{B}$ 具有相同的秩和相同的正惯性指数.

例 6.7 化实二次型 $f(x_1,x_2,x_3)=2x_1^2+x_2^2-4x_1x_2-4x_2x_3$ 为规范形.

解:(1)解法一:利用正交变换法.

$$|\lambda \boldsymbol{I}-\boldsymbol{A}|=\begin{vmatrix}\lambda-2 & 2 & 0\\ 2 & \lambda-1 & 2\\ 0 & 2 & \lambda\end{vmatrix}=(\lambda-1)(\lambda+2)(\lambda-4)=0,$$

所以 $\lambda_1=1,\lambda_2=4,\lambda_3=-2$ 为矩阵 $\boldsymbol{A}$ 的特征值.

当 $\lambda_1=1$ 时,求解线性方程组 $(\boldsymbol{I}-\boldsymbol{A})\boldsymbol{x}=\boldsymbol{0}$,得对应的特征向量 $\boldsymbol{\alpha}_1=\begin{bmatrix}-2\\-1\\2\end{bmatrix}$.

当 $\lambda_2=4$ 时,求解线性方程组 $(-2\boldsymbol{I}-\boldsymbol{A})\boldsymbol{x}=\boldsymbol{0}$,得对应的特征向量 $\boldsymbol{\alpha}_2=\begin{bmatrix}2\\-2\\1\end{bmatrix}$.

当 $\lambda_3=-2$ 时,求解线性方程组 $(4\boldsymbol{I}-\boldsymbol{A})\boldsymbol{x}=\boldsymbol{0}$,得对应的特征向量 $\boldsymbol{\alpha}_3=\begin{bmatrix}1\\2\\2\end{bmatrix}$.

将 $\boldsymbol{\alpha}_1,\boldsymbol{\alpha}_2,\boldsymbol{\alpha}_3$ 单位化,得 $\boldsymbol{\beta}_1=\dfrac{\boldsymbol{\alpha}_1}{\|\boldsymbol{\alpha}_1\|}=\begin{bmatrix}-\frac{2}{3}\\-\frac{1}{3}\\\frac{2}{3}\end{bmatrix},\boldsymbol{\beta}_2=\dfrac{\boldsymbol{\alpha}_2}{\|\boldsymbol{\alpha}_2\|}=\begin{bmatrix}\frac{2}{3}\\-\frac{2}{3}\\\frac{1}{3}\end{bmatrix},\boldsymbol{\beta}_3=\dfrac{\boldsymbol{\alpha}_3}{\|\boldsymbol{\alpha}_3\|}=\begin{bmatrix}\frac{1}{3}\\\frac{2}{3}\\\frac{2}{3}\end{bmatrix}$,

记

$$\boldsymbol{Q}=\begin{bmatrix}-\frac{2}{3} & \frac{2}{3} & \frac{1}{3}\\ -\frac{1}{3} & -\frac{2}{3} & \frac{2}{3}\\ \frac{2}{3} & \frac{1}{3} & \frac{2}{3}\end{bmatrix}.$$

因此

$$\boldsymbol{Q}^{\mathrm{T}}\boldsymbol{A}\boldsymbol{Q}=\begin{bmatrix}1 & & \\ & 4 & \\ & & -2\end{bmatrix}=\begin{bmatrix}1 & & \\ & 2 & \\ & & \sqrt{2}\end{bmatrix}\begin{bmatrix}1 & & \\ & 1 & \\ & & -1\end{bmatrix}\begin{bmatrix}1 & & \\ & 2 & \\ & & \sqrt{2}\end{bmatrix},$$

于是

$$\left(\boldsymbol{Q}\begin{bmatrix}1 & & \\ & 2 & \\ & & \sqrt{2}\end{bmatrix}^{-1}\right)^{\mathrm{T}}\boldsymbol{A}\left(\boldsymbol{Q}\begin{bmatrix}1 & & \\ & 2 & \\ & & \sqrt{2}\end{bmatrix}^{-1}\right)=\begin{bmatrix}1 & & \\ & 1 & \\ & & -1\end{bmatrix},$$

即

$$\begin{bmatrix} -\frac{2}{3} & \frac{1}{3} & \frac{\sqrt{2}}{6} \\ -\frac{1}{3} & -\frac{1}{3} & \frac{\sqrt{2}}{3} \\ \frac{2}{3} & \frac{1}{6} & \frac{\sqrt{2}}{3} \end{bmatrix}^{\mathrm{T}} \begin{bmatrix} 2 & -2 & 0 \\ -2 & 1 & -2 \\ 0 & -2 & 0 \end{bmatrix} \begin{bmatrix} -\frac{2}{3} & \frac{1}{3} & \frac{\sqrt{2}}{6} \\ -\frac{1}{3} & -\frac{1}{3} & \frac{\sqrt{2}}{3} \\ \frac{2}{3} & \frac{1}{6} & \frac{\sqrt{2}}{3} \end{bmatrix} = \begin{bmatrix} 1 & 0 & 0 \\ 0 & 1 & 0 \\ 0 & 0 & -1 \end{bmatrix},$$

所以

$$\begin{bmatrix} -\frac{2}{3} & \frac{1}{3} & \frac{\sqrt{2}}{6} \\ -\frac{1}{3} & -\frac{1}{3} & \frac{\sqrt{2}}{3} \\ \frac{2}{3} & \frac{1}{6} & \frac{\sqrt{2}}{3} \end{bmatrix}$$

就是所用的可逆线性变换的矩阵．二次型的一个规范形为 $y_1^2+y_2^2-y_3^2$.

(2)解法二:利用配方法．

$$\begin{aligned} f(x_1,x_2,x_3) &= 2x_1^2+x_2^2-4x_1x_2-4x_2x_3 \\ &= 2(x_1^2-2x_1x_2+x_2^2)-2x_2^2+x_2^2-4x_2x_3 \\ &= 2(x_1-x_2)^2-(x_2^2+4x_2x_3+4x_3^2)+4x_3^2 \\ &= 2(x_1-x_2)^2-(x_2+2x_3)^2+4x_3^2, \end{aligned}$$

令

$$\begin{cases} y_1=x_1-x_2, \\ y_2=\quad x_2+2x_3, \\ y_3=\qquad x_3 \end{cases} \text{或} \begin{cases} x_1=y_1+y_2-2y_3, \\ x_2=\quad y_2-2y_3, \\ x_3=\qquad y_3, \end{cases}$$

此时,二次型的一个标准形为 $2y_1^2-y_2^2+4y_3^2$.

再令

$$\begin{cases} y_1=\dfrac{\sqrt{2}z_1}{2}, \\ y_2=z_3, \\ y_3=\dfrac{z_2}{2} \end{cases} \text{或} \begin{cases} z_1=\sqrt{2}y_1, \\ z_2=2y_3, \\ z_3=y_2, \end{cases}$$

二次型的标准形为 $z_1^2+z_2^2-z_3^2$.

$$\begin{bmatrix} x_1 \\ x_2 \\ x_3 \end{bmatrix} = \begin{bmatrix} 1 & 1 & -2 \\ 0 & 1 & -2 \\ 0 & 0 & 1 \end{bmatrix} \begin{bmatrix} \frac{\sqrt{2}}{2} & 0 & 0 \\ 0 & 0 & 1 \\ 0 & \frac{1}{2} & 0 \end{bmatrix} \begin{bmatrix} z_1 \\ z_2 \\ z_3 \end{bmatrix}$$

$$=\begin{bmatrix}\frac{\sqrt{2}}{2} & -1 & 1\\ 0 & -1 & 1\\ 0 & \frac{1}{2} & 0\end{bmatrix}\begin{bmatrix}z_1\\ z_2\\ z_3\end{bmatrix}$$

为所求的可逆线性变换．

例 6.8　求二次型 $f(x_1,x_2,x_3)=3x_1^2+8x_1x_2-16x_1x_3+x_2^2-4x_2x_3+4x_3^2$ 的秩与正惯性指数．

解：二次型 $f(x_1,x_2,x_3)$ 对应的二次型矩阵为

$$\boldsymbol{A}=\begin{bmatrix}3 & 4 & -8\\ 4 & 1 & -2\\ -8 & -2 & 4\end{bmatrix},$$

$$|\lambda\boldsymbol{I}-\boldsymbol{A}|=\begin{vmatrix}\lambda-3 & -4 & 8\\ -4 & \lambda-1 & 2\\ 8 & 2 & \lambda-4\end{vmatrix}=\lambda(\lambda-13)(\lambda+5).$$

所以，$\lambda_1=0,\lambda_2=13,\lambda_3=-5$ 为 $\boldsymbol{A}$ 的特征值．因此，不为零的特征值的个数为 2，是 $\boldsymbol{A}$ 的秩，也是二次型的秩；正特征值的个数为 1，是 $\boldsymbol{A}$ 的正惯性指数，也是二次型的正惯性指数．

通过例 6.8 可知，利用二次型矩阵的特征值可以求解二次型的秩与正负惯性指数．

第四节　正定二次型

本节将讨论在数学其他分支以及物理、力学等领域都有着广泛应用的一类特殊的二次型，即正定二次型．

定义 6.5　设 n 元实二次型 $f(x_1,x_2,\cdots,x_n)=\boldsymbol{x}^{\mathrm{T}}\boldsymbol{A}\boldsymbol{x}$，如果对任意的非零向量 $\boldsymbol{x}$，恒有 $f(\boldsymbol{x})>0$，则称实二次型 $f(\boldsymbol{x})$ 为正定的．正定二次型的矩阵 $\boldsymbol{A}$ 称为正定矩阵．

关于实二次型的正定性，有以下定理．

定理 6.8　设 n 元实二次型 $f(x_1,x_2,\cdots,x_n)=\boldsymbol{x}^{\mathrm{T}}\boldsymbol{A}\boldsymbol{x}$，则下列条件是等价的：

①实二次型 $f(x_1,x_2,\cdots,x_n)$ 为正定的．

②实二次型 $f(x_1,x_2,\cdots,x_n)$ 的正惯性指数为 n.

③二次型矩阵 $\boldsymbol{A}$ 的特征值全大于零．

④二次型矩阵 $\boldsymbol{A}$ 满足 $\boldsymbol{A}=\boldsymbol{B}^{\mathrm{T}}\boldsymbol{B}$，其中，$\boldsymbol{B}$ 为可逆矩阵．

证明：①⇒②.

若实二次型 $f(x_1,x_2,\cdots,x_n)$ 为正定的，经过可逆线性变换 $\boldsymbol{x}=\boldsymbol{C}\boldsymbol{y}$ 化为标准形 $f(x_1,x_2,\cdots,x_n)=d_1y_1^2+d_2y_2^2+\cdots+d_ny_n^2$. 如果 $f(x_1,x_2,\cdots,x_n)$ 的正惯性指数小于 n，则 $d_1,d_2,\cdots,d_n$ 不能全都大于零．假设 $d_n\leqslant 0$，那么取非零向量 $\tilde{\boldsymbol{y}}=(0,0,\cdots,1)^{\mathrm{T}}$，由 $\tilde{\boldsymbol{x}}=\boldsymbol{C}\tilde{\boldsymbol{y}}$，且 $\boldsymbol{C}$ 为可逆矩阵，可知 $\tilde{\boldsymbol{x}}$ 也为非零向量．于是

$$f(\tilde{\boldsymbol{x}})=\tilde{\boldsymbol{y}}^{\mathrm{T}}\mathrm{diag}(d_1,d_2,\cdots,d_n)\tilde{\boldsymbol{y}}=d_n\leqslant 0.$$

这与实二次型 $f(x_1,x_2,\cdots,x_n)$ 为正定矛盾．所以，正定二次型的正惯性指数为 n.

②⇒③.

根据二次型可以经过正交变换 $\boldsymbol{x}=\boldsymbol{Q}\boldsymbol{y}$ 化为标准形 $\lambda_1y_1^2+\lambda_2y_2^2+\cdots+\lambda_ny_n^2$,式中,$\lambda_1,\lambda_2,\cdots,\lambda_n$ 为二次型矩阵 $\boldsymbol{A}$ 的特征值,根据②可知,$\lambda_i>0(i=1,2,\cdots,n)$.

③⇒④.

由于 $\boldsymbol{A}$ 为实对称矩阵,所以存在正交矩阵 $\boldsymbol{Q}$,使得 $\boldsymbol{Q}^{\mathrm{T}}\boldsymbol{A}\boldsymbol{Q}=\boldsymbol{\Lambda}$,其中 $\boldsymbol{\Lambda}$ 为对角矩阵,对角线元素为二次型矩阵 $\boldsymbol{A}$ 的特征值 $\lambda_1,\lambda_2,\cdots,\lambda_n$. 由已知 $\lambda_i>0(i=1,2,\cdots,n)$,所以

$$\boldsymbol{Q}^{\mathrm{T}}\boldsymbol{A}\boldsymbol{Q}=\begin{bmatrix}\sqrt{\lambda_1}&&&\\&\sqrt{\lambda_2}&&\\&&\ddots&\\&&&\sqrt{\lambda_n}\end{bmatrix}\begin{bmatrix}\sqrt{\lambda_1}&&&\\&\sqrt{\lambda_2}&&\\&&\ddots&\\&&&\sqrt{\lambda_n}\end{bmatrix},\tag{6.35}$$

于是

$$\boldsymbol{A}=\left(\boldsymbol{Q}\begin{bmatrix}\sqrt{\lambda_1}&&&\\&\sqrt{\lambda_2}&&\\&&\ddots&\\&&&\sqrt{\lambda_n}\end{bmatrix}\boldsymbol{Q}^{\mathrm{T}}\right)\left(\boldsymbol{Q}\begin{bmatrix}\sqrt{\lambda_1}&&&\\&\sqrt{\lambda_2}&&\\&&\ddots&\\&&&\sqrt{\lambda_n}\end{bmatrix}\boldsymbol{Q}^{\mathrm{T}}\right),\tag{6.36}$$

令

$$\boldsymbol{B}=\boldsymbol{Q}\begin{bmatrix}\sqrt{\lambda_1}&&&\\&\sqrt{\lambda_2}&&\\&&\ddots&\\&&&\sqrt{\lambda_n}\end{bmatrix}\boldsymbol{Q}^{\mathrm{T}},$$

则 $\boldsymbol{B}$ 为可逆的实矩阵,且有 $\boldsymbol{A}=\boldsymbol{B}^{\mathrm{T}}\boldsymbol{B}$. 此外还有 $\boldsymbol{B}^{\mathrm{T}}=\boldsymbol{B}$.

④⇒①.

由④可知,$f(x_1,x_2,\cdots,x_n)=\boldsymbol{x}^{\mathrm{T}}\boldsymbol{A}\boldsymbol{x}=\boldsymbol{x}^{\mathrm{T}}(\boldsymbol{B}^{\mathrm{T}}\boldsymbol{B})\boldsymbol{x}=(\boldsymbol{B}\boldsymbol{x})^{\mathrm{T}}(\boldsymbol{B}\boldsymbol{x})$.

根据定理 4.23 可知,$(\boldsymbol{B}\boldsymbol{x})^{\mathrm{T}}(\boldsymbol{B}\boldsymbol{x})=\|\boldsymbol{B}\boldsymbol{x}\|^2\geqslant 0$ 并且 $\boldsymbol{B}\boldsymbol{x}=\boldsymbol{0}\Leftrightarrow\|\boldsymbol{B}\boldsymbol{x}\|=0$.

对任意的 $\boldsymbol{x}\neq\boldsymbol{0}$,根据 $\boldsymbol{B}$ 为可逆矩阵,所以向量 $\boldsymbol{B}\boldsymbol{x}\neq\boldsymbol{0}$. 因此对任意的非零向量 $\boldsymbol{x}$,有 $f(\boldsymbol{x})=(\boldsymbol{B}\boldsymbol{x})^{\mathrm{T}}(\boldsymbol{B}\boldsymbol{x})>0$ 成立,即二次型 $f(x_1,x_2,\cdots,x_n)$ 为正定二次型.

由于正定二次型的矩阵为正定矩阵,所以定理 6.7 还可以写成矩阵表达形式.

定理 6.9 设 $\boldsymbol{A}$ 为 n 阶实对称矩阵,则下列条件是等价的.

①$\boldsymbol{A}$ 为正定矩阵.

②$\boldsymbol{A}$ 的正惯性指数为 n.

③$\boldsymbol{A}$ 的特征值全大于零.

④$\boldsymbol{A}=\boldsymbol{B}^{\mathrm{T}}\boldsymbol{B}$,其中 $\boldsymbol{B}$ 为可逆矩阵.

⑤$\boldsymbol{A}$ 和 n 阶单位矩阵 $\boldsymbol{I}$ 合同.

由定理 6.8④中的 $\boldsymbol{A}=\boldsymbol{B}^{\mathrm{T}}\boldsymbol{B}$,两边取行列式,得

$$|\boldsymbol{A}|=|\boldsymbol{B}^{\mathrm{T}}\boldsymbol{B}|=|\boldsymbol{B}|^2,\tag{6.37}$$

而 $|\boldsymbol{B}|^2>0$,代回式(6.37),可得以下推论.

推论 6.1 若实对称矩阵 $\boldsymbol{A}$ 为正定的,则 $|\boldsymbol{A}|>0$.

注意：$|\boldsymbol{A}|>0$ 是矩阵 $\boldsymbol{A}$ 为正定的必要条件，不是充分条件．例如 $\boldsymbol{A}=\begin{bmatrix}-1 & 0\\ 0 & -1\end{bmatrix}$ 是对称矩阵且 $|\boldsymbol{A}|=1>0$，但是 $\boldsymbol{A}$ 的正惯性指数为零，因此 $\boldsymbol{A}$ 不是正定矩阵．

定义 6.6　设 n 阶方阵 $\boldsymbol{A}=\begin{bmatrix}a_{11} & a_{12} & \cdots & a_{1n}\\ a_{21} & a_{22} & \cdots & a_{2n}\\ \vdots & \vdots & & \vdots\\ a_{n1} & a_{n2} & \cdots & a_{nn}\end{bmatrix}$，$\boldsymbol{A}$ 的 k 阶子式

$$\boldsymbol{\Delta}_k=\begin{vmatrix}a_{11} & a_{12} & \cdots & a_{1k}\\ a_{21} & a_{22} & \cdots & a_{2k}\\ \vdots & \vdots & & \vdots\\ a_{k1} & a_{k2} & \cdots & a_{kk}\end{vmatrix},k=1,2,\cdots,n \tag{6.38}$$

称为 $\boldsymbol{A}$ 的 k 阶顺序主子式．

例 6.9　$\boldsymbol{A}=\begin{bmatrix}1 & 3 & 5 & 8\\ -2 & 1 & 0 & -1\\ 0 & 4 & 1 & 5\\ 1 & -1 & -2 & -2\end{bmatrix}$，求 $\boldsymbol{A}$ 的所有顺序主子式．

解：　$\boldsymbol{\Delta}_1=1$，$\boldsymbol{\Delta}_2=\begin{vmatrix}1 & 3\\ -2 & 1\end{vmatrix}=7$，$\boldsymbol{\Delta}_3=\begin{vmatrix}1 & 3 & 5\\ -2 & 1 & 0\\ 0 & 4 & 1\end{vmatrix}=-39+6=-33$，

$$\boldsymbol{\Delta}_4=\begin{vmatrix}1 & 3 & 5 & 8\\ -2 & 1 & 0 & -1\\ 0 & 4 & 1 & 5\\ 1 & -1 & -2 & -2\end{vmatrix}=0.$$

定理 6.10　实二次型 $f(x_1,x_2,\cdots,x_n)=\boldsymbol{x}^{\mathrm{T}}\boldsymbol{A}\boldsymbol{x}$ 为正定二次型的充要条件是 $\boldsymbol{A}$ 的所有顺序主子式都大于零，即 $\boldsymbol{\Delta}_k>0(k=1,2,\cdots,n)$．

证明：

必要性：设 $f(x_1,x_2,\cdots,x_n)=\boldsymbol{x}^{\mathrm{T}}\boldsymbol{A}\boldsymbol{x}$ 为正定二次型，令 $x_{k+1}=x_{k+2}=\cdots=x_n=0$，则

$$\begin{aligned}f(x_1,x_2,\cdots,x_k,0,\cdots,0)=&a_{11}x_1^2+2a_{12}x_1x_2+\cdots+2a_{1k}x_1x_k+\\ &a_{22}x_2^2+2a_{23}x_2x_3+\cdots+2a_{2k}x_2x_k+\cdots+a_{kk}x_k^2>0,\end{aligned} \tag{6.39}$$

即

$$[x_1,x_2,\cdots,x_k]\boldsymbol{A}_k\begin{bmatrix}x_1\\ x_2\\ \vdots\\ x_k\end{bmatrix}>\boldsymbol{0}. \tag{6.40}$$

在式(6.40)中 $\boldsymbol{A}_k$ 也是正定矩阵，根据推论 6.1 可知 $\boldsymbol{\Delta}_k=|\boldsymbol{A}_k|>0(k=1,2,\cdots,n)$．

充分性：利用数学归纳法．

当 $n=1$ 时，$f(x_1)=a_{11}x_1^2$，$a_{11}=\boldsymbol{\Delta}_1>0$. 所以，当 $x_1\neq0$ 时，$f(x_1)=a_{11}x_1^2>0$. 因此，当 $n=1$

时,结论成立.

假设对 $n-1$ 元二次型都成立,即 $n-1$ 阶实对称矩阵 $\boldsymbol{A}$ 的所有顺序主子式都大于零,则二次型 $f(x_1,x_2,\cdots,x_{n-1})=\boldsymbol{x}^{\mathrm{T}}\boldsymbol{A}\boldsymbol{x}$ 为正定的. 下证对于 n 元二次型结论也成立.

利用配方法,将 n 元二次型 $f(x_1,x_2,\cdots,x_n)=\boldsymbol{x}^{\mathrm{T}}\boldsymbol{A}\boldsymbol{x}$ 对变量 x_1 配方,消去所有含 x_1 的项,即

$$f(x_1,x_2,\cdots,x_n)=a_{11}^{-1}(a_{11}x_1+a_{12}x_2+\cdots+a_{1n}x_n)^2+\sum_{i=2}^{n}\sum_{j=2}^{n}b_{ij}x_ix_j.$$

式中,$b_{ij}=a_{ij}-a_{11}^{-1}a_{1i}a_{1j}$,而 $a_{ij}=a_{ji}$,故 $b_{ij}=b_{ji}$,于是 $\sum\limits_{i=2}^{n}\sum\limits_{j=2}^{n}b_{ij}x_ix_j$ 就是一个 $n-1$ 元的二次型. 因此对于非零向量 $\boldsymbol{x}$,只要证明上式中的 $n-1$ 元的二次型 $\sum\limits_{i=2}^{n}\sum\limits_{j=2}^{n}b_{ij}x_ix_j$ 是正定的即可.

由于 $\boldsymbol{A}$ 的所有顺序主子式都大于零,即 $\Delta_k>0(k=1,2,\cdots,n)$,因此

$$0<\Delta_k=\Delta_k=\begin{vmatrix} a_{11} & a_{12} & \cdots & a_{1k} \\ a_{21} & a_{22} & \cdots & a_{2k} \\ \vdots & \vdots & & \vdots \\ a_{k1} & a_{k2} & \cdots & a_{kk} \end{vmatrix}=\begin{vmatrix} a_{11}^{-1} & 0 & \cdots & 0 \\ 0 & b_{22} & \cdots & b_{2k} \\ 0 & b_{32} & \cdots & b_{3k} \\ \vdots & \vdots & & \vdots \\ 0 & b_{k2} & \cdots & b_{kk} \end{vmatrix}$$

$$=a_{11}^{-1}\begin{vmatrix} b_{22} & b_{23} & \cdots & b_{2k} \\ b_{32} & b_{33} & \cdots & b_{3k} \\ \vdots & \vdots & & \vdots \\ b_{k2} & b_{k3} & \cdots & b_{kk} \end{vmatrix}, \tag{6.41}$$

而 $a_{11}>0$,故 $a_{11}^{-1}>0$,所以

$$\begin{vmatrix} b_{22} & b_{23} & \cdots & b_{2k} \\ b_{32} & b_{33} & \cdots & b_{3k} \\ \vdots & \vdots & & \vdots \\ b_{k2} & b_{k3} & \cdots & b_{kk} \end{vmatrix}>0(k=1,2,\cdots,n-1). \tag{6.42}$$

由归纳假设可知,$n-1$ 元的二次型 $\sum\limits_{i=2}^{n}\sum\limits_{j=2}^{n}b_{ij}x_ix_j$ 是正定的. 因此对于非零向量 $\boldsymbol{x}$,n 元二次型 $f(x_1,x_2,\cdots,x_n)>0$,即 n 元二次型 $f(x_1,x_2,\cdots,x_n)$ 为正定的.

例 6.10 判断二次型 $f(x_1,x_2,x_3)=3x_1^2+6x_1x_3+x_2^2-4x_2x_3+9x_3^2$ 是否为正定的.

解: 二次型 f 的矩阵为

$$\boldsymbol{A}=\begin{bmatrix} 3 & 0 & 3 \\ 0 & 1 & -2 \\ 3 & -2 & 9 \end{bmatrix},$$

各阶顺序主子式为

$$\Delta_1=3,\ \Delta_2=\begin{vmatrix}3&0\\0&1\end{vmatrix}=3,\ \Delta_3=\begin{vmatrix}3&0&3\\0&1&-2\\3&-2&9\end{vmatrix}=6,$$

因此,二次型 f 为正定的.

例 6.11 问实数 t 满足什么条件时,下列二次型正定

$$f(x_1,x_2,x_3)=x_1^2+2x_1x_2+4x_2^2+2tx_2x_3+x_3^2.$$

解:二次型 f 的矩阵为

$$\boldsymbol{A}=\begin{bmatrix}1&1&0\\1&4&t\\0&t&1\end{bmatrix},$$

各阶顺序主子式为

$$\Delta_1=1>0,\ \Delta_2=\begin{vmatrix}1&1\\1&4\end{vmatrix}=3>0,\ \Delta_3=\begin{vmatrix}1&1&0\\1&4&t\\0&t&1\end{vmatrix}=3-t^2,$$

由二次型正定的充要条件可知 $3-t^2>0\Rightarrow-\sqrt{3}<t<\sqrt{3}$,

所以,当 $-\sqrt{3}<t<\sqrt{3}$ 时,二次型 f 为正定的.

正定矩阵还具有以下性质:

性质 6.1 若 n 阶实对称矩阵 $\boldsymbol{A}$ 为正定矩阵,那么

①$k\boldsymbol{A}$ 为正定矩阵,其中 k 为正实数.

②$k\boldsymbol{I}+\boldsymbol{A}$ 为正定矩阵,其中 k 为正实数.

③$\boldsymbol{A}^{-1}$ 为正定矩阵.

④$\boldsymbol{A}$ 的伴随矩阵 $\boldsymbol{A}^*$ 为正定矩阵.

⑤$\boldsymbol{A}^m$ 为正定矩阵,m 为正整数.

⑥$k\boldsymbol{I}+\boldsymbol{A}$ 为正定矩阵,其中,k 为正实数.

⑦$\boldsymbol{C}^{\mathrm{T}}\boldsymbol{AC}$ 为正定矩阵,其中,$\boldsymbol{C}$ 为可逆矩阵.

这些性质都可以用正定矩阵的定理 6.8 和充分必要条件得到,证明过程略.

性质 6.2 若 n 阶实对称矩阵 $\boldsymbol{A},\boldsymbol{B}$ 均为正定矩阵,则 $\boldsymbol{A}+\boldsymbol{B}$ 也是正定矩阵.

证明:由 $\boldsymbol{A},\boldsymbol{B}$ 为实对称矩阵,那么 $(\boldsymbol{A}+\boldsymbol{B})^{\mathrm{T}}=\boldsymbol{A}^{\mathrm{T}}+\boldsymbol{B}^{\mathrm{T}}=\boldsymbol{A}+\boldsymbol{B}$,即 $\boldsymbol{A}+\boldsymbol{B}$ 也是实对称矩阵. 考虑二次型 $f(\boldsymbol{x})=\boldsymbol{x}^{\mathrm{T}}(\boldsymbol{A}+\boldsymbol{B})\boldsymbol{x}=\boldsymbol{x}^{\mathrm{T}}\boldsymbol{Ax}+\boldsymbol{x}^{\mathrm{T}}\boldsymbol{Bx}$,由于 $\boldsymbol{A},\boldsymbol{B}$ 均为正定矩阵,所以对任意不为零的向量 $\boldsymbol{x}$,有 $\boldsymbol{x}^{\mathrm{T}}\boldsymbol{Ax}>0$ 和 $\boldsymbol{x}^{\mathrm{T}}\boldsymbol{Bx}>0$,因此 $\boldsymbol{x}^{\mathrm{T}}\boldsymbol{Ax}+\boldsymbol{x}^{\mathrm{T}}\boldsymbol{Bx}>0$. 也就是说二次型 $f(\boldsymbol{x})=\boldsymbol{x}^{\mathrm{T}}(\boldsymbol{A}+\boldsymbol{B})\boldsymbol{x}$ 为正定的.

与正定二次型相仿,还有以下概念.

定义 6.7 设 n 元二次型 $f(x_1,x_2,\cdots,x_n)=\boldsymbol{x}^{\mathrm{T}}\boldsymbol{Ax}$,若对任意的非零向量 $\boldsymbol{x}$,

①恒有 $f(x_1,x_2,\cdots,x_n)\geqslant0$,则称二次型 $f(x_1,x_2,\cdots,x_n)$ 为半正定的.

②恒有 $f(x_1,x_2,\cdots,x_n)<0$,则称二次型 $f(x_1,x_2,\cdots,x_n)$ 为负定的.

③恒有 $f(x_1,x_2,\cdots,x_n)\leqslant0$,则称二次型 $f(x_1,x_2,\cdots,x_n)$ 为半负定的.

显然,当 $f(x_1,x_2,\cdots,x_n)$ 为负定二次型时,$-f(x_1,x_2,\cdots,x_n)$ 就是正定二次型. 由此可以得到负定二次型的判别条件.

习题六

1. 写出下列各二次型的矩阵.

(1) $f(x_1,x_2)=4x_1^2-6x_1x2-7x_2^2$;

(2) $f(x_1,x_2,x_3)=3x_1^2-x_2^2+x_3^2+4x_1x_2+8x_1x_3-6x_2x_3$;

(3) $f(x_1,x_2,x_3)=x_1^2-2x_2^2+3x_3^2+4x_1x_3+8x_2x_3$;

(4) $f(x_1,x_2,x_3)=2x_1x_2-4x_1x_3+6x_2x_3$.

2. 写出下列二次型矩阵 $\boldsymbol{A}$ 对应的二次型.

(1) $\boldsymbol{A}=\begin{bmatrix}0&0&2\\0&1&0\\1&0&0\end{bmatrix}$;　　(2) $\boldsymbol{A}=\begin{bmatrix}2&1&1\\1&0&1\\1&1&0\end{bmatrix}$;

(3) $\boldsymbol{A}=\begin{bmatrix}1&\frac{1}{2}&-\frac{3}{2}\\\frac{1}{2}&2&-1\\-\frac{3}{2}&-1&1\end{bmatrix}$.

3. 用配方法将下列二次型化为标准形.

(1) $f(x_1,x_2,x_3)=x_1^2+4x_1x_2-2x_2x_3$;

(2) $f(x_1,x_2,x_3)=2x_1^2+5x_2^2+4x_3^2+4x_1x_2-8x_1x_3-4x_2x_3$;

(3) $f(x_1,x_2,x_3)=x_1x_2-2x_1x_3+4x_2x_3$;

(4) $f(x_1,x_2,x_3)=x_1^2+5x_2^2-4x_3^2+2x_1x_2-4x_1x_3$.

4. 求题 1 中各二次型的秩.

5. 求正交矩阵 $\boldsymbol{Q}$,使得 $\boldsymbol{Q}^{\mathrm{T}}\boldsymbol{AQ}$ 为对角矩阵,其中,$\boldsymbol{A}$ 为下列矩阵.

(1) $\boldsymbol{A}=\begin{bmatrix}3&2&4\\2&0&2\\4&2&3\end{bmatrix}$;　　(2) $\boldsymbol{A}=\begin{bmatrix}2&2&-2\\2&5&-4\\-2&-4&5\end{bmatrix}$;

(3) $\boldsymbol{A}=\begin{bmatrix}1&0&2\\0&1&2\\2&2&-1\end{bmatrix}$;　　(4) $\boldsymbol{A}=\begin{bmatrix}1&0&1\\0&0&0\\1&0&1\end{bmatrix}$;

(5) $\boldsymbol{A}=\begin{bmatrix}0&1&1\\1&2&1\\1&1&0\end{bmatrix}$;　　(6) $\boldsymbol{A}=\begin{bmatrix}2&1&1\\1&0&1\\1&1&0\end{bmatrix}$.

6. 如果二次型 $f(x_1,x_2,x_3)=\boldsymbol{x}^{\mathrm{T}}\boldsymbol{Ax}$ 对任意的 $\boldsymbol{x}=(x_1\quad x_2\quad x_3)^{\mathrm{T}}$ 恒有 $f(x_1,x_2,x_3)=0$,证明矩阵 $\boldsymbol{A}$ 为零矩阵.

7. 用正交变换将下列二次型化为标准形.

(1) $f(x_1,x_2,x_3)=x_1^2+x_2^2+x_3^2+4x_1x_2+4x_2x_3$;

(2) $f(x_1,x_2,x_3)=2x_1x_2-4x_2x_3$.

8. 判断下列二次型是否为正定的.

(1) $f(x_1,x_2,x_3)=3x_1^2+4x_2^2+5x_3^2+4x_1x_2-4x_2x_3$;

(2) $f(x_1,x_2,x_3)=5x_1^2-6x_2^2+4x_3^2-4x_1x_2+4x_2x_3$;

(3) $f(x_1,x_2,x_3)=x_1^2+2x_2^2+3x_3^2-4x_1x_2-4x_2x_3$.

9. 求实数 t 的值,使二次型为正定二次型.

(1) $f(x_1,x_2,x_3)=x_1^2+x_2^2+5x_3^2+2tx_1x_2-2x_1x_3+4x_2x_3$;

(2) $f(x_1,x_2,x_3)=2x_1^2+x_2^2+3x_3^2+2tx_1x_2+2x_1x_3$;

(3) $f(x_1,x_2,x_3)=6x_1^2+x_2^2+tx_3^2+4x_1x_2-2x_1x_3-2x_2x_3$;

(4) $f(x_1,x_2,x_3)=x_1^2+4x_2^2+2x_3^2+2tx_1x_2+2x_1x_3$.

10. 试证明:如果 $\boldsymbol{A}$ 为 n 阶正定矩阵,那么 $a_{ii}>0(i=1,2,\cdots,n)$.

11. 试证明:若 $\boldsymbol{A}$ 为 n 阶正定矩阵,$\boldsymbol{I}$ 为 n 阶单位阵,那么 $|\boldsymbol{A}+\boldsymbol{I}|>1$.

12. 如果 $\boldsymbol{A}$ 为 n 阶正定矩阵,试证明:$\boldsymbol{A}$ 的伴随矩阵 $\boldsymbol{A}^*$ 也是正定矩阵.

13. 如果 $\boldsymbol{A}$ 和 $\boldsymbol{B}$ 均为 n 阶正定矩阵,试证明:$\boldsymbol{A}+\boldsymbol{B}$ 也为正定矩阵.

14. 如果 $\boldsymbol{A}$ 为 n 阶正定矩阵,$\boldsymbol{B}$ 为 n 阶半正定矩阵,试证明:$\boldsymbol{A}+\boldsymbol{B}$ 仍为正定矩阵.

15. 设 $\boldsymbol{A}$ 为 $m\times n$ 实矩阵,$\boldsymbol{B}$ 矩阵满足 $\boldsymbol{B}=t\boldsymbol{I}+\boldsymbol{A}^{\mathrm{T}}\boldsymbol{A}$,其中,$t$ 为实数,试证明:当 $t>0$ 时,$\boldsymbol{B}$ 是正定矩阵.